内 容 简 介

　　本教材共 12 章，内容包括绪论、马的外貌鉴定、马的遗传资源、马的育种学、马的繁殖学、舍饲养马学、群牧马业、马的疾病防治学、产品马学、竞技马学、马业经营管理、马场管理学，且每章前有重点提示，章后附思考题，书后列出实习指导、马业专业名词英中对照及主要参考书目，便于读者查阅。本教材重点突出、文字精练、层次分明，可作为高等农林院校动物科学专业本科教材，也可作为硕士学位研究生和博士学位研究生选修课使用教材，同时还可作为从事马业科研、生产和管理人员以及骑士俱乐部、马术队、赛马场工作人员的实用参考书。

普通高等教育农业部"十三五"规划教材
全国高等农林院校"十三五"规划教材
全国高等农业院校优秀教材

NEW CONCEPT HORSE
SCIENCE AND INDUSTRY

新概念马学

芒 来 主编

中国农业出版社

编审人员名单

主　编　芒　来（内蒙古农业大学）

副主编　乌尼尔夫（内蒙古农业大学）

编　者（按姓名笔画排序）

　　　　　王怀栋（内蒙古农业大学）

　　　　　乌云达来（内蒙古农业大学）

　　　　　乌尼尔夫（内蒙古农业大学）

　　　　　布仁其其格（内蒙古医科大学）

　　　　　白东义（内蒙古农业大学）

　　　　　芒　来（内蒙古农业大学）

　　　　　李　蓓（内蒙古农业大学）

　　　　　杨丽华（内蒙古农业大学）

　　　　　吴　敬（内蒙古农业大学）

　　　　　阿娜尔（内蒙古农业大学）

　　　　　赵一萍（内蒙古农业大学）

主　审　布　和（内蒙古农业大学）

序

　　新概念马学（New Concept Horse Science and Industry）是以马业基础研究为目的的理论性学科——马科学（Horse Science）和以马业开发利用为目的的应用性学科——马业学（Horse Industry）有机结合的一门综合性学科。不同于其他产业，马产业的发展表现出明显的时代烙印，即生产力发展的不同阶段，马产业以不同的模式存在。因此，认清时代特征，与时俱进，找出适合时代发展需要的马业发展模式是十分必要的。

　　"人类最高贵的征服就是征服了马"，同时人类与马共同相处已经有几千年的历史了。人类最初骑马是因为它跑得快，帮助人们快速攻击敌人和摆脱敌人的追击。它曾在战场上与士兵们并肩作战，也曾在田地里和草原上与农牧民们坚韧劳作。今天，公路上飞驰的轿车，提醒着我们马匹辉煌的"畜力"时代已经逝去，但以体育竞技和休闲骑乘等为主的现代马业，使马匹和人类依然和谐相处。特别是进入 21 世纪，中国马业应紧紧围绕全面建设小康社会的总目标，在畜牧业产业结构调整中确定其地位和作用。

　　内蒙古农业大学以适应民族地区特点和突出以草原畜牧业为重点为办学特色，为了充分发挥地域特点、民族特色和本校专业特长，以适应内蒙古自治区草原畜牧业产业结构调整以及世界现代马业发展模式的需求，为今后我国马业跻身世界马业强国打下坚实的人才和科技基础，制订了内蒙古农业大学《新概念马学》教材编写计划，并对原教学大纲进行了部分修订。这部《新概念马学》是按照 21 世纪本科生培养目标和为适应本自治区乃至我国马业生产向产品生产、马术运动、速度赛马、耐力赛马、休闲娱乐和观赏用马及马文化产业等多用途并重发展的要求而编写的，指定为内蒙古农业大学动物科学等相关专业的使用教材。在内容上，继承了内蒙古农业大学校内使用教材《马业科学》第一、二版以及《现代马业科学》第三版的特点和风格，并增加和修改了部分内容，不仅覆盖了原教材的全部内容，同时采纳了近年来国内外马科学领域的一些代表性的研究成果，力图使之成为全面、系统、前沿，并与马业生产实践紧密结合的适用性教材。

本教材的编写和印制得到了中国农业出版社、内蒙古农业大学教务处、内蒙古农业大学动物科学学院的关心和大力支持。在书稿誊清整理和打印排版过程中，内蒙古自治区草原英才团队"马属动物种质资源创新与遗传改良创新团队"的博士研究生任秀娟、赵启南等同学给予很大帮助。另外，内蒙古农业大学已退休老教授布和先生对本教材进行了耐心细致的审阅，在此一并深表谢意！

由于编写者的知识水平所限、编写时间匆忙，书中错误和纰漏在所难免，欢迎读者不吝赐教，提出宝贵意见。

芒来

2015 年 3 月

目 录

第一章　绪　论

重点提示：马作为人类最早驯化的牲畜之一，是人类最忠实的伙伴和朋友。古往今来，马不仅对人类生产生活产生重大作用，而且推动了人类文明的进步和历史发展。自20世纪80年代以来，我国的马业由原来的役用向非役用转变，逐渐形成了以马术运动、骑乘娱乐、赛马、军用、役用、产品马业和宠物马业等为主导的多方位发展新格局。中国的非役用马业发展的空间非常巨大，特别是赛马、运动用马以及骑乘娱乐用马等。未来一段时间仍然是中国经济发展的良好时期，中国马业也将达到预期的目标，再次步入辉煌。

按照动物分类学，马（*Equus caballus*）、驴（*Equus asinus*）和斑马（*Equus zebra*）都属于脊索动物门的脊椎动物亚门（Vertebrata）、哺乳纲（Mammalia）、奇蹄目（Perissodactyla）、马科（Equidae）、马属（*Equus*）。在现存的马属动物中只有马、斑马和驴三个种。每个种分别包括几种类型。习惯上，我们统称马、驴、骡为马属动物。骡属于马和驴的杂交品种，包括两种类型，即马骡（*Equus mulus*）和驮骍（*Equus hinnus*），驮骍俗称驴骡（表1-1 和图1-1）。

表 1-1　马属动物分类

马属动物	马	家马（Domestic horse，$2n=64$）	
		野马	蒙古野马（普氏野马）（*Equus przewalskii*，$2n=66$）
			鞑靼野马（*Equus pnzewalskii gmelini antonius*，即 Tarpan，现已绝种）
	驴	家驴（*Equus asinus vulgaris*，$2n=54$）	
		骓驴（*Equus asinus taeniopus*，又称非洲野驴，有两个亚种）	努比亚驴（Nubian wild ass，$2n=62$）
			索马里驴（Somali wild ass，$2n=62$）
		骞驴（*Equus asinus hemionus*，又称亚洲野驴，有三个野生种）	库兰驴（*Equus hemionus kulan*，又称蒙古野驴）
			康驴（*Equus hemionus kiang*，又称西藏野驴）
			奥纳格尔驴（*Equus hemionus onager*，又称伊朗驴）
	斑马	拟斑马（*Equus hippotigris quagga*，Quagga，又称斑驴，现已绝种）	
		平原斑马（*Equus hippotigris burchellii*，Common or plains zebra，$2n=44$）	
		山斑马（*Equus hippotigris zebra*，Mountain zebra，$2n=32$）	
		细纹斑马（*Equus gravyi*，Grevy's zebra，$2n=46$）	
	骡	马骡（*Equus mulus*，$n=63$）	
		驴骡（亦称驮骍，*Equus hinnus*，$n=63$）	

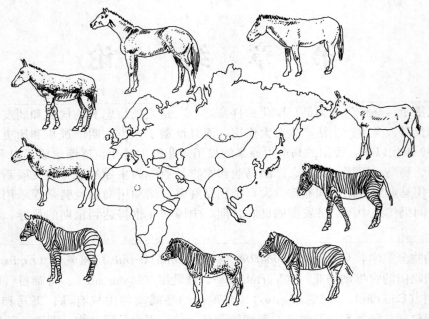

图 1-1　马属动物分类

第一节　马业对国计民生的意义

马的用途广泛。放牧、农耕、运输、骑乘、马术、国防、体育、旅游和通信等都离不开马。它既是生产资料，又是生活资料，在农牧业生产、马产品生产和马术运动等诸方面都起着重要作用。

一、马匹在生产中的作用

马匹具有多方面用途，其作用和意义因社会生产力的发展而在变化。在原始社会，马是人类猎取的食物对象。从驯化到机械广泛运用的进程中，马是农业生产、交通运输和军事活动的主要动力。在生产生活机械化以后，马的用途开始多样化发展，如役用、产品、马术和娱乐等。

马作为生物动力未失去其利用价值，具有优于机械动力的特点。马能利用农副产品和植物性饲料，在体内低温（37℃；马的正常体温为 37.2～38.6℃，平均 38℃）条件下，开始"燃烧"而产生能量，做功时体内热量消耗少，所以马是高效率的"发动机"之一。马适于小动力作业，且不受使役现场的限制，能在倾斜坡地、不平坦或泥泞道路工作，能瞬间发挥出和体重相等或超过体重的最大挽力，配合适当马具和机具，适应多种作业要求，不需要机械动力那样高额的维修费，每年母马产驹还会提供新的生产力。

农业动力采取机马结合，既能提高劳动生产率，又能得到农牧结合的高效益。一匹体重 500kg 的马日排粪 15～23kg，尿 2～11L，日产厩肥 30～60kg，年产可达 11～14.5t。每亩（1 亩＝666.6m²）施肥 1t，可肥田 11～14.5 亩，是真正的天然绿色肥料，为土壤提供大量的有机质。

随着我国改革开放、国民经济的不断发展，城乡物质的交流对运输力量的需要有增无减，用马作短途运输是必要的。马的挽力大，速度快，持久力好，适应性强，可以在生产建设中用于乘、挽、驮等多方面的用途。马匹所付出的挽力一般为其体重的 15% 左右，最大挽力可超过其体重，若以马力（horsepower，HP）计算，一匹马可提供 0.5～0.7HP［1HP＝735.498 75W＝75（kg·m）/s］。马在挽拽做功时所用的力称为挽力（kg 为单位）。挽力＝阻力系数×挽重。马劳役时的工作量是以挽力和所走的距离之乘积，即"功"来衡量（kg·m 或 t·m 为单位），即：功＝挽力×距离。功率（马力）＝［工作量（kg·m）/时间（s）］/ 75［（kg·m）/s］。

虽然随着军事装备的机械化，马匹直接参与战斗的机会和规模已经减少，但它在国防上的作用仍不容忽视。我国幅员广大，边界线长，地形地势复杂，边防巡逻，仍需骑兵。在和平的环境下，军马不仅在军队中服役，而且在警察的日常巡逻中也起着重要作用。始创于 1994 年 12 月的大连女子骑警队主要担负 110 报警的先期处置，繁华场所路段的治安巡逻，大型活动的值勤和礼仪表演，中央首长、外宾的礼仪警卫等任务。大连女子骑警大队已经成为滨城的"名片"和一道亮丽的风景。现温州、昆明、太原、包头和锡林浩特等城市和地区也随即拥有了女子骑警队。因此，马在现代化迅速发展的今天，乃至未来仍能为满足人类新的需求，而做出贡献。

二、马产品对人民生活和健康的作用

社会经济的发展，人民生活水平的不断改善，膳食结构也随之发生了改变，讲究营养已成为人们追求的目标。马奶和马肉独特的营养价值、保健作用逐渐被人们所认识，马业中除役用、竞技马外，以生产马肉、马奶为主的产品马业与农牧业的关系最为密切，马业的分化也是人类文明进步的要求。产品马业的工业化生产方式，必将大幅度地提高马肉马奶的产品和品质，更好地服务于人们的生活。

马的肉、奶产品有着独特的营养价值。马肉瘦肉多，脂肪少；必需氨基酸和不饱和脂肪酸含量丰富，亚油酸高达 15%～20%，每 100g 可食肉中胆固醇含量仅为 10.4～31.9mg，有防止动脉血管粥样硬化的作用；矿物质和维生素的含量与牛羊肉相当，但维生素 A 含量丰富，每 100g 可食肉中约含 10.20mg。马奶属白蛋白类乳，乳脂球小，不饱和与低分子的脂肪酸含量高，宜于人体消化吸收；必需脂肪酸中亚油酸、亚麻酸的含量高，可降血脂，有着较好的生物学价值。马奶维生素含量丰富，尤其维生素 D 是牛奶的 5～10 倍；乳糖含量高，可作酸马奶发酵的热源。酸马奶对许多慢性疾病均有较好疗效。马奶及其制品已成为婴儿、老人和一些病人食用的最佳奶品，酸马奶以其口味醇香、防癌和保肝的保健作用等，近年来备受消费者的青睐。蒙医药专门将酸马奶用于保健疗养，马奶中存在一种抑制分枝杆菌的特殊因子（如免疫球蛋白等）对肺结核有很好的疗效。

广义的产品马业，除生产马奶和马肉外，还应包括皮、毛、血、骨、蹄和脏器等副产品的综合利用，以及用胃液、尿液、马血清和孕马血清等生产的医疗和生物制品，这就扩大了整个食品、饲料、制革、医药和生物工业的原料，增加了产品马业的整体经济效益。

三、马术运动对满足人民文体生活的作用

通常把以马为主体或主要工具的运动、娱乐、游戏和表演统称马术（equestrian）。

马术运动以其快捷、惊险、雄健、优美的特色，吸引了越来越多的人参与。经常骑马，可使人们体型更匀称、结实、精神振奋、自信。看赛马观操练，从赛马、骑师（骑士、骑手）拼搏中可陶冶性情，激发人的竞争意识。

马术运动带给人们一片崭新的天地，它代表着亿万人民对马匹的热爱，促进人类更加深入了解马匹，使人与马的关系达到一种更完美的境界。它不仅是一种体育运动，而且是千百年来人类对马文化（horse culture）认识的结晶。人类马文化以反映人马关系为内容，是人类文化的分支。它包括人类对马的认识、驯养、使役以及人类有关马的美术、文艺创造及体育活动等内容。

马是人类的忠实伴侣，马术运动由军事、生产发展而来，历史悠久，种类繁多。我国商周时期，"御"（驾驭车马）即六艺之一。到了春秋时期，赛马已十分盛行。马术运动在唐代已达到较高水平，这在文学作品和艺术作品中得到了体现。至于马球运动在汉魏时期已有记载，并是当时最具代表性的马术运动；马戏，包括舞马和马伎。从宋到元、明时期，马球和骑射仍受到重视。但在清代，统治阶级禁止异族养马和开展军事体育活动，马术运动由盛而衰。

新中国成立以后马术运动得到重视。20世纪50年代末，国家决定在全国范围内开展马术运动。1979年中国马术协会成立，1982年加入国际马术联合会，1983年起恢复了全国性马术竞赛活动和奥运会三项赛〔盛装舞步赛（dressage）、超越障碍赛（jumping）和三日赛（three-day event）〕及民族民间马术运动。

马术运动有：竞技马术、赛马、民族民间马术、马戏、旅游马术、文化娱乐马术、医疗马术和军事马术等。赛马（horse racing）指以竞速为目的的各种距离的平地赛马、跨栏赛马和障碍赛马以及轻驾车快步赛、长途耐力赛等。它可分为传统赛马、民族赛马和现代赛马三种。传统赛马经费为政府和集体投入，观众只娱乐助兴饱眼福，无奖励可言，不计经济效益。民族赛马则是少数民族的一种风俗习惯，具有强烈的民族特色。但最近十年民族赛马的奖金也逐年提高，2014年内蒙古地区的草原那达慕的头马奖金已达到了5万元人民币。现代赛马与形形色色的传统赛马不同，它是一种把商品社会的利润法则引入其中，集体育、娱乐、博彩、募捐于一体的赛马活动。它除了保持传统赛马活动的体育、娱乐、健身、培育良种马匹等内容、形式外，还具有性质商品化、机构专业化、参与大众化、收益福利化、管理正常化、手段科学化等特点，已突破了单纯体育和娱乐的范畴。当前人们把休闲乘马娱乐，看体育比赛、买彩票、炒股票等作为生活的一部分。乘马人数在迅速增加。乘马俱乐部（riding club）发展很快，仅北京市就有100多所，经常乘马人在20 000人以上。乘马俱乐部是学习乘马及有偿提供乘马服务的团体，有时又称"马术俱乐部"，也有的称"骑士俱乐部"或"骑乘中心"。

第二节　世界和我国养马业概况

一、世界马业概况

在悠久的历史上，马在人类生产、生活中扮演着极为重要角色。在当今世界经济中，马起什么作用？人类今天和明天是否需要它？这都是人们关心的问题。

20世纪60年代以来，农业机械化不断发展，马的数量有所下降，到1988年全世界马匹总数却没有显著的变化，而所减少的马主要是重型马，但轻型马反而有所发展，特别是亚非拉发展中国家的马数持续上升。世界经济对马的需要已经相当稳定，在将来这种需要不会有显著变化。表 1-2 为根据联合国粮农组织（FAO）统计的 2010 年世界各种马属动物总头数。

表 1-2　2010 年世界马、驴和骡的数量（万匹）

马（horses）		驴（donkeys）		骡（mules）	
国家	数量	国家	数量	国家	数量
1. 美国	950.0	1. 中国	715.0	1. 墨西哥	328.0
2. 中国	682.3	2. 埃塞俄比亚	542.2	2. 中国	295.5
3. 墨西哥	635.0	3. 巴基斯坦	422.7	3. 巴西	131.4
4. 巴西	554.1	4. 墨西哥	326.0	4. 摩洛哥	51.5
5. 阿根廷	368.0	5. 埃及	307.0	5. 哥伦比亚	43.0
6. 哥伦比亚	242.1	6. 马里	176.7	6. 埃塞俄比亚	37.4
7. 蒙古	218.7	7. 伊朗	160.0	7. 秘鲁	29.5
8. 埃塞俄比亚	178.7	8. 尼日尔	156.7	8. 阿根廷	18.5
9. 俄罗斯	132.1	9. 布基纳法索	122.5	9. 印度	17.6
10. 哈萨克斯坦	129.1	10. 阿富汗	120.9	10. 伊朗	17.5
世界总数量	5 869.9	世界总数量	4 345.6	世界总数量	1 116.8

　　马业在世界经济中的基本方向是役用和竞技用马两个方向。在亚洲和非洲，马多用于农业生产和作为交通工具，这些国家在使用马的同时，还使用其他牲畜进行工作。随着农业机械化的发展，马的利用性质逐步改变，由单纯的役用逐渐发展产品马业和商品生产。产品马业作为马业中的一个新的分支，将成为其重要组成部分。目前各国正在开发马肉、马乳资源，为人类提供营养丰富的优质食品。

　　1998 年世界各国生产马肉 5 123.0 万 t，其中美国产 1 272.4 万 t，墨西哥产 155.83 万 t，加拿大产 82 万 t，阿根廷产 57.48 万 t，中国产近 773.97 万 t。10 年内马肉产量的较大变动，表明需要量增长迅速。

　　酸马奶对许多慢性病具有很好的治疗效果。国外食用马奶日益普遍，在母马产后的 6 个月，马驹屠宰肉用，母马挤乳用，已成为马业新兴的生产方式之一。现在世界上有些国家正在积极扩充马肉、马奶的生产利用规模，培育肉乳兼用的新马种。

　　世界马业的现状和发展资料表明，随着赛马业投注额的增加，奖金额的提高，兴起的赛马业正在蓬勃发展，这就使轻型马的佼佼者身价猛增。不少国家的国王、总统都参与赛马，出任名誉会长，赛马事业在世界的地位和影响可见一斑。

二、新中国成立前我国马业概况

　　我国地处亚洲大陆，有广大农牧地区，马业条件优越，马业资源丰富。我国人民在马业方面积累了很多经验，做出了卓越贡献。研究我国养马业，首先应对马业历史有所了解。

我国是家马起源、驯化地之一。在塞外蒙古高原、新疆天山北麓草原乃至中原大地，早在旧石器时代都有过野马的踪迹。中国原始马种的近代野马祖先可能为鞑靼野马亚种，蒙古野马对家马的贡献还有待进一步的研究。

我国养马历史悠久，早在5 000多年前已用马驾车，殷代即开始设立马政，是世界上最早的马政雏形。周代将马分为六类，即种马、戎马（军用）、齐马（仪仗用）、道马（驿用）、田马（狩猎用）、驽马（杂役用），各遂其用。秦汉已建立了比较完整的马政机构。秦代已大规模经营马场，汉代在西北边区养马30万匹，唐初在西北养马70余万匹，在经营管理上又有所改进。汉唐盛期，从西域引入良马7 000多匹改良军马。当时马业的兴盛，不仅对国防起了重要作用，并发展驿运，进一步沟通了中原和西域的文化。

我国养马业发展积累的丰富经验，在马科学上取得了很大的成就。远在周代就出现养马业的秦非子，善于赶马车的造父，名入史册，传闻后世。春秋战国时期有很多相马家，各家判断良马的角度不同，形成各种流派，为我国古代相马学奠定了基础。赵国的王良；秦国的九方皋；特别出名的秦穆公的监军少宰孙阳，世人敬仰选马技术超群，而喻为伯乐。伯乐所著《相马经》，是世界上最早的相马著作。唐代有其他相马经问世。凡此种种，都说明对马业的重视。

宋代曾施行过保马法，效果不大。元代重视马业，特别注意当地马业的大发展。明代采历代马政制度所长，重视马业，马政设施甚为完备。清代扩充了官办马场，限制民间马业，禁止贩马，使民间马业受到摧残。辛亥革命后军阀连年混战，马业衰落。

三、新中国成立后我国马业的发展概况和存在问题

新中国成立后，党和政府对发展耕畜采取保护和奖励政策。在积极发展马匹数量的同时，注意马匹质量的提高，除本品种选育外，还引入优良品种进行杂交改良和培育新品种，取得显著成绩。由于政策的落实，1952年和1949年比较，马增加25.7%；1963年经过调整之后，至1977年马达到1 144.7万匹，居世界之首，但到2009年时只有678.5万匹，比最高年份减少了466.2万匹，并且继续呈递减的趋势，尽管如此，我国仍然是马业大国（表1-3）。

表1-3　全国历年马、驴、骡存栏数量（万匹）

年份	马（horses）	驴（donkeys）	骡（mules）
1949	487.5	949.4	147.1
1977（历史最高年份）	1 144.7	763.0	371.5
1987	1 069.1	1 084.5	524.8
1988	1 054.0	1 105.2	536.6
1989	1 029.4	1 113.6	593.1
1995	1 007.2	1 074.5	538.0
1996	871.5	944.4	478.0
1997	891.2	952.8	480.6
1998	889.1	955.8	473.9
1999	898.1	934.8	467.3
2000	891.6	922.3	460.8
2001	876.6	922.7	453.0

（续）

年份	马（horses）	驴（donkeys）	骡（mules）
2005	740.0	777.2	360.4
2007	702.8	689.1	298.5
2009	678.5	648.4	279.3

资料来源：《中国马业协会成立大会资料》（2002 年）和《中国畜禽遗传资源志·马驴驼志》（2011 年）。

我国马业在采取本品种选育的同时，从 1950 年开始，由前苏联多次引入优良品种，进行杂交改良，马匹质量得到提高。1950 年第一次引入阿尔登马等 9 个品种优良种马 1 125 匹，至 1963 年共引入 12 个品种 2 534 匹优良马，其中基础母马占 54％，至 1977 年农业部所属专业种马场增至 113 个。在建立种马繁育场的同时，成立种马场和配种站，在重点产马区，形成比较完整的繁育体系。在繁殖方面，公马精液冷冻和母马发情鉴定技术研究都取得较好效果，主要马场母马受胎率达 90％以上，繁殖成活率在 80％以上，达到世界先进水平。

我国马匹大部分分布在北方和西南地区，即新疆、青海，内蒙古、东北、华北北部，四川山地、云贵高原。东北、西北、华北马匹总数约占我国马匹总数的 3/4（表 1-4）。

表 1-4 2010 年中国马匹数量较多省、自治区的排序

省、自治区	数量（万匹）	占全国比例（％）	顺序
四川	95.6	13.6	1
贵州	95.1	13.5	2
新疆	89.9	12.8	3
云南	75.5	10.7	4
内蒙古	69.7	9.9	5
吉林	47.8	6.8	6
西藏	41.3	5.9	7
广西	40.3	5.7	8
黑龙江	29.9	4.4	9
辽宁	26.1	3.7	10
河北	24.9	3.5	11
青海	16.6	2.4	12
河南	15.9	2.3	13
甘肃	13.7	1.9	14
山东	7.3	1.0	15

资料来源：《中国畜禽遗传资源志·马驴驼志》，2011 年。

马喜高寒干燥的气候环境，不畏严寒，温度较低、海拔较高的地方自古多出良马。我国历史上，良马多出在塞外高寒之地，在炎热潮湿的地方马匹较稀少。

养马业具有多种多样的生产方向，服务于人们的生产生活。近半个世纪，现代养马业发展极其迅速，除了我们熟知的种马业和役马业外，现又形成三个产业，即运动用马业、产品用马业和游乐伴侣用马业。这些新产业，尽管产业化规模不一，但集约化、商品化程度较高，有自己的品种、科学饲养和选育标准，有良好的经济效益和社会效益。这些多样的生产方向给我国马种向现代马业转向提供了广阔的前景。

单一传统养马业向全方位多分支的现代马业转化，是我国马业发展的目标，但在其中也出现了一些问题。

（1）对现代马业内涵的理解。是"五业"并举，因地制宜发展，还是抓住看似利润很大的"一业""两业"。即是把我国马业的重心放在几千匹引入的轻型马种（如纯血马），还是面对地方马种培育引入其他马种的生存和发展。马业工作认识必须统一，指导方针必须长期坚持。

（2）地方马种和培养马种的保种、转型和开发。目前，虽然国家对部分马种也设立保种场，但因规模、技术和经费众多问题难以为继。而多数马种则放任自流，缺乏有计划的保种选育和管理。造成地方马种和培育马种数量锐减，不少马种处于濒危状态。

（3）一些地区对地方马种一味强调杂交利用，强调所谓良种化，忽视生物多样性和可持续发展关系。外血大量导入和地方品种数量急剧减少导致本地固有马种的一些基因流失。

第三节　21世纪中国马业科学展望

一、马业新的发展机遇

中国马业协会（China Horse Industry Association，CHIA）简称"中国马会"，是中华人民共和国一级行业协会，隶属及登记管理机关是中华人民共和国农业部与民政部。中国马会的历史可以追溯到1976年，后经国务院批准，于2002年10月在"全国马匹育种委员会"和"中国纯血马登记管理协会"的基础上成立。中国马会聘请第九届全国人大常委会副委员长布赫和第十届全国人大常委会副委员长司马义·艾买提担任名誉理事长。第一届、第二届理事长是中国科学院院士吴常信，秘书长是芒来。现任第三届理事长是原国家首席兽医师、农业部畜牧兽医局原局长贾幼陵先生，秘书长是岳高峰。在中国马会指导和行业统筹管理下，新疆马业协会、内蒙古自治区马业协会（2008年）、香港马业协会、山东马业协会（2014年）和广东马业协会（2014年）等省级（地区）马会相继成立，辽宁省马业协会和天津市马业协会的成立也在筹备中，同时，全国各地市和县（旗）级的马业协会已有30余个。中国马会分支机构有：纯血马登记管理、良种马（驴）登记、马属动物育种、马属动物营养、马匹技术、马属动物兽医保健、马场技术工作等专业委员会、马球分会和马具行业分会（筹）。同时，中国马业协会在全国34个省级行政区划单位设有联络官或代表处。"中国马都"和"中国国际马博会（HORFA）"是中国马会重要的项目品牌。中国马业协会的成立将会为中国马业的健康发展起到积极的作用。2014年8月27日中国畜牧兽医学会的第36个分会——马学分会在北京成立，这也标志着中国马学科技界有了领导组织，是其发展史上具有里程碑意义的事件。

旧中国的体育彩票是随着西式赛马产生的。当时主要在上海、天津、武汉等大城市进行。马票的种类分"摇彩""位置""连位"等。新中国成立后，赛马被停止，彩票在中国沉寂了半个世纪之久。党的十一届三中全会以来，随着我国经济体制改革不断深入，人们的思想观念和思维方式发生了很大变化。在这种大环境下，原国家体委便着手探讨在我国发行体育彩票的问题，尝试通过发行体育彩票筹集部分体育事业发展资金。1984年11月福建省发行了体育设施建设彩票，江苏、广东、河北、天津、贵州、四川、浙江等省市也相继发行了地方性体育彩票。1994年，原国家体委向国务院申请在全国范围内统一发行、统一印制、统一管理体育彩票。经批准，1994—1995年度共发行10亿元体育彩票，筹集的3亿元资金主要用于补充第43届世乒赛等13项大型赛事的举办经费的不足，为体育事业的发展开辟了一条新路。1994年4月5日，原国家体委体育彩票管理中心正式成立，经中国人民银行批准，原国家体委主任伍绍祖于1994年7月签署了国家体委《第20号令》，并予以颁布实施。这标志着我国体育彩票事业开始进入法制化、规范化的管理轨道。2012年2月21日，在2012年全国体育彩票工作会议上，"体彩精神"被首次正式提出。国家体育总局局长、党组书记刘鹏在讲话中强调，全国体彩系统要深入贯彻落实党的十七届六中全会精神，弘扬"责任、诚信、团结、创新"的体彩精神，在社会主义核心价值体系建设中发挥独特作用。截至2012年12月4日，体育彩票累计发行5 600亿元，筹集公益金1 650亿元。体育彩票在销量增长的同时，筹集了更多的公益金，为我国的社会公益事业、体育事业和全民健身事业作出了巨大贡献。2013年7月上旬"马上慈善，时刻公益"第二届体育马彩研讨会在上海举行，北京大学中国公益彩票事业研究所所长、国内首位博彩管理专业博士王薛红认为："马彩最大意义是公益性，与中国国情并不冲突。其发行收入所得主要用于社会福利事业，就像体彩和福彩一样。并且具有更强观赏性和娱乐性，能够更大激发彩民投注兴趣。"国内对马彩的呼声日益高涨，为中国的马业奏响崭新的篇章。

除此之外，奥运会、亚运会、全国运动会、城市运动会和各少数民族地区的民族体育活动需要大批的不同类型等级的骑乘型马。现内蒙古草原夏季那达慕时的传统赛马吸引了全世界的眼球，2005年7月28日在内蒙古锡林郭勒盟西乌旗举行的800匹蒙古马"阿吉乃"大赛创造了一场比赛最多马参赛的世界吉尼斯纪录。2011年7月12日在内蒙古呼伦贝尔盟陈巴尔虎旗莫日格勒河畔举行了"万马奔腾"旅游文化节，再现了草原上万马奔腾的情景，被大世界基尼斯之最收录。现从东部山东到西部新疆，北部黑河到南部广西、云南一些旅游项目都少不了马匹参与，从北京到内蒙古草原各旅游点有几十匹到上百匹规模不等的有规模马匹供游客娱乐用，收入也很可观。

二、关于肉乳用马业的开发

我国内蒙古、新疆、西南少数民族历史上都有饮马奶和制作酸马奶的习惯。马奶具有脂肪低、乳糖高、蛋白质和维生素矿物质丰富的优点，其营养成分更接近人奶，又可防止因牛奶缺乏乳糖酶（汉族人约68％缺乏此酶）引起的不适症，对哺乳婴儿是最适宜的。

法国、日本等国家对马肉有特殊爱好。马肉是高档香肠萨拉来的原料。利用重挽马的杂种马生产马肉增加绿色食品出口创汇也是解决马匹今后出路的途径之一。但是也要制订引种改良和选种选配计划，才能生产出高质量高档马肉来，如雪花马肉。马匹由于肠道微生物作用，对粗饲料利用性能较好、牧饲能力强，可以终年放牧，有条件的地区少补饲甚至不补饲，即能生产乳肉等产品。因此，采取科学合理的群牧管理方法（划区轮牧、季节性放牧等）来发展产品马业。可以利用自然牧草大群放牧，设备简单，生产成本低，经济效益高。

三、关于马术运动用马的开发

目前我国还不具备马术用马育种条件，从2008年奥运会、2010年广州亚运会可以看出，以后相当长一段时间内障碍赛马、舞步马和三日赛马仍以引进为主，但引种要具有针对性。如障碍赛马应引进德国的重热血型奥尔登堡马（Oldenburg），体高172.72cm。还有像威斯弗里亚马（Wesfalen），洛达尔马（Rottal），荷兰格鲁宁坚的奥尔登堡-东弗里斯型马（Groningen-Oldenbury-East Friesian type-horse），瑞士和德国的霍尔斯坦马（Holstein），法国盎格鲁诺尔曼马（Anglo-Norman）等热血品种。舞步马很多都用不同纯种马杂交或半血马来培育。像匈牙利的利皮撒马（Lipitsa）具有天然的舞步才能。而阿根廷及巴西则专门培育动作灵活的马球专用马。纯血马、阿拉伯马常用作仪仗马，我国大连市女子骑警用的马是香港赛马场退役纯血马，但专门的仪仗马有美国帕罗米诺（Polomino）（银鬃色，全身淡栗色，鬃、尾、鬣毛银白色，有铸金币的亮色）、夸特马（Quarter）和皮撒马等。

我国是世界马业历史最悠久的国家之一，但马的管理、利用较落后，因此成立于2002年的中国马业协会对我国马业的发展将是非常有意义的，中国马业协会必将为中国马匹品种改良、良种登记以及马业的健康发展等做出积极贡献。

本门课程是以讲述马的类型和品种，外貌体质，马的繁殖、育种、饲养、管理、疾病防治、综合利用和提高生产率的方法等为内容。在学习之前，要先学好马匹解剖、生理、遗传、育种、繁殖、饲养和卫生等课程，为学习马业学打好基础。

思 考 题

（1）说明马业对我国国计民生的意义。

（2）试述我国马业的发展前景。

（3）我国正在逐步实现农业机械化，今后还有无必要发展马业？试就个人所见加以论述。

（4）马生产肉、乳的能力和马肉、乳的特点如何？为发展我国的马业，今后我国应当如何看待马的各种生产性能？

第二章 马的外貌鉴定

> **重点提示：** 马匹外貌是指马体结构和气质表现所构成的全部外表形态。根据外貌可以了解马的品种特点、主要用途、生产性能、健康状况、适应性和种用价值等，在挑选马匹时，外貌是选择的主要依据，所以外貌鉴定对马业生产和科研工作都具有重要意义。在本章内容中应重点掌握各种经济类型马匹外貌的理想结构，各部位理想类型，牙齿的结构和年龄鉴别的方法，这对今后马匹的选育工作是大有裨益的。同时对马的毛色和别征以及马的步法做一常识性了解。

第一节 马外貌学说的发展及实践意义

一、我国马匹外貌学说的发展及实践意义

我们要选好马，用好马，首先要认识马，善于识别马的好坏，熟悉马的外貌知识，畜牧学上称"鉴定"，古代称为"相马"。我国马匹外貌的研究，早在2 500年前就有了相当高的水平。例如春秋战国时期秦穆公的监军少宰孙阳（伯乐）所著的《相马经》就是一个代表作。《相马经》指出："马头为王，欲得方；目为丞相，欲得亮；脊为将军，欲得强；腹为城廓，欲得张；四下为令，欲得长"，扼要说明了利于发挥马匹工作能力的几个重要部位必须具备的条件，并明确外貌鉴定要从整体出发。《相马经》中还提到马体各部位的相互关系，体表外貌与内部器官之间、结构与功能之间的相互关系，由表及里来推断马的生产性能，如"心欲得大，目大则心大，心大则猛利不惊；肺欲得大，鼻大则肺大，肺大则能奔……"这种表里相关、观其外而知其内的思路，是带有朴素的辩证法思想的。

蒙古族作为生活在马背上的民族，自古以来就懂马、相马。有经验的调教师会从马群中选出适合作为赛马的马匹进行调教，会根据马匹的状况为比赛做好准备，就像运动员为大赛备战一样，调教师合理地搭配马匹的饮食、运动、状态而把马拴在马柱上备战，称为"吊马"。好的调教师可以在比赛当天一眼看出一匹马是否能够取得好成绩，这在以下注回报为主的马彩界被称为神话，很多外国人请来蒙古的驯马师选购马彩。虽然蒙古人的相马学没有得到科学的考证，相信不久的将来其中的奥妙必定会为世人所称道。蒙古族相马图见图2-1。

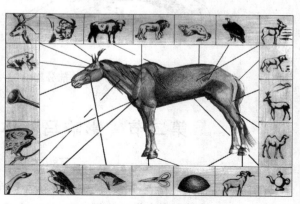

图2-1 蒙古族相马图

二、西欧各国马匹外貌学说的发展及实践意义

马匹外貌学说在西欧发展较晚，比我国至少晚了 2 400 年。1735 年，法国布尔纠勒（Bourgelat）的《马体对称学说》成为了马匹外貌学说的代表作。他以马的头长为标尺来衡量其他部位，以此来判定马体部位是否恰当。19 世纪德国塞得加斯特（Settegast）的《比较外形学说》也是马匹外貌学说的代表作。他认为上面通过鬐甲顶点，下面通过带径底部划两条水平线；前面通过肩端，后面通过臀端划两条垂线；再由肩胛骨后角，腰角前方划两条垂线；再由肩胛骨后角，腰角前方划两条垂线；这样将马体分为前、中、后三躯，这三部分应相等。又以这个平行六面体长度的 1/24 作指标，与马体其他部位作比较，制定出一定的比例关系，来衡量马匹部位的优劣，这些学说都是机械唯物论者，都是脱离实践的，对马体外貌鉴定缺乏实际指导意义。

随着马科学技术的研究，马匹外貌学说得到正确发展。现代马匹外貌学说认为马体是一个统一的整体，既要注意外表，还要重视内部的体质，形态与机能、部分与整体都是相互制约、相辅相成的。因此可根据马体外貌的一般特征来判断马匹的工作能力，体质的结实程度和其他生产性能，从而选出优良的个体（理想马，ideal horse），这对指导马匹生产具有重要的实践意义。马体部分部位与人类相互比较图见图 2-2。

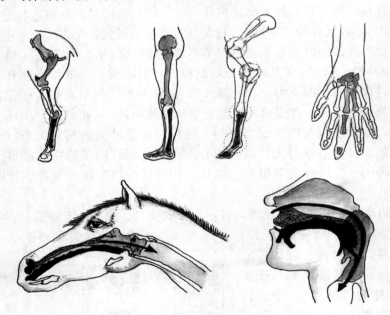

图 2-2　马体部分部位与人类相互比较图

第二节　影响马匹体型外貌的因素

一、生态环境

马的体型外貌（马格，conformation）是在遗传基础上，同化了外界条件，而在个体发育过程中形成的。因此，生态环境对体型外貌有重要的影响。由于各地区的自然条件不同，

特别是气候条件的差异，形成了不同类型的马匹。在北纬 45°以北地区，气候温凉湿润，牧草繁茂，多汁饲料丰富，逐渐育成了体格大、体质湿润的重型挽马。这种马被毛浓密，长毛发达，皮下脂肪和结缔组织发达。而在干燥炎热的半沙漠地区，由于气候和饲料条件的影响，逐渐育成了体型轻、体质干燥的马匹，这些马皮薄毛稀，皮下脂肪少，汗腺发达，体表血管外露，有利于体热的散发。总之，马匹的生活条件越接近生态环境条件时，生态环境条件对体型外貌的影响越大。

二、调教锻炼

调教锻炼是发挥马匹遗传性状的重要条件，可以提高马的新陈代谢，使呼吸、血液循环、体温调节、排泄等机能之间更加协调。据测定，平时不调教锻炼的马匹，心脏只占体重的 0.73%，而经过调教锻炼的马匹，心脏可达体重的 0.81%；调教可以改变骨骼及肌肉的长短、角度和连接方式，改善各部位的结构；可以改善神经活动类型，使得神经系统与运动器官之间更加协调，运动更加精确。因此，调教和锻炼不仅是正确培育幼驹的重要手段，而且也是改进马匹体型外貌和品种品质的必要措施。

三、马匹性别

公母马由于第二性征的影响，在体型外貌和神经活动类型方面有一定程度的差别。一般公马的体格较大，体质粗糙结实，悍威较强；头较重大，颈部肌肉丰满，颈脊明显，胸深而宽，中躯较短，骨骼粗壮，犬齿发达，被毛浓密，长毛发达；血液氧化能力强，有效成分较多，容易兴奋，雄性特征表现明显。

母马体格较小，体质偏细致，悍威中等，性情安静；头较轻，颈较细，胸不太宽，胸围率稍大，中躯较长，尻较宽，骨量轻，皮肤薄，被毛细软，长毛稀少，具有雌性特征表现。

四、不同年龄

不同年龄的马，各部位生长发育有不同的表现，在体型外貌上有很大差异。幼驹的四肢较长，躯干较短，胸窄而浅，肋部较平，关节粗大，额部圆隆，鬃短而立，鬐甲低短，后肢较高，皮肤有弹性。

壮龄马体躯长宽而深，呈圆筒形，肌肉发达，营养良好，眼窝丰满，被毛光泽，体力充沛，运步稳健。

老龄马眼盂凹陷，下唇弛缓，腰角突出，多呈凹背，尾椎横突变粗，肛门深陷，被毛干燥，皮肤缺乏弹性，皮下结缔组织减少，行动迟钝，运步僵硬。

第三节 气质、体质鉴定

一、马的气质

气质（temperament）即马的性格，在马业科学上亦称悍威，是马匹神经活动类型的象征，也是它对周围外界事物反应的敏感性。影响气质的因素有品种、年龄、性别、调教和饲养管理等。

马的气质与工作能力及使用价值有密切的关系。不同的个体，气质表现截然不同，特别是种公马和骑乘马更为突出，可分为以下几种：①烈悍：神经活动属强而不平衡型。对外界刺激反应强烈。易兴奋暴躁，不易控制和管理。往往因性急而消耗精力和能量，持久力差。对条件反射容易建立也容易消失。②上悍：神经活动强而灵活，对外界反应敏感，兴奋与抑制趋于平衡。这种马听指挥能力强，动作敏捷，工作持久，容易饲养管理。③中悍：神经活动稍迟钝，对外界刺激不甚敏感，容易调教，饲料利用率高，工作性能好。④下悍：神经活动类型以抑制为主，对外界刺激不敏感，性表现迟钝，动作不灵活，工作效率低。

工作中应把悍威的实质作为神经类型。据研究，"气质"是随环境条件而变的，而神经类型却是不变的，是可以遗传的，并且马的体型结构与其神经类型没有联系。实践中常常遇见按用途、体型结构很好的马，但神经类型却不适合。而有些结构不良的马却有很合适的神经类型。侯文通教授在《现代马学》中说道："现行马的鉴定制度在许多方面是主观片面的，作者认为在马匹鉴定中，应该增设一项'神经类型'，也许比'气质'更有用。或者取消'气质'而代之以'神经类型'的鉴定"。巴甫洛夫研究动物的高级神经活动的学说里把动物对外界事物的反应分为三类：强而不平衡型（胆汁质或神经质、放肆型）；强而平衡型〔又分为活泼型（多血质）、安静型（淋巴质即黏液质）〕；弱型（忧郁质）。

强而不平衡型：是兴奋的、不可遏制，对外界刺激的反应特别强烈的类型。兴奋过程强，抑制过程弱。在训练过程中很容易接受教学，很快形成理想的运动用条件反射并稳固地保持。但是较难抑制它们特有的、不理想的反射，骑乘工作成功率较低。

强而平衡型——活泼型：活泼的、平衡的类型（适度兴奋），兴奋和抑制过程都很强。对刺激反应准确，又很容易安静下来。此型的竞技马很容易形成理想的运动条件反射，也很容易抑制，因此这种马比较快、较易接受驯致和调教，很容易按骑手的要求从一种练习转为另一种练习。

强而平衡型——安静型：不活泼的、安静的类型，其神经过程兴奋和抑制都不够灵活。虽然此型马尔后也能很牢固地保持兴奋和抑制，并且能准确地加以区分，但通常需要较长的时间，慢慢地形成条件反射。

弱型：是兴奋和抑制过程都很弱的类型，任何强烈的刺激往往都会导致抑制，已形成的条件反射会遭破坏而很快丧失，通常很难形成所需要的习惯。工作量大时，此型马会陷入额外的抑制，因而需要长期休息才能恢复工作能力。

用该方法来反映马的气质比较有效，只有考虑高级神经活动的典型特点，才能正确地为某种马术运动挑选马匹，并且最合理地进行驯致和调教工作。而气质性格又是可遗传的，在选择上应加以注意，要选强而平衡型（活泼型）的马。马匹品种在选种选配和培育的影响下，形成了各种神经活动类型。竞争心理很强，气质激烈的赛马难以应付现代马术竞技，尤其是盛装舞步和跳越障碍赛。实践证明高度神经质的马用于跳越障碍赛，多表现性格乖僻，越野时往往粗心大意。马术运动要求马绝对服从人，性格温驯，与骑手配合一致，对人的扶助迅速做出反应。勇气和毅力是障碍马必备的品质。实践证明，脾气古怪和胆小的马极难矫正，应弃用。据研究，马的神经类型与体格没有直接关系，高级神经活动对马的运动用工作能力有特殊的影响，以上这些品质不是用"悍威"一词能够简单概括的。

二、马的体质

体质是马体的结构和机能的全部表征状态，是马的外部形态和生理机能的综合体。它体现马匹身体的结实程度。体质和外貌具有密不可分的关系，外貌是体质在马体外部的表现，体质是外貌在马体内部的反应。马匹体质的优劣决定着马匹的经济性能、种用价值、生产能力和适应性。因此在外貌鉴定时，应同时重视体质的选择。体质依皮肤的厚薄、骨骼的粗细把家畜分为细致型和粗糙型；依据皮下结缔组织和肌肉骨骼坚实程度分为紧凑型（马的称“干燥型”）和疏松型（马的称“湿润型”）。细致和粗糙、紧凑和疏松都是相互对立的极端的类型，应该还有一种并不偏向某一极端，而介于中间的类型，称为结实型。

1. 湿润型（疏松型）　头大，骨骼粗；肌肉松弛，皮下结缔组织发达；皮厚毛粗，关节肌腱不明显，蹄质较松，长毛较多；性情迟钝，不够灵活。

2. 干燥型（紧凑型）　头部清秀，骨骼结实；肌肉结实有力，皮下结缔组织不发达；关节肌腱明显，头部及四肢血管显露，蹄质坚实；皮薄有弹性，被毛细短，长毛不多；性情活泼，运动敏捷。

3. 细致型　头小，骨量较轻；肌肉不够发达，皮下结缔组织少；皮薄毛细，关节明显，长毛稀少；感觉过敏，性情暴躁，运动缺乏持久力，适应性较差。

4. 粗糙型　头重，骨粗；肌肉厚实，皮下结缔组织一般；关节肌腱不够明显；皮厚，被毛粗硬，鬃鬣尾、距毛多而浓密。

5. 结实型　头大小适中，骨骼结实；肌肉厚实，腱和韧带发达；皮肤厚，被毛光泽；皮下结缔组织少，无粗糙外观。

在马群中，单一体质类型的马很少，一般都是以某种类型为主的混合型，如湿润粗糙型、湿润细致型、干燥细致型、干燥结实型、粗糙结实型等。干燥细致多见于竞赛骑乘马，以英纯血马为代表；我国的三河马、伊犁马，多属于干燥结实型，而蒙古马、哈萨克马又多属于粗糙结实型。

结实和干燥型体质，对所有的马都是理想的，应多加选留。但对群牧条件下培育的草原品种，粗糙型体质亦未可厚非。

第四节　各部位鉴定

我国古代劳动人民积累了许多鉴定马的方法和经验，“先除三羸五驽，乃相其余”就是其中的一种快速鉴定方法。从解剖学上讲“三羸五驽”也是严重的缺点。在民间有许多说法如“马包一张皮，各处有关系”“从外看里头，隔肉看骨头”“眼大神足，鼻大不憋气”“站相和走相相结合”等，还总结了一些相马的歌诀（图 2-3）。

远看一张皮，近看四肢蹄，
前看胸膛宽，后看屁股齐，
当腰掐一把，鼻子捋和挤，
眼前晃三晃，开口看仔细，
赶起走一走，最好骑一骑。

图 2-3　相马歌诀

远看一张皮：就是要看马的全貌，包括毛色，营养，体格大小，体型结构，全身是否匀称等。

近看四肢蹄：四条腿是马的运动器官，与马的能力关系极大，因此必须近看，仔细看。要看肢势是否端正，肌肉的多少和坚硬强度，骨棒粗细，蹄系长短，蹄的大小，蹄质的好坏，护蹄毛多少，有无严重损征等。

前看胸膛宽：前面看胸部的宽和肌肉丰满程度。

后看屁股齐：后面看尻部臀部是否强大肉多、形态整齐。

当腰掐一把：检查背部的抗力强不强，同时把鬐甲（前山）和尻（后山）看一看，比较前后的高低；背部是否宽平直，和尻部结合是否自然。

鼻子捋和挤：检查鼻子有无病症，同时看鼻梁高低，鼻孔大小。

眼前晃三晃：使马头向着阳光，用手在马眼前晃三晃，以检查马的视觉好坏，并观察眼球的形状。

开口看仔细：主要是看几岁口，并检查牙齿质量、形状等。

赶起走一走：是为了看走相，蹄子印是否落在一条直线上，腿是否瘸。

最好骑一骑：是为了检查马在负重而且快速前进时，有无缺点。尤其相乘马，更要骑一骑，看运步是否轻快、灵活。

马体各部位名称见图 2-4。

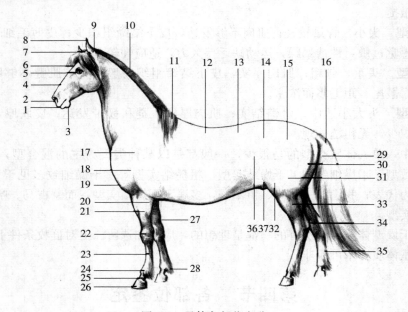

图 2-4　马体各部位名称

1. 嘴　2. 鼻　3. 下颌　4. 面　5. 眼睛　6. 额　7. 额毛　8. 耳
9. 颈　10. 鬃　11. 鬐甲　12. 背 13. 腰　14. 荐　15. 臀、尻　16. 尾巴
17. 肩　18. 肩突　19. 胸　20. 肘　21. 桡骨　22. 膝　23. 胫、小腿　24. 距
25. 系　26. 蹄　27. 附蝉（夜目）28. 距毛　29. 后大腿突　30. 臀端
31. 股　32. 腹股沟　33. 后胫　34. 后膝　35. 后管　36. 肷部　37. 阴阜

一、鉴定的原则和方法（详见实习二）

（1）鉴定马匹应在地势平坦、光线充足的地方。鉴定时应使马匹保持正确的驻立姿势，先对马的类型、外貌、体型结构、主要失格损征做一大体观察，对马匹外貌形成一个完整的印象，然后再进行各部位的鉴定。最后还要进行步样检查。

（2）确定被鉴定马匹是什么经济类型，以便用不同的标准进行鉴定。因为不同经济类型的马匹，其外貌特点截然不同，鉴定优劣的标准也不相同。要区别对待，不可千篇一律。

（3）应注意到马匹是一个有机的整体，部位是整体的一部分，二者是统一的，互相依存，不可分割。鉴定时，要把局部和整体、外貌与体质、结构和机能结合起来考虑，做出正确的判断。

（4）应注意马匹的品种、性别、年龄特点，不可忽视。因为不同品种、性别、年龄的马匹，其外貌结构上有较大差异，鉴定时要注意到这些。同一经济类型不同品种的马匹，外貌上亦有差异，应该用各品种的标准进行鉴定，例如，同是骑乘型的英纯血马和阿拉伯马，在外貌上的要求就不一样。其他如性别、年龄的不同，在外貌上同样存在差异，前面已讲过，不再重述。

（5）检查马匹有无失格和损征，凡严重影响马匹的种用价值和工作能力的失格和损征，必须严格淘汰。

二、鉴定部位

（一）头部

《相马经》说"马头为王欲得方"，形容马头居于马体的主宰地位。所以历来鉴定马时，都很重视对马头的鉴定。头是大脑和五官所在地，能协调全身各个系统，所以是一个很重要的部位。同时头与颈是一个杠杆，头部位置的变动，可影响马体运动。

1. 头的大小　头的大小代表着马体骨骼发育情况，并且影响马的工作能力。小而轻的头多为干燥细致体质，大而重的头，多为湿润粗糙体质。头的大小，一般是以头与颈作比较，相等者为中等大的头，大于颈长者为大头，小于颈长者为小头，过大过小都不理想。

2. 头的方向　（即头的倾斜状态）

（1）斜头：头的方向和地面呈 45°角，与颈呈 90°角者为斜头，是良好的，适于任何类型的马。

（2）水平头：头的方向与地面所成的角度小于 45°角，头倾向于水平，为水平头。这种头形的马，易视远难视近，感衔不好，难于驾驭。

（3）垂直头：头的方向与地面所成的角度大于 45°角，与颈部所成的角度小于 90°角，为垂直头。这种马易视近难视远，感衔好，但往往影响呼吸，不利于速度的发挥。

3. 头的形状　（图 2-5）

（1）正头：侧望由额部至鼻端成一直线，且鼻大、口方、无楔形者为正头，为理想头形，适于各类型的马。

（2）羊头：额部凸起为羊头，是不良头形。

（3）楔头：额部正常，但鼻梁和口部显细，形如木楔，为楔头。

（4）兔头：由额部至鼻端的连线，侧望呈显著弓起状态，为兔头。挽用马中多有之。

（5）半兔头：额部平直，仅鼻梁部呈弓起状态，为半兔头。挽用及兼用马中均有之。

（6）凹头：额部正常，额部与鼻梁之间有一凹陷，形似鲛鱼的头，称凹头，乘用型马中偶有之。

4. 头部各部位鉴定

（1）项：以枕骨嵴和第一颈椎为基础。项应长广，肌肉发达，项长则耳下宽，头颈结合良好，同时多伴有宽颚凹，这样头颈灵活，伸缩力强，利于速力的发挥。

（2）头础：头与颈结合的部位称头础，头颈界限应清楚，耳下和颔后应适当地宽广凹陷，颌凹和咽喉部，应宽广，无松弛臃肿状态。

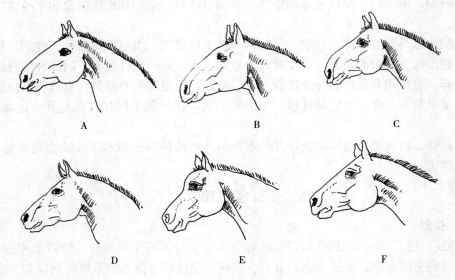

图 2-5　马的头形（侧面）

A. 正头（直头）　B. 兔头　C. 半兔头　D. 羊头　E. 凹头　F. 楔头

（3）耳：古代相马要求"耳如削竹"，耳应短尖直立，耳距近，如削竹，动作灵活。常见失格有：耳朵过软，如"绵羊耳"；走路上下煽动，又称"担杖耳"；一上一下，左右不对称，称"阴阳耳"。

（4）眼：古代相马把眼比作丞相，"目为丞相欲得光"。要求"眼似铜铃"，大而有神，眼应大、明亮，角膜和结膜颜色正常，表情温和。眼小，眼睑厚耳紧，俗称"三角杏核眼"的马，多表现胆小易惊，性情不驯。

（5）口：古代相马"上唇欲得急，下唇欲得缓"，嘴唇应软薄，致密灵活，上下唇紧闭，牙齿排列整齐，没有异臭。

（6）鼻：古代相马经中有"鼻欲得大，肺大则鼻大，鼻大则善奔"的说法，鼻孔应大，鼻翼应薄而灵活，鼻黏膜粉红色，表明呼吸系统发达和健康。

（7）腭凹：下腭两后角之间的凹陷部分称为腭凹，俗称"槽口"，应宽广。宽腭凹能有利于头自由活动，臼齿发达，以手触摸，能容纳 4 指（8～9cm）以上者为宽；容纳 3 指（6～7cm）者为中等；容纳不下 3 指者为窄腭凹。

（二）颈部

颈部（neck）以 7 个颈椎为骨骼基础，外部连以肌肉和韧带。颈是头和躯干的中介，能引导前进的方向，并能平衡马体重心，因此应有适当的长度和厚度。颈部的形状、长短以及和头部、胸部的结合状态，对马的工作能力都有很大的影响。

1. 颈的形状（图 2-6）

（1）正颈：颈的下缘近于直线，方向与地面呈 45°倾斜，为正颈，是理想的颈形，适于任何类型的马。

（2）鹤颈：颈上缘在近头处凸弯，颈下缘凹弯，头倾向于垂直状，为鹤颈。这种颈易于受衔控制，重心向前移动小，步样轻快高举，步态美观，在乘马和轻挽马中多见。

（3）脂颈：颈上缘结缔组织发达，鬐床隆起，上缘凸弯，有大量脂肪蓄积，有时鬐床倒向一侧，称为脂颈。这种颈形对乘用马来说是较大的缺点。

（4）鹿颈：颈上缘凹弯曲，颈下缘凸弯曲，头易形成水平状，为鹿颈。这种颈短，不易受衔，骑乘难以控制，是不良颈形。

（5）水平颈：颈上缘线方向呈水平状，头成垂直状态，颈短的马多如此，为不良的颈形。

图 2-6　马颈的形状
A. 正颈　B. 鹤颈　C. 脂颈　D. 鹿颈　E. 水平颈

2. 颈的长短　颈的长短决定于颈椎骨的长短，一般分为长颈、短颈和中等颈。颈长与头长相比，超过 12cm（颈长 84cm）以上者为长颈；超过 10cm（颈长 70cm）以下者为中等颈；与头长相等或仅超过一点者为短颈。颈长者，颈的摆动幅度大，利于速力的发挥，对乘马至关重要，对其他类型马也为优点。

3. 颈础　颈肩结合处称为颈础，以结合面平顺，没有坎痕者为佳。根据气管进入胸腔的位置，分为高颈础、中等颈础和低颈础。

（1）高颈础：气管进入胸腔的位置高于肩关节的连线者为高颈础。高颈础的马颈脊和鬐甲界线不明显，这是因为肩部长斜所致，是各类马的极大优点，不仅外形美观，而且前肢迈步长远。

（2）中等颈础：气管进入胸腔的位置略高于两肩关节水平线之上，正颈多呈中等颈础，是良好的颈础。

（3）低颈础：气管进入胸腔的位置低于肩关节的连线者为低颈础，低颈础的马，颈脊与鬐甲结合处有明显的凹陷，肩立而短，水平颈，垂直头，发育不良的低能马大致都这样。

（三）躯干

躯干包括鬐甲、背、腰、胸、腹及尻股等部分，它的结构好坏，对马的工作能力有一定影响。

1. 鬐甲（withers）　以 2～12 胸椎棘突、韧带、背肌及一小部分肩胛软骨为基础。鬐甲是胸廓肌肉杠杆的集中点，也是前肢头颈韧带和肌肉的固定点及支架，对维持头颈正常姿势和前肢运动有着重要关系。鬐甲的高低长短、厚薄应和马的体型相适应，不同经济类型的马，需要不同形态的鬐甲。

（1）高鬐甲：鬐甲高于尻高者为高鬐甲。鬐甲有适当的高厚长度，肌肉发育良好者为优良鬐甲，特别是乘用马需要有较高长的鬐甲。

（2）低鬐甲：鬐甲低于尻高者为低鬐甲。挽用马多低鬐甲，对乘用马来说是大的缺陷。

（3）中等鬐甲：鬐甲与尻高大致相等为中等鬐甲，这种鬐甲在兼用型马中多有。

（4）开鬐甲：肩胛骨上端突出，致使鬐甲上面是开裂的，表面有凹沟存在，为开鬐甲。这种不良鬐甲对任何马皆不适宜。

（5）锐鬐甲：鬐甲高而薄者为锐鬐甲，易发生鞍伤，驾挽能力亦差，为不良鬐甲。

2. 背部（back）　以最后 7～8 个胸椎和肋骨上部为基础。前为鬐甲；后以肋与腰为界。主要功能是连接前后躯，负担重量，传递后躯的推动力。《相马经》说："背欲得短而方，脊欲得大而抗，脊背欲得平而广，能负重"。对任何用途的马，背部以短广、平直、肌肉发达为宜。

（1）直背：背部呈直线或由后向前有轻度倾斜，长短适中，两侧肌肉发育适度为直背，是理想背形。

（2）长背：马胸腔过长可形成长背。长背造成的过长中躯，可减弱背的负担力，降低后肢的推进作用，影响马的速力和驮力，对乘马和驮马都不利。

（3）短背：胸腔过短的背为短背。背过短，多伴随着短躯，致使胸腔容积小，对任何类型的马都不利。

（4）凸背：背部向上弓起，两侧肌肉发育不良，伴随平肋者为凸背，亦称鲤背，为不良背形。

（5）凹背：背部向下凹陷，肌肉和韧带发育不良，称为凹背。凹背的马运步不正确，体力不足，对任何用途的马都不利，亦为不良背形。

3. 腰部（loin）　以 5～6 个腰椎为骨骼基础，位于背尻之间。腰为前后躯的桥梁，无肋骨支持，结构更应坚实。腰部应和背同宽，肌肉发达，和背尻结合良好，短宽直者为佳。腰的长短，视最后肋骨到腰角的距离而定。

（1）短腰：距离不超过 8cm 者为短腰。腰短而宽，肌肉发达，负担力强，对任何用途的马均适宜。

（2）长腰：距离达 13cm 以上为长腰。腰过长，肌肉不发达，是马的严重缺点。

（3）中等腰：距离在 9～12cm，为中等腰。

（4）直腰：腰、背、尻呈一直线者为直腰，是良形腰。

（5）凸腰：腰部隆起，向上弓，称为凸腰。凸腰影响后肢推进力的传导，破坏前后肢的协调，为不良腰形。

（6）凹腰：腰部向下凹陷，负重力差，影响后肢推进力，破坏前后肢协调性，亦为不良腰形。

4. 尻部　尻部（croup）以荐骨、髋骨及强大的肌肉为基础，是后躯的主要部分。尻的长度与速力有关，尻的宽度与挽力关系密切，乘用马尻部要长，宽度适中，尻长则附着的肌肉长，伸缩力大，富于速力；挽用马尻部要宽，长度适中，尻宽则附着的肌肉厚，肌肉丰满，利于挽力的发挥。

（1）正尻：侧望，由腰角至臀端的连线与水平线的夹角在20°～30°，宽度适当，形状正常，为正尻。这种尻形利于速力和持久力的发挥，是理想的尻形。

（2）水平尻：侧望，腰角与臀端连线和水平线的夹角小于20°，荐骨的方向近于水平，为水平尻。这种尻利于发挥速力，适于乘用马。

（3）斜尻：腰角与臀端连线和水平线的夹角大于30°者为斜尻。斜尻持久力强，利于挽力的发挥，适于挽用马，但速力差。

（4）圆尻：后望两腰角突出不明显，尻的上线呈现浅弧曲线，肌肉发达，形似卵圆状为圆尻，是乘马和速步马的理想尻形。

（5）复尻：后望尻中线形成一条凹沟，两侧肌肉隆起，呈双尻形为复尻。挽用马多为此尻形。

（6）尖尻：后望荐骨突出明显，两侧呈屋脊形的倾斜面者为尖尻。尖尻肌肉欠缺是严重的缺点，为不良尻形。

5. 尾（tail）　由16～18块尾椎形成的尾干及尾毛构成。主要用于驱逐蚊蝇，对马体后躯起保护作用。尾与尻的接合部称尾础，俗称"尾根"。按尾根在尻部附着的位置分为高尾础、低尾础和中等尾础。尾巴高举，尾与体躯分离明显者为高尾础，乘用马多有这种尾础；尾巴夹于尻下股间，为低尾础，挽用马尾多有之；介于以上二者之间的尾形为中等尾础。

6. 胸部　以胸椎、肋骨和胸骨为骨骼基础。胸部是心肺所在，其发育、容积大小，与马的工作能力有密切关系。鉴定要从前胸和胸廓两方面进行。

（1）前胸：

①宽胸：在正肢势站立，两前蹄之间的距离大于一蹄者为宽胸。挽用马的前胸应宽。

②窄胸：正肢势，两蹄间小于一蹄的胸为窄胸，窄胸为不良的胸，对任何马匹都是缺点。

③中等胸：两蹄间距离等于一蹄者为中等胸。乘马以中等胸为宜。

④平胸：胸的前壁与两肩端成一平面，肌肉发育良好，比较丰满者为平胸。为理想之胸形。

⑤凸胸：亦称"鸡胸"，胸骨突出于两肩端之前，类似鸡胸者为凸胸，属不良胸。如果肌肉发育良好尚可。

⑥凹胸：胸的前壁凹陷于两肩端之间的连线，多伴有窄胸和全身肌肉发育不良，属不良胸。

（2）胸廓：胸廓是指肩胛后的肋骨部，其发育程度决定于胸骨长度、肋骨的长和拱隆度。长深宽的胸廓，胸腔容积大，心肺发达，对任何用途之马都是理想的。乘用马要求胸廓深长，宽度适中；挽用马胸廓要求深长，宽度充分。

7. 腹部　腹部形态与运动和饲料有关，腹部正常的马，腹下线（underline）与胸下线应成一直线逐渐向后上方呈缓弧线，两侧不突出，以适度的圆形移向腰部，称良腹。不良的腹形有垂腹，即腹部下垂，腹下线向下方弯曲；草腹，即腹下线不仅下垂，而且向左右两侧膨大；卷腹（也称犬腹），即腹部外形缩小，呈紧缩状态。

8. 肷部（coupling） 位于腰两侧，在最后一根肋骨之后和腰角之间，俗称"肷窝""饥凹""肷凹""犬窝"。肷以短而丰满、平圆看不到凹陷者为佳，长短以容纳一掌为宜。大而深陷者不良。

9. 胁部 即四肢与体躯相接触的部位。前面为前胁，亦称"腋"，后面为后胁，亦称"鼠蹊"。

10. 生殖器 公马的阴囊、阴筒皮肤要柔软，有伸缩力；睾丸的大小应大致相等，应有弹力，能滑动；单睾和隐睾的马不能作种用。母马的阴唇应严闭，黏膜颜色正常；乳房应发达，乳头大小均匀，向外开张，乳静脉曲张明显，骨盆腔大。

（四）四肢

民间用"好马好在四条腿上"来说明四肢的重要性。

1. 前肢 以肩胛骨、肱骨、前臂骨、腕骨、掌骨、第一趾骨等为骨骼基础。其功能主要是支撑躯体，缓解地面反冲力，同时又是运动的前导部位，因此要求前肢骨骼和关节发育良好，干燥结实，肢势正确。

（1）肩部（shoulder）：以肩胛骨为基础，借助韧带和肌肉与前躯相连，肩长则倾斜，与地平线的夹角小，一般55°左右，肌肉发育良好，前后摆幅大，步幅亦大，有弹性，适于乘用马；短而立的肩，步幅小，速度慢，与地平线的夹角达60°左右，挽马多有这种肩。

（2）上膊（upper arm）：以肱骨为基础。上膊短、方向正、倾斜角度小，肌肉丰满者，有利于前肢的屈伸，对各种用途的马都是优点。与肩胛的倾斜角度乘用马约为95°，挽用马一般在98°。上膊长约等于肩长的1/2为宜。

（3）肘（elbow）：以尺骨头为基础。其大小和方向，对前肢的工作能力和肢势有很大的影响。对肘的要求，应长而大，方向端正，肘头突出于后上方，这样附着的肌肉强大有力，有利于马匹工作能力的发挥。

（4）前膊（fore arm）：亦称"臂"，以桡骨、尺骨为基础。对前膊要求长、垂直而宽广，肌肉发达。前膊长则管部相对较短，这样有利于管向前提举，步幅大，速度快，而步样低；垂直而宽广的前膊，肢势正确，有利于支持体重和富有持久力。在马前膊内侧、腕部上方和后肢在后管上面飞节下方附着的干固角质化物称"附蝉"（chestnut callosity），俗称"夜眼"（night-eyes）。

（5）前膝（fore knee）：亦称"腕节"，以腕骨为基础。前膝能增加前肢的弹性，缓和地面对肢体的反冲力，是重要的关节之一。对前膝的要求，应轮廓明显，皮下结缔组织少，前望宽，侧望厚，后缘副腕骨突出，方向垂直，上与前膊，下与管部呈直线者为优良。窄膝、弯膝、凹膝均为不良的膝形。

（6）管部（cannon）：以掌骨和屈腱为基础。管部应短直而扁广，屈腱发达且与骨分开，轮廓明显，中间呈现浅沟，长度约为前膊的2/3为宜。鉴定时，必须检查有无骨瘤和腱肥厚等损征。管骨瘤多发生于管内侧上1/3处，越接近屈腱，越妨碍运动，危害越大；屈腱肥厚是软肿的结果，严重时伴有跛行，并容易再度发生。

（7）球节（fetlock）：是掌骨与第一指骨及籽骨三者构成的关节。球节起弹簧作用，使前肢的冲击力得以缓解。球节应宽厚直正，轮廓清楚，角度在110°～145°，马在运动时球节的腱和韧带十分紧张，如因运动不当，腱会受到损伤，球节向前方突出，称为突球，支持力弱，为严重损征。

2. 后肢　后肢以股骨、胫骨、跗骨、距骨为骨骼基础，以髋关节与躯干相连接，可以前后活动。后肢弯曲度大，有利于发挥各关节的杠杆作用，有较大的摆动幅度，可产生较大的动力，推动躯体前进。

（1）股部（femur）：以股骨为基础。该部为后肢肌肉最多的地方，是后肢产生推动力的重要部位，其状态好坏，关系着后肢的运动能力。股长斜，与地面形成的角度小，附着的肌肉长，伸缩力大，则步幅大，有利于速度的发挥，对乘用马是理想的；股短而峻立，肌肉负担小，有利于发挥力量而持久，适于挽用马。

（2）后膝（stifle）：以膝盖骨、股骨和胫骨构成的膝关节为基础。后膝应大，呈圆形，韧带发育良好，稍向外开张。

（3）胫部（gaskin）：以胫骨和腓骨为基础。胫长斜，附着的肌肉亦长，步幅大，速度快，胫宽则肌肉发达，后肢推进力大，适于乘用马；胫短立时，肌肉负担小，利于负重和持久，适于挽和驮。

（4）飞节（hock）：以跗骨为基础。飞节可缓和分散地面的反冲力，是推动躯体前进的重要关节之一。飞节应长广厚，轮廓清楚，血管外露，皮下结缔组织少，飞索、飞凹明显，方向端正，乘用马飞节角度约155°，挽用马飞节角度为160°，飞节角度大于160°时为直飞节，后肢弹性小，关节及蹄的负担大；飞节角度小于155°时，称曲飞节，又名刀状肢势，该飞节增加肌腱紧张度，易引起飞节的各种损征。飞节的损征有飞节外肿、飞节内肿、内髁肿等。

（5）后管（back cannon）：以距骨和屈腱为基础。乘用马的后管应比胫部短1/3为佳；挽用马的后管与胫部相等者为宜。

（6）后球节（back fetlock）：应宽圆、结实者为佳。

（7）后系（rear pastern）：约为后管长的1/3，倾斜度50°～60°。

（8）蹄（hoof）：俗话说："无蹄则无马"。要求蹄形端正，大小适中。古代相马对马蹄有明确要求，如"蹄欲厚三寸，硬如石，下欲深而明，其后开如鹞翼，能久走"。

3. 肢势　马匹四肢驻立的状态称为肢势。肢势好坏，对马的工作能力影响很大。正肢势能充分发挥马的工作能力，不正肢势可阻碍马匹工作能力的发挥，因此，在鉴定四肢各部位的同时，必须检查肢势是否正确。

（1）正肢势：

①前肢：前望，由两肩端引垂线，左右平分整个前肢；侧望，由肩胛骨中线上1/3处引垂线，将前肢球节以上部分前后等分，垂线通过蹄踵后缘落于地面。系和蹄的方向一致，且与地面呈45°～50°的夹角。

②后肢：由两臀端向下引垂线，侧望，该垂线触及飞节，沿管和球节后缘落于蹄的后方；后望，这两条垂线将飞节以下各部位左右等分。系和蹄的方向一致，且与地面呈50°～60°夹角。

（2）不正肢势：

①前踏肢势：前后肢不弯曲，但着地时，落于标准垂线的前方，为前踏肢势。

②后踏肢势：前后肢不弯曲，着地时前肢落于标准垂线的后方，后肢飞节以下落于标准垂线的后方。

③广踏肢势：前后肢均落于标准垂线外侧。

④狭踏肢势：前后肢均落于标准垂线内侧。

⑤X状肢势：前膊斜向内侧，管部斜向外侧，两前膝靠近，称为前肢X状肢势。后肢两飞节相互靠近，称后肢X状肢势。

⑥O状肢势：前膊斜向外侧，管部斜向内侧，两膝距离较远。后肢两飞节远离标准垂线，而两蹄又在垂线上，称为后肢O状肢势。

⑦内向肢势：球节以上呈垂直状态，系部以下斜向内侧。

⑧外向肢势：球节以上呈垂直状态，系部以下斜向外侧。

⑨刀状肢势：因曲飞，飞节以下斜向垂线前方，飞节有时在垂线后面。

第五节 年龄鉴定

马一般能活25～30岁，个别可达35岁（有记载最长寿的马达52岁）。5岁以前为幼龄，5～16岁为壮龄，16岁以上为老龄。马的役用能力和繁殖力随年龄的变化而不同，以壮龄期最强。掌握年龄的鉴别是马业不可缺少的基本知识之一。骡一般能活30～35岁，驴骡可达40～50岁。

马的年龄，可根据出生年、月准确计算。但是，从外貌和毛色的变化上，大致可以判断其老幼。例如老龄马皮肤缺乏弹性，眼盂凹陷，齿根变浅，下唇松弛等；幼龄马则皮紧而有弹性，被毛光亮，长肢短躯，眼盂丰满，鬐甲低，鬣毛短而立，胸浅而窄，后躯较高等；壮龄马躯干丰圆，骨角突出不明显，强壮有力，运步确实而有弹性。尤其是青毛马随年龄增大白毛的比例增多，所谓"七青八白九长斑，狗蝇上脸十三年"。另外，从马眼的彩虹中对人的映象之大小也可做出一定的判断。比较可靠的方法还是根据牙齿的状况来判断，群众称"看口齿"或"看马口"。这首先得了解牙齿的名称、数目、构造和掌握牙齿的发生、脱换和磨灭的规律。

一、马齿的名称和构造

1. 马齿的排列 马齿（the teeth of horse）分为切齿（incisors）、犬齿（canines）及臼齿（molars）。切齿排列在最前面，上下颌各6枚，犬齿在切齿的两侧，上下颌各2枚。公马的犬齿明显发达，母马潜伏于齿龈黏膜之下，露出甚少，臼齿在最后，上下颌各12枚。成年公母马的齿式如下：

臼 齿 (P)	犬 齿 (C)	切 齿 (I)	犬 齿 (C)	臼 齿 (M)		
♂ $\frac{6}{6}$	$+\frac{1}{1}$	$+\frac{6}{6}$	$+\frac{1}{1}$	$+\frac{6}{6}$	$=\frac{20}{20}$	共40枚
♀ $\frac{6}{6}$	$+\frac{0}{0}$	$+\frac{6}{6}$	$+\frac{0}{0}$	$+\frac{6}{6}$	$=\frac{18}{18}$	共36枚

所以成年公马牙齿共40枚，成年母马因犬齿不露出，共36枚。马臼齿分前臼齿（P）和后臼齿（M）两种。马的牙齿排列见图2-7。

马切齿中央的一对称门齿（canines），门齿两侧的一对称中间齿（intermediate），最外边的一对称隅齿（corner）。

2. 马齿的构造 马齿由三种不同的组织构成。

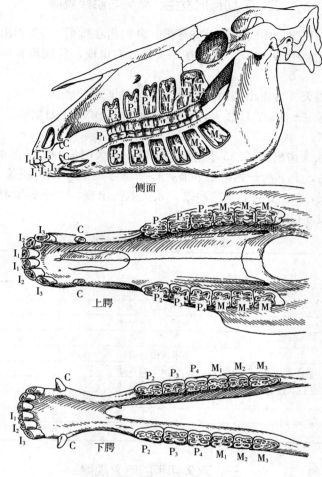

图 2-7　马牙齿排列

（1）象牙质：构成牙齿的主体，呈浅黄色。象牙质内有空腔，称齿腔（pulp cavity）。腔内为富有血管和神经的牙髓，俗称齿星。

（2）珐琅质（enamel）：包围在象牙质的外面，是一层坚硬、洁白而有光泽的物质，可以抵抗酸碱的侵蚀。在切齿咬面上，珐琅质层向下凹陷，形成环状深窝，称齿坎，亦称齿窝，也称"黑窝"，农牧民俗称"渠眼"。下切齿的齿坎深 20mm，上切齿的齿坎深 26mm。

（3）白垩质：包围在珐琅质表面，颜色污黄，它起着保护珐琅质和固定牙齿的作用。填充在齿坎空虚部位的白垩质，被饲料的分解物腐蚀而变成黑褐色，形成黑窝，称"黑窝"，俗称"渠眼"。

牙齿露于口腔中的部分称齿冠，深植于齿槽内的部分称齿根，中间的部分称齿颈。

马齿有乳齿和永久齿之分。幼驹出生后第一次所生的牙齿称乳齿。乳切齿洁白，齿形较小，齿根细，齿列间形成较大的空隙，齿唇面有不规律的细的纵沟。到一定年龄后，乳齿依次脱落，生出永久齿。永久齿颜色黄白，齿形粗大，齿根粗，齿列间空隙小，下切齿唇面有一道纵沟。上切齿唇面有两道纵沟。

二、乳切齿的发生、磨灭与脱换规律

1. 乳齿的发生 马驹初生时通常没有牙齿，乳门齿在生后 1～2 周出现，一般上齿稍早于下齿，乳中间齿在生后 15～45d，平均在 1 个月左右出现，乳隅齿在生后 6～10 个月出现（表 2-1）。

2. 乳齿黑窝的磨灭 乳齿出现后，从上下齿接触即开始磨损，乳门齿黑窝 10～12 个月磨灭，乳中间齿黑窝 12～18 个月磨灭，乳隅齿黑窝 15～24 个月磨灭。乳齿脱落前，俗称"奶口"或"白口驹"。

3. 乳齿脱落与永久齿出现 2.5 岁时乳门齿由于永久门齿的生长而被顶落，3 岁时永久门齿长到与邻齿同高，上下齿开始接触（磨灭），3.5 岁时乳中间齿脱落，永久中间齿出现，并于 4 岁时开始磨灭，4.5 岁时乳隅齿脱落，永久隅齿出现，并于 5 岁时开始磨灭。至此切齿全部换齐，俗称边牙口或齐口，或新齐口。

表 2-1　马齿的发生与脱换

齿　　别	发　生　期	脱　换　期
门　　齿	生后 1～2 周	2.5 岁
中　间　齿	生后 3～4 周	3.5 岁
隅　　齿	生后 6～10 个月	4.5 岁
犬　　齿	4～5 岁	
第一臼齿	生前或生后数日	2.5 岁
第二臼齿	生前或生后数日	2.5 岁
第三臼齿	生前或生后数日	3.5 岁
第四臼齿	10～12 个月	
第五臼齿	1～2 年	
第六臼齿	3～4 年	

三、永久切齿的磨灭规律

1. 黑窝（cup）的磨灭 永久齿黑窝的深度，下切齿约为 6mm，上切齿约为 12mm。上下切齿相接触后即开始磨损，每年约磨损 2mm。因此下切齿黑窝需 3 年磨完，故其黑窝分别在 6 岁、7 岁、8 岁时消失。上切齿需 6 年磨完，其黑窝分别在 9 岁、10 岁、11 岁时消失。

2. 齿坎痕的磨灭 齿坎痕就是齿坎的黑窝以下的部分，即黑窝磨灭后，磨损面所见内釉质轮。下切齿的齿坎深 20mm，减去 6mm 黑窝，齿坎痕为 14mm，上切齿的齿坎深 26mm，减去 12mm 黑窝，齿坎痕也为 14mm。齿坎痕的磨损同样每年约 2mm。因此，上、下切齿的齿坎痕都需 7 年磨完，于是，下切齿的齿坎痕分别在 13 岁、14 岁、15 岁磨灭，上切齿的齿坎痕分别在 16 岁、17 岁、18 岁磨灭。

3. 磨面形状 马切齿咀嚼面的形状，3～9 岁时，横径长，纵径短，呈扁椭圆形，随年龄的增长，横径逐渐缩短，纵径逐渐增长，9～11 岁时，下切齿齿面呈类圆形，12～14 岁变为圆形，15～17 岁变为三角形，18～20 岁变为纵三角形。

4. 齿弓与咬合 马切齿排列的前缘所形成的弧度，称齿弓，马上下切齿合拢所形成的角度称为咬合。青年马的切齿上下咬合近乎垂直，齿弓弧度大，呈半月形。随年龄的增长，牙齿咬合出现角度，齿弓的弧形也变浅，老龄时牙齿咬合呈锐角，齿弓几乎变成一条直线（表 2-2）。

5. 齿星　由于切齿的磨损，齿腔顶端露出于磨面，称齿星（dental star）。齿星从 7～8 岁开始陆续出现，起初是窄条状，黄褐色，横于齿坎痕的前方，以后，随着切齿不断磨损，齿坎痕的位置逐渐后移、缩小以至消失，齿星也逐渐后移并变得短、宽和明显，最后变为点状。15 岁以后，齿星颜色呈暗褐色，并位于磨面的中央。

6. 燕尾　在牙齿磨损过程中，由于下切齿横径逐渐变短，上隅齿的后侧磨损不着而残留燕尾状突起，称燕尾。燕尾共出现两次，第一次在 7 岁时出现，8 岁明显，10 岁前后消失。第二次在 12 岁出现，13 岁明显，而后又消失。

7. 纵沟　上颌隅齿齿颈有一较深的纵沟，随着牙齿的生长与磨损，约在 11 岁时，纵沟的下端始露出于齿龈，15 岁达于齿冠中段，20 岁达于咬面，此后纵沟的末端露于齿龈外，25 岁时纵沟仅余下下半部，30 岁左右完全消失。

根据切齿的这些变化规律，即可鉴别马匹的年龄。马匹在不同年龄时，切齿变化的要点简介见表 2-2（详见实习三）。

表 2-2　马不同年龄时切齿形态及生理变化表

年　　龄	切齿形态特征	俗　　称
生后 1～2 周	乳门齿生出	
生后 1 个月	乳中间齿生出	
生后 6 个月	乳隅齿生出	马驹在乳齿脱换以前称"白口驹"（原口驹）
1 岁	乳门齿黑窝消失	
1.5 岁	乳中间齿黑窝消失	
2 岁	乳隅齿黑窝消失	
2.5 岁	乳门齿脱落，永久门齿出现	两个牙或一对牙
3 岁	永久门齿开始磨灭	
3.5 岁	乳中间齿脱落，永久中间齿出现	四个牙
4 岁	永久中间齿开始磨灭	
4.5 岁	乳隅齿脱落，永久隅齿出现	五齐口或"齐口"
5 岁	永久隅齿开始磨灭	
6 岁	下门齿黑窝消失	
7 岁	下中间齿黑窝消失，下门齿出现条状齿星，燕尾出现	六岁口或"六口"
8 岁	下隅齿黑窝消失，下中间齿出现齿星，燕尾明显	
9 岁	上门齿黑窝消失，下隅齿出现齿星，下门齿磨面呈类圆形	
10 岁	上中间齿黑窝消失，下中间齿磨面类圆形，燕尾消失	七岁口或"七口"
11 岁	上隅齿黑窝消失，并出现纵沟，下隅齿磨面呈类圆形	

（续）

年　龄	切齿形态特征	俗　称
12 岁	燕尾第二次出现，下门齿圆形且齿星近于磨面中央	
13 岁	下门齿坎痕消失，切齿磨面几乎成圆形，燕尾明显	
14 岁	下中间齿齿坎痕消失，燕尾消失	新八口
15 岁	下隅齿齿坎痕消失，下门齿磨面三角形，切齿咬合渐呈锐角，上隅齿纵沟达于齿冠中部	
16 岁	上门齿齿坎痕消失，下中间齿磨面呈三角形	
17 岁	上中间齿齿坎痕消失，下隅齿磨面呈三角形	
18 岁	上隅齿齿坎痕消失，切齿咬合呈锐角，齿弓几乎呈一直线，下门齿磨面呈纵椭圆形	16 岁以下均称"老八口"
19 岁	下中间齿磨面呈纵椭圆形	
20 岁	下隅齿磨面呈纵椭圆形，上隅齿纵沟达于咬面	

注：马口为俗称，是指北方流传于民间常用的马口齿名称。它是指某一个年龄段，如"六岁口"，是指六岁（或七岁、八岁），都称"六岁口"，简称"六口"。

应用切齿的变化规律鉴别年龄，通常在 12 岁以前是相当准确的。但是由于个体和饲养管理条件不同，会出现一定的先后差异，鉴别时必须注意。牙齿磨灭有时会出现异常现象，常见的有黑窝磨灭异常和黑窝色泽异常。

应该指出，切齿的磨损快慢程度，受许多条件的影响，不可机械地照搬书本知识，应综合分析判断。例如：切齿宽短的牙，俗称"墩子牙"，由于上下牙对的齐，磨面密切接触，磨损快，黑窝易于磨掉。而狭而长的牙，俗称"板牙"，上下牙的磨面接触不大严密，磨损较轻，老龄时还容易拔缝。个别马匹牙齿的珐琅质（齿质）特别坚硬耐磨，俗称"铁渠马"，磨损慢，黑窝消失迟。有的马牙齿的黑窝极长（深），贯通整个牙齿，俗称"通天渠"。这些情况，单凭黑窝变化是很难准确鉴别年龄。放牧的马匹，牙齿磨损较快；舍饲马匹，特别是轻型马，磨损较慢，往往能差一两岁。有的马上、下切齿接触不齐，上颌切齿越过下颌而伸出，形成"鲤鱼口"（天包地）。下切齿越过上切齿的，称为"掬啮"或"鹦鹉嘴"，俗称"包天"或"地包天"。这种情形造成牙齿磨灭异常，鉴定年龄时就很困难。有的马牙齿黑窝不是黑色，而是棕褐色，俗称"粉渠"，其磨灭正常，不可认为黑窝已经消失。看马牙齿一定要使用"开口板"，避免咬伤。

驴的牙齿发生和磨灭与马略有不同。乳齿脱换并长出永久齿要比马约晚半年，永久齿齿坎深度与马同，但黑窝深，下门齿约为 12mm，下中间齿约为 14mm，上门齿为 22mm，上中间齿为 23mm，隅齿无黑窝。黑窝每年磨损约 2mm，故下门齿经 6 年、下中间齿经 7 年磨灭，也即在 10 岁和 12 岁，下门齿和下中间齿黑窝相继消失，俗称"中渠平，十岁零"，比马晚 4～5 年。上齿黑窝很深，经久不消，每年磨损度尚难找到规律。齿坎痕消灭的时间与马相近似。新马口齿诀见图 2-8。

口齿每年有变化　　要看下面三对牙
三四五岁换恒齿　　黑窝消失六七八
九十进一齿坎小　　上齿黑窝也将失
齿坎深有二厘米　　十年以后才磨光
齿星落在齿坎前　　八九岁时现横纹
十二三四齿面圆　　眼看不见齿坎痕
十五六七似三角　　只有齿星磨不掉
再老变成纵卵形　　而且齿长向前倾

图 2-8　新马口诀

第六节 毛色鉴定和别征、尾巴功能

毛色和别征是识别马匹品种和个体的重要依据，是马业记载工作中不可缺少的内容之一，如做鉴定卡片或其他记载，都要登记毛色。马的毛色状态，对于马的俊美程度和观赏价值也有一定关系，马的被毛洁泽光亮，表示马体生理和营养状况良好；如果被毛粗刚蓬松，暗污无光，则多是饲养管理不良所致。

一、马毛的种类

（一）被毛
被毛指覆盖全身的短毛，每平方厘米约着生 700 根。被毛一年脱换两次，晚秋换成长而密的毛，春末又换成短而稀的毛。

（二）保护毛
保护毛就是生长在马体上的长毛，包括鬃毛（mane wool）、鬣毛、尾毛和距毛，这些毛对马体起保护作用，故称保护。轻种马纤细而少，重种马粗长而密，土种马粗刚而多。

（三）触毛
触毛主要分布于口、眼、鼻周围，另外被毛中每平方厘米也着生 3～4 根。这些毛有触觉功能，可感触到外界各种刺激。

二、马毛色的形成

形成马匹毛色的物质，一是色原体，另一是氧化酶。色原体又分为黑色素和含铁色素，它们存在于毛的皮质内或皮肤表皮的色素细胞中。黑色素在氧化酶的作用下，形成黑色、黑褐色；含铁色素在氧化酶的作用下，形成橙色、黄色和红色。黑色素和含铁色素颗粒的分布、比例不同，则形成各种颜色的被毛。而氧化酶活性的强弱，决定着马毛颜色的浓淡。光照、低温、高湿及含酪氨酸饲料等条件，都能加速色素的形成。

毛色是受基因支配的。通过色原体基因和着色基因相互作用，而形成各种毛色性状进行遗传。

三、毛色分类

马的毛色按出生月龄可分为胎毛色和固有毛色两种。胎毛色是指初生和 5 个月以内的毛色，颜色较深。固有毛色是指 6 个月龄换毛以后的毛色，经常用于记载的毛色，指的就是固有毛色。马的毛色分为骝毛（bay）、栗毛（chestnut）、黑毛（black）、青毛（gray）、兔褐（dun）、海骝、鼠灰（agouti）、银鬃（palomino）、银河、花尾栗、沙毛（roan）、花毛（驳毛）（pinto）、斑毛（piebald，skewbald）13 种，在实践中，有些马的毛色并不像分类标准那样典型，遇到这种情况，就只能按照它最明显突出的那种毛色来确定。详细分类标准在实习三中再论述。

四、马别征

马别征是指马体上局部的特异处，如头部和四肢的白章、暗章、施毛以及身体上的烙印和瘢痕等。别征可以辅助识别毛色相同的个体。但马毛色所固有的特点不应列为别征。

五、马尾的生理功能

马尾（tail）连接躯干，其基础由16~18块尾椎骨组成，尾与躯干的附着位置称尾基和尾根，地方品种马尾较低，尾毛长而浓密，改良品种马尾基较高，尾毛短而稀少，马尾丛生几千根马毛，不同马尾具有不同颜色，为马匹俊美的外貌增添光彩，也是从外貌识别马匹的重要特征之一。马匹逍遥漫步时尾巴左右摆动，更显活力，马匹跑动时尾巴高扬更具悍威，不难设想马匹如果没有尾巴像人秃头一样不完美。其实马尾不只是外貌组成这样简单，它有重要的生理功能。

（1）马尾是马匹的保护器官，地方品种的马匹生活环境恶劣、气候寒冷的牧区，少有棚圈，马尾长约1m，尾毛浓密，可以保护后躯和生殖器官，有防寒和保暖作用。马尾还可驱赶蚊蝇干扰，保证马匹安静采食和休息。

（2）马尾又是重要的平衡器官，马匹快速奔跑时，马尾高扬保持马体重心平衡，利于速力和调节前进方向，正如船和飞机的尾舵。

（3）马尾还与马的体力和健康状况有关，当人们提举马尾时，尾的抵抗力称尾力，据实测最大尾力可达20kg，平均为10.6kg。一般而言，神经敏捷，悍威强，工作能力高的马，平均尾力为12.2kg。

（4）马尾毛还是重要出口物质，如小提琴和蒙古族传统乐器马头琴的弓线以马尾毛为原料；而用马尾毛做的绳子也是最牢固的，牧区用作套牛绳等高强度用力时使用。

第七节　步法鉴定

一、马体重心

马体重心与马的姿势和运动有着重要关系。要研究马体运动的规律，首先要知道马体的重心。重心位于肩端水平线与剑状软骨后缘所引垂线交叉点上的马体正中间。马匹驻立时，前肢较后肢负重多，前肢负重约占总体重的4/7。

重心随站立姿势和运动而变化。马匹起动时，首先头颈低垂，通过颈部及前后肢肌肉的收缩活动，使重心前移，当重心移至前肢支持面以外时，为防止跌倒，前肢必须迅速前移，使重心再回到前肢支持面以内，保持平衡，如此不断破坏和恢复重心的平衡，就形成了前进运动。

重心位置的高低及其在运动中变化的范围，对马匹运动和能力的发挥有很大关系。按马的体型来讲，躯干短狭而四肢高长的乘用马，其重心较高，支持面狭小，因而在运动中便于体躯转移；同时在快速运动中，因重心上下和侧方移动的范围小，有利于速度的发挥，不易疲劳。反之，躯体长宽而四肢短的重挽马，则重心较低，支持面较大，因而重心的稳定性亦大，有利于挽力的发挥，但速度慢。

马的各种步法在地面形成不同的支持面。如走慢步时，有三肢支持，一肢伸步，支持面为变换的三角形；快步时，两肢支持，两肢伸步，支持面为一直线；跑步时，以一肢或两肢支持躯体；袭步时，三肢腾空，仅有一肢支持躯体，速度最快。

二、步　法

马的步法是指马匹的运步的方法。可分为天然步法和人工步法两大类。天然步法是先天性获得，不教自会的步法，如慢步、快步、跑步等；人工步法是由人工调教而获得的，必须经过训练，才能学会这些步法，如特慢快步、狐式快步、单蹄快步、横斜步等。

要进一步认识，掌握马的运步方法，就必须了解以下几项知识。

步速：是指马体运步的速度，如伸畅快步比普通快步的速度大。

步幅：指一步的长度，即同一侧肢前后两蹄足迹之间的距离。

步期：指一肢由离地至着地各项运作阶段。步期一般分为举扬期和负重期两个阶段，细分可分为离地期、举扬期、踏着期、负重期四个阶段。

完步（整步）：是指四肢按运步顺序，完全经过一次运动。

（一）天然步法

1. 慢步　也称常步，是马行走的基本步法（图 2-9）。这种步法重心变动范围小，体力消耗少，四肢不易疲劳，适于肌肉锻炼和消除疲劳。其特点是四肢逐次离地，逐次着地，在一个完步中，可听到四个蹄音，有四次三肢负重，四次二肢负重的八个步期。慢步必须有弹性，整齐而确实。根据步幅的长短和四肢的动态，又可分为普通慢步、缩短慢步和伸长慢步。

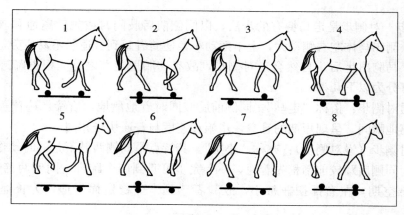

图 2-9　马慢步（常步）的动作和蹄迹
1～8 表示慢步动作顺序

慢步的步幅，因类型、品种和个体不同而有差别，一般 1.4～1.8m，每分钟步数约 100 步，每小时时速一般为 4～7km，但挽用马只能走 4～5km，乘用马可达 6～7km。

2. 快步　亦称速步，这种步法马体有悬空期，体躯侧动小，颠动大，适于肌肉、韧带和心肺的锻炼，其特点是以对角前后肢同时离地，同时着地，每个完步可听到两个蹄音。根据蹄迹和步幅的不同，快步又分为缩短快步、普通快步、伸长快步和飞快步（图 2-10）。

（1）缩短快步：亦称慢快步，经常以对角前后肢支持体重，同侧后蹄足迹落于前蹄足迹之后，体躯无浮动期。步幅较小，一般为 2～3m，速度每小时为 9～12km。

（2）普通快步：同侧后蹄足迹落于前蹄迹上，四肢在瞬间同时离地，体躯在空中呈现短期悬空。步幅一般 3～4m，每小时速度为 19～20km。

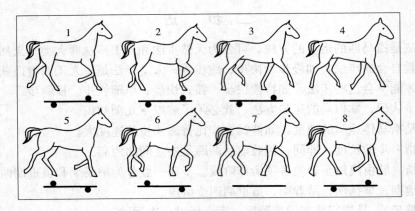

图 2-10　马快步（速步）的动作和蹄迹
1～8 表示快步动作顺序

（3）伸长快步：运步时后蹄迹超过前蹄迹 8～10cm，有悬空期，波动较大。步幅一般为 4～5m，每小时在 20km 以上。

（4）飞快步：亦称竞赛快步，为快步中最快的步法。特点是后蹄迹超过前蹄迹较远，步幅大，一般 6～7m，对角后肢的运作稍迟于前肢，悬空期较长，波动更大。速度为 30～50km/h。

3. 对侧步　对侧步是走马特有的步法，以同侧前后肢同时或先后离地和着地，可听到两个蹄音。对侧步马体左右侧动大，上下颠动小，使骑者感到舒适，不易疲劳，适于长途骑乘和驾轻车。马驹出生后，自然会走对侧步，故有"胎里走"之称。根据蹄迹和运动的顺序，对侧步可分为以下几种。

（1）普通对侧步：俗称"走马"。同侧前后肢同时着地离地，后蹄足迹覆盖在前蹄足迹上，在四肢离地瞬间，呈现短期的悬空，步幅和速度与普通快步相同。

（2）破对侧步（慢对侧步）：亦称"小走"。其特点是同侧两肢不是同时动作，而是每个蹄分别着地，同侧后蹄较前蹄稍先着地，一个完步可听到四个蹄音。同侧两蹄音几乎相连，在运动中无悬空期，左右摇摆非常小，故骑者感到十分稳定而舒适。为长途乘马的理想步法。

（3）伸长对侧步：亦称"大走"。特点是同侧前后肢同时离地着地，但后蹄迹超过前蹄迹，可听到两蹄音。马体在运动中悬空期较长，波动较大。该步法的速度较快，甚至可超过伸长快步的速度。

4. 跑步　跑步是速度更快的步法，通常由快步转换为跑步（图 2-11）。特点是先以一个后肢着地，而后为第二后肢和对角前肢同时着地，最后为另一前肢着地；又以着地顺序而离地，接着有一个悬空期，一个完步可听到三个蹄音。由于跑步最后着地的为一个前肢，承受较大的冲击力，容易疲劳，故跑步是容易疲劳的步法。最后着地为左前肢时，则为左跑步；以右前肢最后着地者称右跑步。左右跑步交替使用，可以减轻疲劳。跑步能锻炼心肺，并能增加躯体的伸缩力。根据运动速度，又分为以下几种。

（1）慢跑步：是一种在控制下速度很慢的跑步。赛马跑过终点以后，因受骑手控制，即出现这种步法。其特点是左后、左前、右后、右前肢相继着地，无悬空期。步幅 2.5～

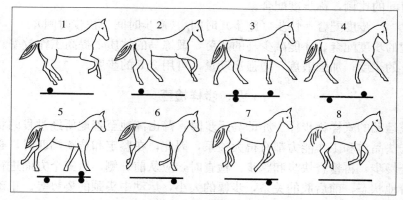

图 2-11　马跑步的动作和蹄迹
1~8 表示快步动作顺序

3.5m，速度为 12~15km/h。

（2）普通跑步：每完步有三个蹄音，有悬空期，步幅 3.5~4.5m，速度 18~26km/h。

（3）伸长跑步：也称快跑步，速度较快。运步中对角肢着地时，后肢先落地，将原来对角肢同时着地的一个蹄音分为两个蹄音，故每一完步可听到四个蹄音。步幅 4.5~5.5m，速度 24~35km/h。

5. 袭步　亦称竞赛跑步，袭步是在伸长跑步的基础上，跑速更快的一种步法。由于速度大，对角肢的步幅增大，两前蹄和两后蹄着地时间几乎相连，在一个完步中，听起来好像只有两个蹄音。这种步法，步幅 7~8m，速度可达 1km/min。

6. 跳跃　跳跃分"跳高"和"跳远"两种，都是在跑步和袭步的基础上进行的。主要靠后肢的强力伸张，使马体向前上方跃进，马体沿抛物线越过障碍。抛物线的角度决定于跳跃的高度和长度，同时也决定于马的助跑速度。跳远时，其角度为 10°~15°，跳高时，角度约为 30°。骑乘跳高世界纪录可达 2.47m，跳远为 8.3m。跳跃分四期，即准备期、提升期、悬空期和降落期。

（二）人工步法

1. 特慢快步　实际上是一种很慢的慢跑步。步态安静，轻松而缓慢，使骑者感到很舒适。

2. 快慢步　这种步法很似小走，是一种缓慢的四蹄音步法。四肢运动有节奏，运步平稳，马在行进中点头摇身，轻咬牙齿，人马都很轻松。

3. 单蹄快步　是一种很优美的快速快步。每蹄以相等的间隔时间分别着地。速度很快，人较舒服，马极为疲劳。

4. 狐式快步　是一种慢而缩短的分裂快步。行进中，每个后蹄都在瞬间内先于对角前蹄着地，马伴有点头运动。

5. 横斜步　马只向侧前方运动，以保持操练队形。

目前，国外强调娱乐用马，必须会走上述步法中的 3~5 种，称为三步调马或五步调马并规定某些品种，必须具备这些特点。

三、步度配合

马匹在调教和运动锻炼时，慢步和快步（包括跑步）交替使用，两者相互配合，快步时间与运动总时间的比例，称步度配合。

$$步度配合＝快步（跑步）时间/（慢步时间＋快步时间）$$

只有合理的步度配合，才能减少马的疲劳，锻炼马的体质，提高工作效率。一般的运动锻炼可用 1/3 的步度；加强锻炼，增强运动量，可用 2/5 的步度。

四、步样检查

马匹四肢运动的式样称步样。亦即马运步时，蹄由离地至着地所经过程的状态。步样与肢蹄结构、步法品质和工作能力都有很大关系，因此，在鉴定和选购马匹时，必须进行步样检查，先检查慢步，再检查快步和跑步。检查时，应从前、侧、后三个方面进行观察，注意其举肢和蹄着地状态，前后肢的关系，步幅的大小，运动中头颈的姿势等。正确的步样，其前后肢运动时应保持在同一垂直平面内，呈正直前进，追突、交突、内弧、跛行等，均为不正确步样。

思 考 题

(1) 如何划分马的体质类型和气质类型？

(2) 马的经济类型有哪几种？各有何特点？

(3) 马匹外貌鉴定的基本原则和方法是什么？

(4) 乘用、挽用和兼用马各部位的理想结构应该如何？

(5) 马的牙齿发生、脱换及磨损规律是什么？

(6) 马毛的种类有哪些？马的毛色是怎样形成的？

(7) 马的步法有哪几种？它们的主要特点是什么？

(8) 马尾巴的功能有哪些？

(9) 何谓白章和暗章？请举例说明。

(10) 何谓黑窝？马匹切齿黑窝磨灭规律是什么？

(11) 何谓燕尾？试说明出现和消失的年龄。

(12) 写一篇如何掌握马匹年龄鉴别的心得体会。

第三章 马的遗传资源

重点提示：马被人类驯化以来，在漫长的历史时期中，由于各地区自然环境的影响和不同时期社会经济发展的需要，培育出许多不同类型和品种。目前，全世界有六百多个马品种。随着工业、农业、交通运输业的发展和军事，体育运动的需要，各类型马都得到较快的发展。大多数国家都有自己的地方品种和育成品种。通过本章的学习进一步了解马品种的形成历史和分类标准以及马遗传资源的保存与开发利用等诸问题。

优秀马品种的育成和输出，促进了世界马品种的发展。17世纪末英国人利用阿拉伯马育成了世界上享有盛名的英纯血马。18世纪末，俄罗斯利用阿拉伯马等品种，用了近百年的时间，育成了奥尔洛夫快步马。美国育成了美国乘马和快步马。这都是近代轻型马的主要品种。

我国幅员辽阔，马种资源丰富。自古以来，内蒙古、新疆、青藏高原和西南山区都是马产地。到目前为止，我国通过大量引种兴办马场，繁育良种马，开展大规模的群众性育种活动，已育成十多个新品种，使我国马品种的面貌为之一新。

我们研究马品种的目的，在于正确认识形成马品种的环境条件所起的作用，熟悉品种特征、特性和育种利用上的价值，以利于正确使用，提高我国现有马匹的质量，保存现有珍贵马品种资源势在必行。

第一节 品种的形成和分类

一、马品种的形成

马品种的形成是人工选育的结果，它是受自然生态环境条件的影响，并与人类社会发展需要相适应的产物。随着人的爱好和社会需要，马的品种越来越多，最终达到了当今世界所存在的状况，有了众多不同选育方向与类型的品种。据联合国粮农组织（FAO）2006年统计，世界马的品种为633个，其中地方品种570个，跨境品种63个。我国（2010）有地方品种29个，培育品种13个。人类培育马品种受到两个客观因素的制约。

（一）社会经济条件

社会经济条件是制约马品种形成的首要因素，决定着品种的生产方向与类型。一个马匹品种必须与社会生产需要相适应，才能长期存在与发展。在原始社会阶段，人类的需要简单，社会生产力很低，人们不能显著改变马的品质和培育优良品种。当进入到奴隶社会，战争、生产、生活都需要马，人在长期饲养马匹中积累了经验，首先选育乘马，这可能是最早育成的马品种类型。到了封建社会，马在军事上的作用更加突出，促进了马业的更大发展，我国历代统治者无不重视饲养和选育马匹。从周秦至汉唐以来，相继选择培育出"重型乘挽兼用马"品种。

20世纪以来，随着工业发展，机械动力代替了大部分畜力，一些重挽马品种逐渐转向肉用和乳用。我国传统的以役用为主的马业，也开始向役、肉、乳、药、休闲娱乐、竞赛等方向、多用途的产品马业发展。可见，社会经济条件对马品种的形成有深刻的影响。

（二）自然条件

自然条件对马种形成至关重要，这是由于它的作用比较持久、稳定、不易改变所致。长期生存在不同的自然生态环境条件中的马，各具有其独自的外貌、体质特征，彼此间有明显的区别。例如中亚西亚一带，气候干燥、植被稀疏，牧草干物质含量高，马较轻小灵敏；在西欧一带，气候湿润，牧草水分多，马较大、迟钝。我国青藏高原东北部，雨多草茂，河曲马比较高大；云贵高原山区所产的西南马体格普遍较小等。这样的例证很多，说明了生物与环境的关系。对马来讲，品种的形成与原产地的环境条件是密切相适应的。

二、马品种分类

马品种分类，对于马匹利用和改良都有指导意义。在现代马属动物科学中，对马品种的分类有以下几种方法。

（一）生物学分类

按马原产地的自然条件和品种的生物学特征，把原始地方品种马及其类群分为草原种、沙漠种、山地种和森林种。

1. 草原种　指生存于我国北方高原地带广大草原上的马匹品种。草原种马体质粗壮结实，体躯长而深广，四肢中等高，适应性极强。如蒙古马、哈萨克马、巴里坤马、岔口驿马等皆属此类。

2. 沙漠种　生活在干燥沙漠地带的马，体格比较轻小，体质细致干燥，皮薄毛细，胸窄腹小，气质活泼，鬃鬣尾等长毛不多，代谢作用快，有较快的速度，多具有乘用马的体型。如我国的乌审马、柴达木马、和田马，国外的阿拉伯马、阿哈尔捷金马等。

3. 山地种　山地种主要是指分布于我国西南山区和西藏的地方马品种。受高海拔、垂直气候带等因素的影响，其体质结实，体格不大，肢蹄强健，善走山路。我国有建昌马、乌蒙马、西藏马、玉树马和安宁果下马（袖珍）等品种。

4. 森林种　指分布于海拔在 3 000m 以上、气候寒冷潮湿、出现森林的草原地带的马种，一般体躯粗重，被毛厚密，体质粗糙结实。如河曲马、浩门马、阿尔泰马、鄂伦春马、雅库特马、爱沙尼亚马都属此类。

（二）选育程度分类

根据马品种的形成历史及人工选育改良程度，分为地方品种、培育品种和育成品种三大类（详见实习四）。

1. 地方品种　亦称自然品种或土种，指某地区有悠久养马历史、在自然繁殖下具有大量群体、未经人工正规选育、处于粗放饲养管理、原始状态的马品种。这种马体格小、适应性强，可作多种用途，但每一种工作能力均不高。

2. 培育品种　亦称过渡品种，指按照科学育种方案，贯彻一系列有效的选种选配措施，经过了必要的培育过程而育成的马匹新品种。该类马品种在体尺、外貌、生产性能、品种结构和数量等方面，已达到了新品种的标准和要求。但仍有不足之处，如性状还不够一致，遗传性不够稳定，还需加强培育，巩固提高品种性能。新中国成立以来，我国新培育出 15 个马品种。

3. 育成品种　指经历了悠久的人工选育过程，在优良的培育条件下，通过了几个世纪的严格选择与淘汰，达到了既定的选育目标，具有性状整齐、遗传性稳定、生产能力及种用价值高等一系列特点。对该类品种要求有好的饲养管理条件，不断加强选育，以提高和保持其品种性能。如世界著名的纯血马（Thoroughbred）、阿拉伯马（Arab）、奥尔洛夫马（Orlov）等，都属此类品种。

（三）畜牧学分类

根据马的大小，经济上的使用性质和体型以及有益经济性状，将马品种分为乘用型（riding）、挽用型（draft）和兼用型三类。乘用型又分为竞赛型（以速力为主）和重乘型（以乘用耐苦持久为主）两类；挽用型又分为重挽型（体格硕大，动作笨重）和农挽型（体型较小，动作轻快）；兼用型又分为乘挽兼用型和挽乘兼用型。当马的用途发生变化之后，世界上又育出了竞技用马、乳肉用马和游乐伴侣用马等多个马匹品种，因此马的畜牧学分类又需加上竞技型（运动用马）、乳肉兼用型和游乐伴侣用型等。

（四）其他分类

此外，在欧洲的一些马品种中，根据它们对纯血马培育中所起的作用不同又可分为热血统、温血统、冷血统三种。

热血统表示它是直接衍生纯血马的品种［注：纯血马在英国赛马骑师俱乐部（成立于1750年）的名马血统记录簿上登记注册］。在欧美马品种的培育中处于第三位的（仅次于阿拉伯马和柏布马）西班牙马，起了很大作用。虽然它没有阿拉伯马、柏布马（Barb）和纯血马的血统，但比其他马更接近热血统。在谱系的另一端是冷血统的欧洲重型马。在两者的冷热血统之间就是温血统。

第二节　我国地方马种

我国现有地方品种29个，按照系统分类法可分为五大系统，分别为：蒙古马系统、河曲马系统、哈萨克马系统、西南马系统和藏马系统。蒙古马系统包括蒙古马、阿巴嘎黑马、鄂伦春马、锡尼河马、焉耆马、大通马、岔口驿马、巴里坤马；河曲马系统包括河曲马、柴达木马、晋江马；哈萨克马系统包括哈萨克马、柯尔克孜马；西南马系统包括利川马、百色马、德保矮马、建昌马、贵州马、大理马、腾冲马、文山马、乌蒙马、永宁马、云南矮马、中甸马；藏马系统包括西藏马、宁强马、甘孜马、玉树马。

一、蒙　古　马

（一）产地形成

蒙古马（Mongolian horse）产于蒙古高原，是一个数量多、分布广、历史悠久的古老品种，在我国马品种构成中占有重要地位，当地统计约为8.66万匹（2006）。蒙古高原自古就是世界上马匹最早驯化地之一，海拔1 800～2 000m，东西气候差异明显，降水量150～450mm，北部冬季气温最低达−5℃左右。东部呼伦贝尔草原和中部锡林郭勒草原都驰名全国，土肥草茂，马匹体大肥壮，西部鄂尔多斯市干旱草稀有沙漠，马体较小，数量亦少。早在5 000年前，我国北方民族在此养马，对马的选育、利用一直重视，但由于近年来对该品种的保护措施未能及时跟上，该品种的存在正受到严重威胁。现在我国年轻一代的育马专家正在研究通过建立蒙古马基因库的方法来对一些优秀性状的基因加以保护的课题。

（二）外貌体尺

蒙古马体质粗糙结实，体躯粗壮，体格不大（表3-1）。头较重，额宽平，鼻孔大，嘴筒粗，耳小直立。颈短厚，颈础低，多水平颈。鬐甲低而宽厚，肩短较立。胸中等宽深，背腰平直略长，腹大，多草腹。四肢粗壮，肌腱发达，蹄质坚硬。鬃、鬣、尾毛长密，距毛较多。毛色以骝、青、黑毛较多，白章极少。

表 3-1 蒙古马平均体尺、体重（2006）

性 别	体高（cm）	体长（cm）	胸围（cm）	管围（cm）	体重（kg）
公（♂）	134.07±5.63	142.03±5.91	163.81±7.60	18.63±1.06	350.89
母（♀）	138.07±4.35	137.02±7.93	158.38±9.56	17.48±0.87	318.24

（三）生产性能

蒙古马适应性强，能适应恶劣气候和粗放饲养条件，上膘快，掉膘慢，抗病力强，合群性好，广泛使役于全国各地。蒙古马的体重一般为300kg上下，役用乘挽驮皆可，持久力强。1903年在北京至天津间用38匹蒙古马举行的120km骑乘比赛记录，冠军马7h32min，前100km用5h50min。在农区补饲条件下，双套拉胶轮车，载重1.5t，日行15～20km，可连续使役。在乌盟当地蒙古马最大挽力测定，平均为300kg。在锡林郭勒盟测定骑乘速度，1 600m为2min22.6s，2 000m为4min53s～5m33.8s，10 000m为14min52s。

内蒙古草原从东向西生态条件差异很大，海拔逐渐升高，降水逐渐减少，马匹质量自东向西渐次降低，成为不同的类群，各类群基本情况如下。

1. 乌珠穆沁马 产于锡林郭勒的东、西乌珠穆沁旗，当地统计约2.46万匹（2005）。乌珠穆沁马体型中等，粗糙结实。鼻孔大，眼睛明亮，颈短，水平颈。胸部发达，四肢短，鬃、尾、鬣毛特别发达，青毛最多。其外形特点是弓腰、尻宽而斜，后肢微呈刀状和外弧姿势。2005年成年公马平均四大体尺（体高、体长、胸围、管围）为134.20—142.10—169.10—19.90cm，成年母马为：128.20—140.40—163.62—17.87cm，成年马体重348～376kg。当地盛产走马，乌珠穆沁马速度为1 600m 2min22.6s，最大挽力为268.2kg。其肉乳性能好，屠宰率55%，净肉率46.7%，眼肌面积51.98cm²，母马产乳300～400kg。

2. 乌审马 产于毛乌素沙地鄂尔多斯市（原伊克昭盟）的乌审旗，当地统计有5 000多匹（2005）。乌审马外貌清秀，结实紧凑，体小精悍，反应灵敏，以"走马"著称，适合沙地骑乘和驮运。由自然选择和牧民长期选种、培育而成。2005年调查，成年公马平均体尺为127.70—138.90—158.90—17.85cm，平均体重为324.73kg；成年母马为123.65—128.47—147.58—16.52cm，平均体重为261.10kg。1 000m速力为1min27s。挽车载重250～300kg，可日行25～30km。

3. 百岔铁蹄马 中心产地在赤峰市（原昭乌达盟）克什克腾旗的百岔沟。目前百岔马已散失，只有150匹左右（2012）。当地水草丰美，岩石坚硬，道路崎岖，经长期培育、锻炼而成。百岔马结构紧凑、匀称，尻短斜，系短立，蹄小圆、质坚、距毛不发达。1981年调查，成年公马（19匹）平均体尺为：132.4—139.3—163.1—17.6cm，成年母马（120匹）为：125.1—134.8—159.6—16.4cm。1 000m速力为1min20s，1 600m为2min12s。单人骑乘可毫不费力地跑完1.5km、30°～40°的山坡。单马拉胶轮打车，载重550kg，1h

15min 可走完 10km，2h25min 可走完 20km。

4. 巴尔虎马　主要产自内蒙古呼伦贝尔市的陈巴尔虎旗、新巴尔虎左旗和新巴尔虎右旗。位于呼伦贝尔大草原腹地，是我国主要传统养马区之一。

巴尔虎马体质粗糙结实，由于牧场较好，体躯相对较大（表 3-2）。头较粗重，为直头或微半兔头。额宽大，嘴筒粗，鼻翼张开良好。胸廓宽深，鬐甲明显，斜尻，肌肉丰满，蹄质坚实有力。

表 3-2　成年巴尔虎马平均体尺、体重（2006）

性别	体高（cm）	体长（cm）	胸围（cm）	管围（cm）	体重（kg）
公（♂）	138.45±2.89	145.10±4.61	164.35±5.54	18.30±0.48	362.90
母（♀）	130.74±2.80	139.60±2.61	159.68±5.60	18.10±0.71	329.85

乌珠穆沁马和乌审马遗传距离大，应该对这两个品种加以保护。对一些体格小、能力差的蒙古马，有条件的地区，应继续杂交利用，提高其能力；对优秀类群应进行品种选育，发展肉、乳马类型。

属于蒙古马和这一血统的马约占我国现有马匹总数的 68%，由于分布广、产地环境不同，有些地方还导入其他马种血液，致使蒙古马明显分化为若干品种和类群。属于蒙古马血统的马匹品种，焉耆马即为其中之一，还有鄂伦春马、大通马等，大致情况简述如下。

焉耆马：产于新疆维吾尔自治区巴音郭勒蒙古族自治州。分布于产区附近地区。这里在汉代已成立了草原部落焉耆国。蒙古族牧民在成吉思汗及更早时期移居此地，养有蒙古马。约在 200 年前，有部分蒙古族从俄国迁回，带来伏尔加河以东地区产的马匹。所以焉耆马是在蒙古马的基础上，渗入中亚马种血液，经长期在现产地培育而成的。

本种马有两个不同的生态类型：盆地型和山地型，彼此在体躯结构和外貌特征及适应性上有所差别。外貌在蒙古马基础上有所提高，前躯改变了蒙古马水平颈和立肩的缺点，颈部昂举适度，肩部中等倾斜，但中后躯改变不大，缺点主要有背腰宽度不足，多弓腰和腰尻结合不良，尻部短斜（有人认为，弓腰、斜尻与对侧步有关），后肢多刀状姿势。盆地型的马多偏于乘挽兼用型。头中等大，多直头或半兔头。耳稍大。颈中等长，多直颈。鬐甲高长中等，胸部发育好，背平，腰稍长，尻较短斜。四肢中等高，后肢多有刀状肢势，距毛少，蹄质坚实。体质较干燥、紧凑。山地型的马以近似蒙古马者为主。头直额宽，颈略短，体躯较粗重，尻稍斜，毛厚，长毛多。蹄较小，蹄质较盆地型马好。体质较粗糙，在山上育成的马，下到盆地区有不适应的现象。两类群的毛色都以骝毛为主，栗、黑毛次之。成年焉耆马平均体尺、体重见表 3-3。

表 3-3　成年焉耆马平均体尺、体重

类　型	体高（cm）	体长（cm）	胸围（cm）	管围（cm）	体重（kg）
山地型	142.3	144.5	171.5	19.4	318.2
	133.4	141.3	162.5	17.4	
盆地型	142.5	145.2	165.8	19.7	319.8
	139.0	141.7	160.5	18.0	

焉耆马适于农耕和运输，骑乘速力亦佳，尤以走马著称。有的马出生后自然会走对侧快步，故有"胎里走"的说法。骑乘速力测验记录：1 000m 为 1min23.4s，1 600m 为 2min32.9s，

3 200m 为 5min35.2s，4 800m 为 8min23s，50km 为 2h48min。最大挽力平均为 400kg。单马拉胶轮大车，载重 1 600kg，可日行 30km。成年马驮重 80kg，日行 70～75km，能持续 3～5d；负重 100kg，日行 60km 左右。

大通马：亦称浩门马，产于青藏高原东北边缘地带，祁连山下寒湿草原地区。中心产地是青海省门源县、祁连县及甘肃省天祝县。产区海拔 2 500～4 000m，年平均降水 262.9～514.5mm，冬季气温最低在－35.4℃以下。昼夜温差大，水草丰美，具备养马条件。2 000年前的浩门马产区多次从甘肃河西引进西域的波斯马等良马，与本地马杂交，培育出具有武威东汉墓出土的"踏飞鹰铜奔马"专门化的挽乘型、生来自然会走"对侧快步"特征的马。骑乘摆动舒适，无颠动之苦，遗传稳定，为群众所喜爱。浩门马体格中等，体型粗壮，体质结实（表 3-4）。头略重，颈稍短，颈础深，鬐甲不高，胸广肋拱，背腰平直，尻略斜。肢中等长，管显细，关节粗大，蹄坚硬。后肢稍外向或刀状。鬃、尾毛粗长，被毛浓密。毛色以骝毛、黑毛为多，栗、青毛次之。

表 3-4 成年大通马平均体尺、体重（2008）

性　别	体高（cm）	体长（cm）	胸围（cm）	管围（cm）	体重（kg）
公（♂）	126.83±4.74	134.50±11.38	161.50±10.23	20.0±1.73	321.8
母（♀）	123.00±4.36	132.45±7.02	156.50±5.79	18.59±1.27	271.7

大通马乘、驮、挽用皆可，具有善走对侧快步的遗传性。500m 为 37.5s，1 000m 为 1min22.8s，10 000m 为 19min49s；驮重 100kg，能连续几日行走自如；挽拽胶轮大车，车和载重 600kg，用挽力 50kg，快步 2 000m 为 8min4s，慢步 19min0.4s；最大挽力，一般为体重的 80% 以上。

鄂伦春马：产于大小兴安岭山区，主要在内蒙古自治区鄂伦春自治旗以及黑龙江省的塔河、呼玛、瑷珲和逊克等县。当即统计约为 312 匹（2006）。历史上自从鄂伦春人养马以来，长期与蒙古马混血，所以鄂伦春马受蒙古马影响很大。鄂伦春马平时出猎每小时可走 7～7.5km，快步每小时可达 20km。日行 35～40km，可持续 1～2 个月。日常出猎驮载粮食、用具等可达 150～160kg，连同猎物能负重 175～220kg。鄂伦春马性情温顺，步伐稳健，行动敏捷，在山地驮乘能力较好，持久力强。其长期生活在严寒的山区，对当地自然条件适应性极强，零下 40～50℃可在露天过夜。登山能力也很强，能迅速攀登陡坡，穿林越沟，横跨倒木均很灵敏。鄂伦春马体质粗糙，体格不大，胸廓深广，假肋较长，腰部结实，蹄质坚硬。毛色以青毛最多，骝毛次之，其他毛色较少。2006 年成年鄂伦春马体尺为：公马（2匹）137.25±3.37—142.25±7.04—173.50±7.05—20.05±1.29cm，平均体重为398.07kg；母马（79 匹）129.60±4.01—134.00±4.03—161.40±4.28—18.10±0.47cm，平均体重为 323.22kg。现在鄂伦春人基本脱离狩猎生活，改为定居，从事农业生产，鄂伦春马也失去了作用。

二、河曲马

（一）产地形成

河曲马（Hequ horse）产于甘肃、四川、青海三省交界处的黄河第一弯曲部，主要产区在甘南藏族自治州玛曲县，其次为四川阿坝州若尔盖县和青海省河南县。

河曲马历史悠久，在汉、唐时期，多有西域良马驱入该区，对它的血统与外貌产生了良好影响。产区海拔 3 300～4 800m 以上，降雨量年平均 444.4～764.4mm，高寒、湿润、牧草丰茂，环境与外界隔绝，经闭锁自群繁殖和终年放牧，形成了适应性强，体躯比较高大的品种特征。

（二）外貌体尺

属于挽乘兼用型，性情温顺，结构匀称，体质粗糙结实，体躯粗长宽厚（表3-5）。头粗重，多轻微半兔头，眼大，耳略长，耳尖呈桃形，鼻孔大。颈长中等，多斜颈，颈肩结合良好。鬐甲高长中等，肩稍立，胸廓宽深，背腰平直，略长。腹形正常，尻宽略短斜。四肢较干燥，关节明显，肌腱和韧带发育良好，后肢多有轻微刀状姿势，多广蹄，蹄质欠坚实。毛色以黑、青、骝、栗较多，多有白章。

表3-5　成年河曲马平均体尺、体重

性　别	体高（cm）	体长（cm）	胸围（cm）	管围（cm）	体重（kg）
公（♂）	137.2	142.8	167.7	19.2	346.3
母（♀）	132.5	139.6	164.7	17.8	330.8

（三）生产性能

河曲马挽力强，速力中等，持久力好。骑乘速度 1 000m 为 1min15.5s，2 000m 为 2min35.8s，挽拽能力好，单马拉胶轮车，载重 396～652.5kg，相当于体重的 10.2%～12.3%。持久力强，骑乘 50km，平均需时 3h40min，100km 为 7h20min。

河曲马适应性好，恋膘性强，耐粗饲，发病率低，合群，性温顺，易调教。

三、哈萨克马

（一）产地形成

哈萨克马（Kazakh horse）是我国古老马种之一，产于新疆天山北麓、准噶尔盆地以西和阿尔泰山脉西段一带，中心产区在伊犁哈萨克自治州。分布区集中在此州及其邻近地带。产区草原辽阔，牧草饲料资源丰富，历来以牧业为主，为我国重要的产马区之一。海拔 600～6 900m，河流纵横，属温和半湿润和温凉干旱气候。该马种在历史上曾渗入蒙古马和中亚一带马匹的血液。

哈萨克马是草原种马，对大陆干旱寒冷气候和草原生活环境很适应。终年放牧，冬季不补饲，在积雪 30～40cm 情况下，能刨雪觅食，正常生活。

（二）外貌体尺

哈萨克马有两个经济类型：骑乘型和乘挽兼用型，从生态上加以区别，又可分为山地型与平原型。乘挽兼用型多出自平原型，而骑乘型在山地型中较多，具有群牧马的生态特征。外貌：头中等大，略显粗糙，颈长适中，稍扬起，颈肌较薄弱，颈肩结合差。鬐甲较高，胸稍狭窄，肋骨开张，背腰平直，尻宽而倾斜，多草腹。四肢关节坚实，前肢端正，后肢常显刀状和外向肢势，蹄质坚实，距毛不多。体格中等大，四肢较长，结构紧凑，体质结实，血管较明显，有些马乳房发育较好，乳头较长。乘挽兼用型，体格较大，骨骼较粗，肌肉发育好。毛色以骝、栗及黑毛为主，青毛次之，其他毛色较少，其体尺大于蒙古马，与河曲马相近。成年哈萨克马平均体尺、体重见表3-6。

表 3-6　成年哈萨克马平均体尺、体重（2008）

性　别	体高（cm）	体长（cm）	胸围（cm）	管围（cm）	体重（kg）
公（♂）	141.9±3.49	142.0±5.62	162.5±5.00	19.2±0.77	351.3
母（♀）	137.0±3.00	143.4±3.34	161.2±4.10	18.5±0.53	334.2

（三）生产性能

哈萨克马是当地农耕、运输、放牧的重要役畜，工作能力较强。据骑乘速力测验记录：1 000m 为 1min17.16s，1 600m 为 2min8.2s，3 200m 为 4min32.7s，50km 为 1h42min47s，100km 为 7h14min23s。据挽力测验记录：双马驾木轮槽子车，载重 1 000kg，快步行进 18.2km，需 1h43min。

四、西南马

（一）产地形成

西南马（Xinan horse）是我国马的一个独立系统。它不包括青藏高原产的马，如西藏马和玉树马等。近年来调查发现另一个与西南马完全不同的矮小型马种，称安宁果下马，也不包括在广大的西南马中。作为品种名称的"西南马"是指产于云贵高原，包括云南、贵州、四川三省并分布于邻近省区马的总称。历史上所说的蜀马、川马、大理马、丽江马等皆为今日的西南马。

西南马品种的形成有其历史、自然、社会诸种条件的影响。产区属亚热带季风区气候地带，海拔 580～3 585m，气候垂直变化明显，"一日分四季，十里不同天"，冬暖夏凉，水草丰茂。

（二）外貌体尺

西南马属山地种马，体格短小、精悍、体质结实，气质灵敏、温顺有悍威。头稍大，面平直，眼大有神，耳小灵活；鼻翼开张，颈略呈水平。鬐甲低，肩较立，背腰短，胸较狭，尻短斜。四肢较细，肌腱明显，关节坚强，蹄小质坚，后肢多刀状。被毛短密，鬃、鬣、尾毛多且长，毛色以骝、栗、青毛居多。

（三）生产性能

西南马具有驮乘挽兼用的优良性能，尤以驮载能力著称。长途驮载 80kg，日行 30km；短途驮载，有的可负重 100kg 以上；骑乘一般可日行 45km 以上；单马驾车可载重 350～400kg。

五、藏　　马

（一）产地形成

藏马（Tibetan horse）产于西藏自治区，分布在西藏周边各省，包括青海南部的玉树藏族自治州、果洛藏族自治州和四川省的甘孜藏族自治州以及云南的中甸等县。西藏自治区的马匹数量最多，42 万匹（2008），约占藏马的 50%。

（二）外貌体尺

西藏高原广阔，交通不便，需要一种适应高原条件的乘驮用马，故藏族人择马的要求为：尻形如琵琶，背型宽似牦牛，对个别优秀个体补饲青稞、豌豆、干奶酪。藏马体尺大于西南马而接近蒙古马。体质干燥结实，体格匀称，性情温顺，头较小，鼻孔开张，胸宽肋圆，心肺发达，后躯发育好，蹄小质坚，血红素和红细胞数高于平原地区的马。毛色以骝色为主，青色较少，但藏族一直喜爱青毛。

（三）生产性能

藏马很适应高原工作，主要用于骑乘、挽车和耕作。在海拔 3 500m 以上高原骑乘，一般可日行 50km，14h 可跑 100km，可登上 5 000m 高处。

第三节　我国培育马种

在漫长的养马历史过程中，由于社会的发展，马的用途也发生了很大变化，因此，我国根据当时的社会需求培育出了很多优秀的培育品种，现有培育品种 13 外。

一、三河马

（一）产地形成

三河马（Sanhe horse）产于内蒙古自治区呼伦贝尔盟额尔古纳左旗三河地区和滨州铁路沿线一带。产区有全国著名的呼伦贝尔大草原，牧草优美无比，其他养马条件也很优越，对三河马的形成和发展起了有利的作用。

三河马是以当地的蒙古马和后贝加尔马（布里亚特马）为基础，从 20 世纪开始引入多种外血，主要为奥尔洛夫马、皮秋克杂种及盎格鲁诺尔曼、盎格鲁阿拉伯以及贝尔修伦马的杂种等。三河马是多品种马的"杂交"后代，经过自群繁育而成。

（二）外貌体尺

体质结实干燥，结构匀称（表 3-7），外貌优美，肌肉丰满，有悍威，胸廓深而长，背腰平直，四肢坚强有力，关节明显，肌腱发达，部分马后肢呈外向，蹄质坚实。毛色主要为骝、栗、黑三种。

表 3-7　成年三河马平均体尺（cm）（2005）

性 别	体 高	体 长	胸 围	管 围
公（♂）	147.70±3.74	152.20±2.24	175.90±1.13	20.05±0.82
母（♀）	145.86±2.23	149.67±4.29	172.79±6.75	18.80±0.62

（三）生产性能

以力速兼备著称。骑乘速力记录：1 000m 为 1min7.4s；1 600m 为 1min51.8s，3 200m 为 4min15s，10km 为 14min52s，50km 为 2h3min29s，100km 为 7h10min18.5s。

三河马是我国优良的乘挽兼用型品种。它外貌清秀，体质结实，动作灵敏、性情温顺，力速兼备，遗传性稳定。三河马今后应在本品种选育的基础上继续提高质量，应注意培育马术运动用马，以满足我国赛马业发展之需要。

二、伊犁马

（一）产地形成

新疆维吾尔自治区伊犁哈萨克自治州为主要产区。这里自然条件优越，海拔 1 800～2 400m，年平均气温 1.7℃。平均降水量 455mm，无霜期 90d。牧草丰盛，草质优良，夏季在接近雪线的高山放牧，气候凉爽，无蚊蝇，有利于抓膘；冬春在低地放牧，气候较暖，补饲方便。

伊犁马（Yili horse）是以哈萨克马为基础，与引入的轻型外种马，主要是奥尔洛夫、顿河、布琼尼、阿哈等品种进行杂交，到一、二代杂种马，通过横交固定，长期在放牧管理条件下育成的一个乘挽兼用型新品种。它既保持了哈萨克马的耐寒、耐粗饲、抗病力强、适应群牧条件的优点，又吸收了上述良种马的优良结构和性能。1985 年通过技术鉴定，确认为新品种，并正式命名为伊犁马。

（二）外貌体尺

外貌较一致，具有良好的乘挽兼用马体型。头中等大、较清秀，具有一定的干燥性。颈长中等而高举，肌肉较丰富，颈肩结合良好。鬐甲中等高，胸宽深，肋骨开张良好，背腰平直，尻中等长、稍斜。四肢干燥，筋腱明显，前肢端正，后肢轻度刀状和外向，关节发育良好，管部干燥，蹄质结实，运步轻快而确实。体质干燥结实。毛色以骝、栗、黑毛为主，青毛次之，其他毛色较少。

伊犁马的体尺在我国马品种中是比较大的，特别是胸围较大，比体高大 25～35cm 为其突出的优点（表 3-8）。充分表现出力速兼备的优良特性。

表 3-8　成年伊犁马平均体尺（cm）（2007）

性　别	体　高	体　长	胸　围	管　围
公（♂）	154.20±1.69	161.70±6.00	181.50±11.07	19.31±0.85
母（♀）	147.04±3.65	152.11±7.28	174.17±7.76	17.79±0.57

（三）生产性能

伊犁马富有持久力和速力。骑乘速度纪录：1 000m 1min12.3s；1 600m 2min8.7s，3 200m 4min7.4s，50km 1h42min31s，100km 7h13min 23s。挽力表现：检验 20km，载重 300kg，挽力用 40kg，成绩为 2h53min16s，平均每千米时速为 8min39.8s。双马拉四轮槽子车可载重 1 200～1 500kg，每天使役 8～10h，日行 30～40km，可持续 3～4d 或更长。最大挽力为 400kg，相当于体重的 92.2%。

伊犁马的泌乳能力：成年母马除给幼驹哺乳外，每日还可挤乳 5.4kg，120d 挤乳期可产乳 648kg。

三、东北挽马

（一）铁岭马（Tieling horse）

1. 产地形成　产于辽宁省铁岭县铁岭种畜场及附近乡镇。用盎格鲁诺尔曼系和贝尔修伦系杂种马进行杂交，为了疏宽血缘和矫正体质湿润、结构不协调的缺点，先后导入苏维埃重挽马、金州马和奥尔洛夫马的血液。在横交阶段，主要使用了阿尔登种公马"友卜号"的三个儿子——农山、农云、农仿。铁岭马来源于七个品种血液。

2. 外貌体尺（表 3-9）　体质结实，结构匀称，类型基本一致，有悍威，性情温顺。头大小中等，眼大有神。颈略长于头，颈峰微隆，颈型优美。鬐甲中等。胸深宽，背腰平直，腹圆，尻正圆、略成复尻，四肢干燥结实，关节明显，蹄质坚实，距毛少，肢势正常，步样开阔，运步灵活。毛色以骝毛、黑毛为主。

表 3-9　成年铁岭马平均体尺（cm）

性　别	体　高	体　长	胸　围	管　围
公（♂）	155.8	165.4	194	22.6
母（♀）	153.9	164.1	189.9	21.3

3. 生产性能　挽力、速力和持久力表现良好。最大挽力为 480kg,单马拉两轮胶皮车载重 1 000kg,在沙面路上 1h 走 7.5km,三马拉两轮车载重 2 500kg,行走 50km 需 5h45min。

（二）黑龙江马（Heilongjiang horse）

1. 产地形成　产于黑龙江省北部黑龙江流域,以松嫩平原为主要产地。该马是以当地蒙古马为基础,采用多品种杂交而育成的新品种。

2. 外貌体尺（表 3-10）　体质结实,较干燥,富悍威,结构匀称。头中等大,呈直头。颈长适中,颈肩结合较好。鬐甲明显。胸宽深,背腰平直,尻较宽而稍斜,呈圆尻。肩长斜,股胫丰满,关节轮廓明显,稍呈曲飞,蹄质坚实。毛色以栗毛、骝毛为主。

3. 生产性能　黑龙江马力速兼备,持久力好,在田间,3 匹马耕地,8h 完成 30 亩;在城镇运输,两匹马用胶轮车载重 2 800kg,平均作业量 50.4t/km。黑龙江马骑乘测验记录:1 000m 为 1min11s,2 000m 为 2min36s,3 200m 为 4min55.6s,5 000m 为 7min12.5s。

表 3-10　成年黑龙江马平均体尺（cm）

性　别	体　高	体　长	胸　围	管　围
公（♂）	156.7	162.3	188.3	21.7
母（♀）	149.4	155.3	119.3	20.5

（三）吉林马（Jilin horse）

1. 产地形成　主要产于吉林省白城、长春和四平三个地区。自 1950 年开始,以本地马（主要是蒙古马,极少三河马和其他杂种）为基础,先后主要用阿尔登、顿河品种的公马与本地马杂交,产生大批轻、重型一代杂种马。在此基础上又进行轮交和级进杂交,产生大批轻、重轮交和重种级进二代杂种马,为培育吉林马奠定了基础。

2. 外貌体尺（表 3-11）　体质结实,结构匀称,有悍威。头中等大,直头,颈长中等,呈斜颈,鬐甲较厚,肋拱圆,背腰平直而宽,尻较斜。四肢肌腱发育良好,肢势正常,后肢有少数轻度曲飞外向,步样开阔,蹄质结实。毛色以骝毛、栗毛、黑毛为主。

表 3-11　成年吉林马平均体尺（cm）

性　别	体　高	体　长	胸　围	管　围
公（♂）	156.0	162.9	192.3	22.8
母（♀）	152.0	160.8	185.4	21.0

3. 生产性能　据测验,1 000m 为 1min17.5s,3 200m 为 5min42s。单马拉胶轮大车,在平坦的土路上,用相当体重 15% 的挽力,以快慢混合步走 10km,平均 45min。

四、山丹马

（一）产地形成

山丹马（Shandan horse）是在甘肃省山丹县大马营草原上培育出的新品种。于 1984 年 7 月通过品种鉴定会议验收并正式命名。它以驮为主,专供军用,兼用民用。

（二）外貌体尺

山丹马属驮乘挽兼用型，以驮为主。体格中等大（表 3-12），体质干燥结实，结构匀称，气质灵敏。头较方正，直头，耳小，眼大。颈较倾斜，长度适中，颈肌厚实。鬐甲中等高长，胸宽深，背腰平直，腰较短，尻较宽稍斜。四肢结实干燥，后肢轻度外向，关节强大，肌腱明显，蹄质坚硬，蹄大小适中。毛色以骝、黑为主，少数为栗毛，部分有白章别征。

表 3-12　成年山丹马平均体尺（cm）（2006）

性　别	体　高	体　长	胸　围	管　围
公（♂）	145.2±5.6	147.6±6.0	176.8±2.8	19.9±1.0
母（♀）	137.9±5.1	142.8±5.6	163.9±3.0	17.5±1.9

（三）生产性能

据驮力测验，驮载 101.7kg，行程 200km，历时 5d；骑乘速力：1 600m 为 2min13s，3 200m 为 4min56s，5 000m 为 8min13.8s；对侧步骑乘速力：1 000m 为 2min11s，单套拉胶轮车载重 500kg，走土路，时速 15km；最大挽力 455kg，约为体重的 89.03%。

五、伊吾马

（一）产地形成

伊吾马（Yiwu horse）产于新疆维吾尔自治区哈密地区伊吾军马场。它位于巴里坤草原东部，海拔 1 900~2 600m，年平均气温−0.3℃，最高 29.8℃，最低−40.7℃，年平均降水量 233.7mm，无霜期 60~80d。产区历史上以养马著称。伊吾马是以哈萨克马为基础，导入部分伊犁马血液培育而成。

（二）外貌体尺

体质结实，结构匀称（表 3-13），性情温驯，有悍威。头中等大，稍干燥，多直头，少数为半兔头，耳短厚。颈长中等，部分母马呈水平颈，颈肌发达，颈、肩结合良好。鬐甲长度和高度适中。胸深而较宽，背腰平直，长短适中，腹部充实，尻中等长，较宽、稍斜。四肢粗壮，关节强大，系长度适中，蹄中等大，多正蹄。毛色以骝毛、黑毛为主。

表 3-13　成年伊吾马平均体尺（cm）（2007）

性　别	体　高	体　长	胸　围	管　围
公（♂）	139.60±6.12	146.67±8.40	171.47±7.32	19.67±1.29
母（♀）	137.02±5.99	146.68±7.46	166.78±7.04	19.00±0.83

（三）生产性能

以驮为主并适用于挽乘，工作能力强，背颈大，能持久，善爬山。驮载 100kg 行走山路，日行 50~60km，可连续 4~6d。骑乘速度：1 000m 为 1min32s，1 600m 为 2min32s，3 200m 为 4min53.6s。

第四节　我国引入的育成品种

一、阿拉伯马

（一）产地形成

阿拉伯马（Arabian horse）原产地为阿拉伯地区，主要产地是伊拉克和叙利亚。阿拉伯民族有着传统的爱马习惯，自古即以马匹为主要交通工具，所以在沙漠绿洲上创造和发展了该品种。在品种形成中按外貌、速度和持久力进行选种起了很大作用。产区的气候干燥而酷热，多沙漠，牧草稀疏，在艰苦的条件下，锻炼了阿拉伯马的忍耐力，并形成干燥体质。产区借宗教力量提倡养马。他们重视马匹血统保存，这对该品种的形成起了积极作用。阿拉伯马最早有五个主族：即凯海兰、撒哈拉威、阿拜央、哈姆丹尼和哈德拜族。

（二）外貌体尺

阿拉伯马体格中等（表 3-14），体质干燥，具有典型的骑乘马外貌特征。头形轻俊干燥，额广，呈直头或稍凹，鼻孔大，下腭深而广。颈长而形美。鬐甲中等，背直，腰短，尻长而呈正尻，尾础高，呈短尾，胸廓深广，肋骨开张良好；肩长而斜，四肢坚实、干燥，腱的轮廓明显，蹄坚实。毛色以青毛、骝毛为多。在头和四肢下部常用白章。

表 3-14　成年阿拉伯马平均体尺（cm）

性　别	体　高	体　长	胸　围	管　围
公（♂）	146.2	151.1	157.9	19.5
母（♀）	141.1	147.6	165.5	18.4

（三）生产性能

世界名贵，古老品种阿拉伯马以其体质优美、性情温驯、气质活泼、禀性灵敏、富于悍威、步法轻快、持久力强而闻名世界，曾经创造用 4 天 21h 完成 644km 的惊人纪录，其体格中等，虽然速度不及纯血马，但在长距离竞赛中却经常夺冠，其 1 600m 为 1min46s，2 400m 为 2min44s，3 200m 为 3min46s。阿拉伯马的特点，在快步和跑步中有弹性、步伐稳健、气质沉着、易于调教，尤其适于高等马术调教。

众所周知，纯血马就是主要以阿拉伯马为系祖育成的，而像奥尔洛夫马、摩尔根马等品种当时均直接引用了阿拉伯马。新中国成立后育成的铁岭挽马育成中用了七个品种：盎格鲁诺尔曼马、盎格鲁阿拉伯马、贝尔修伦马、阿尔登马、苏维埃重挽马、金明马和奥尔洛夫马，其中四个品种均含有阿拉伯马的血液，许多国家马种改良中阿拉伯马是经常选用的品种。阿拉伯马是现代许多骑乘马的"老祖宗"。

二、纯　血　马

（一）产地形成

纯血马（Thoroughbred）原产地为英国，我国简称英纯血马，主要是在舍饲条件下育成的。它是目前世界上速度最快的品种，几乎全世界所有育成的竞赛用马都含有它的血液。英国盛行赛马，早就建立了皇家马场培育赛马，但真正致力于发展高质量的骑乘马是从 1660 年开始的。

纯血马起源于英国，而其遗传基因的来源却是阿拉伯马。奠定纯血马基础的种公马分别是：培雷土耳其号（Byerly Turk）（生于 1680 年），达雷阿拉伯号（Darley Arabian）（生于 1700 年），哥德劳阿拉伯号（Godolphin Arabian）（生于 1724 年）。现代的纯血马究其血统大多出自这 3 匹公马。它们与当地的短距离快跑的母马（非常可能是苏格兰的盖洛威斯马）所生的幼驹就是当时最早的纯血马。纯血马是由强度亲缘繁育而成。

纯血马的三大祖先，是以其非常受尊重的马主命名的，这三人分别是 Thomas Darley、

Godolphin 勋爵和 Robert Byerly 上尉。

（二）外貌体尺

体质干燥细致，在结构上显示典型的赛马体型。骨骼细，腱的附着点突出，肌肉呈长条状隆起，四肢的杠杆长而有力，关节和腱的轮廓明显。头中等大，略显长而干燥。颈长直，斜向前方。鬐甲高长。背腰短而肌肉发达，尻长而呈正尻，肌肉发育良好，尾础较高，胸深而长。四肢高长，关节明显，蹄小，无距毛。毛色多为栗毛和骝毛。成年英纯血马平均体尺见表 3-15。

表 3-15　成年英纯血马平均体尺（cm）

性　别	体　高	体　长	胸　围	管　围
公（♂）	159.1	157.7	178.3	19.6
母（♀）	157.3	156.3	178.4	18.9

（三）生产性能

以短距离速度快而称霸世界，它创造和保持着 5 000m 以内各种距离的世界纪录。1 000m 为 53.6s，1 600m 为 1min31.8s，2 000m 为 1min58s，3 200m 为 3min19s。

纯血马仍是跳高和跳远世界纪录的创造者，在骑手骑乘下跳远记录为 8.30m，跳高纪录为 2.47m。纯血马虽然速度很快，但持久力稍差。纯血马的步伐确实，步样低而步幅大，轻快而有弹性。纯血马的悍威很强，极易兴奋，在正常培育条件下，比较早熟，四岁已结束生长。纯血马繁殖能力较差，受胎率和产驹率相对较低，加上不能用人工授精和胚胎移植的规定，产驹率维持在 60% 以上已经是不错的了。纯血马饲养管理条件要求严格，饲草饲料质量不好或者搭配不合理，极易引起疾病。纯血马是当今世界上最卓越，而且用途最广泛的马种之一。除了平地赛马以外，其他如猎狐经典马术，马球等，都有纯血马参加。纯血马还用于培育新的品种，或者改良其他品种。纯血马遗传能力强，用于改良其他品种时能将其速力的特性遗传给后代。有人曾比喻：纯血马如同酒精，其他品种马如水，一旦两者杂交，后代度数明显提高，也就是速度马上变快。因此，各国改良骑乘马，大多借助于纯血马，世界上的一些轻种马大多含有纯血马血液的事实可作为例证。

三、阿尔登马

（一）产地形成

阿尔登马（Ardennes horse）产于比利时东南与法国毗连的阿尔登山区。比利时的重挽马过去分大小两个品种：大型的为布拉邦逊马，分布平原地区，体格较大；小型的为阿尔登马，分布在山区。后因国际市场要求大型重挽马，阿尔登马后来被布拉邦逊马吸收杂交，又统称比利时重挽马。

（二）外貌体尺

体质结实，比较干燥。头大小适中。颈长中等，公马颈峰隆起，鬐甲低而宽。背长而宽广，腰宽，尻广稍斜，复尻。胸部深广。四肢短而干燥，关节发育良好，距毛少，蹄质不够坚实。毛色多为栗色和骝毛，有少数沙栗或沙骝毛，其他毛色较少。成年阿尔登马平均体尺见表 3-16。

表 3-16　成年阿尔登马平均体尺（cm）

类　型		体　高	体　长	胸　围	管　围
大型	♂	157.5	168.6	198.0	23.9
	♀	155.1	166.1	199.3	22.5
小型	♂	146.1	154.0	183.6	21.5
	♀	145.3	155.0	183.6	19.6

（三）生产性能

阿尔登马有悍威，性情温驯，运步较轻快，挽挽能力好。根据记录，载重 700kg，7min 行走 2km，最大挽力 476.8kg。

四、奥尔洛夫马

（一）产地形成

奥尔洛夫马（Orlov horse）原产于俄罗斯，是养马家奥尔洛夫育成，他死后由其助手薛西金继续进行育种工作。该品种系用阿拉伯马、荷兰马、丹麦马和英国快步马等多品种杂交而育成的。奥尔洛夫于 1775 年，从阿拉伯引入优良的阿拉伯公马"斯美汤克号"，用与丹麦母马杂交而生"波尔康一号"公马；用"波尔康一号"，配荷兰快步母马生下"巴斯一号"，此马善于轻挽，速度快，体格强壮，适应竞赛需要，而初步获得了理想型。奥尔洛夫马分布全俄罗斯，而且获得了世界声誉。该品种体格大，有突出的快步速度，对严寒气候适应性强，改良小型马效果良好。

（二）外貌体尺

体质结实，头中等大，干燥。颈较长，公马稍呈鹤颈，颈础高。鬐甲明显。前胸较宽，胸廓较深，背较长，腰短，尻较长，呈圆尻。四肢结实，肌腱发育良好，前膊和胫较长，系较短，距毛少，蹄质坚实，毛色以青毛为主，黑毛和骝毛次之。成年奥尔洛夫马平均体尺见表 3-17。

表 3-17　成年奥尔洛夫马平均体尺（cm）

性　别	体　高	体　长	胸　围	管　围
公（♂）	163.7	165.7	183.8	21.3
母（♀）	156.0	159.8	182.5	20.2

（三）生产性能

成年马轻挽速力记录：1 600m 为 2min2s，2 400m 为 3min9s，3 200m 为 4min20s，4 800m 为 6min41.2s，6 400m 为 8min56s。主要适应于轻驾车赛。它在农业生产中担任轻便的运输工作，从而极受欢迎。

五、顿河马

（一）产地形成

顿河马（Don horse）产于苏联顿河流域，分布于顿河及伏尔加中下游，且扩及中亚草原。顿河马原是顿河哥萨克马。该马最早起源于蒙古马和诺盖马。因此，顿河马和蒙古马有一定的血缘关系。约 19 世纪以来，曾利用阿拉伯、英纯血、奥尔洛夫和拉斯托勃金马等品种，进行杂交改良，到 20 世纪初已育成为体格高大的优异骑乘用马。

（二）外貌体尺

顿河马现有三种类型：一为东方型，体型轻，体质干燥而结实，气质良好，速度快。二为重型，体格大，适应性强，适于一般役用。三为骑乘型，肌肉发育良好，有持久力为顿河马的基本型。一般表现为头部干燥稍长，颈长直，昂举适度。鬐甲高长，肩稍立，背腰直，尻长而平，胸深肋圆。四肢干燥，蹄质坚固、毛色主要为栗和红栗，个别马带有深色背线，鬃、鬣、尾毛稀少，无距毛。其缺点是：肩胛稍峻立，腔部转凹，系部发育不足。成年顿河马平均体尺见表 3-18。

表 3-18　成年顿河马平均体尺（cm）

性　别	体　高	体　长	胸　围	管　围
公（♂）	159.2	160.0	185.1	21.0
母（♀）	156.4	159.5	186.7	19.7

（三）生产性能

其用途因类型而异。速度记录：1 000m 为 1min49s，2 400m 2min34s，3 200m 为 3min43.5s。4 岁公马喀力尔号在 1947 年的测验，负重 73kg，每天行进 263.6km。

1950 年，我国首批进口顿河母马 55 匹，种公马 2 匹，分为轻重两型。20 多年实践证明，该品种完全适应半放牧饲养方式，其繁殖率和成活率高，适应性强。

六、阿哈尔捷金马

（一）产地形成

阿哈尔捷金马（Akhal-Teke horse）产于土库曼南部炎热的沙漠地带，是真正的沙漠马，据传说为尼塞马的后裔，有 3000 余年的历史。这个古老而又独特的品种在世界养马史上起过重要作用，据前苏联学者推测，今天的阿哈尔捷金马就是古代的土库曼马，土库曼马对世界的骑乘马业有过巨大的影响，并帮助育成许多品种。在繁育阿拉伯马、纯血马、奥尔洛夫骑乘马、卡拉巴赫马、波斯马、特拉克那马、卡拉巴依马和其他马匹品种时都利用过它。

（二）外貌体尺

阿哈尔捷金马的体型结构是典型的由环境造就出来的形态。体质干燥，体格高大，体高 156~159cm，有着极其细长苗条的身材。鬐甲高、长且肌肉发达；肩部长，弧度良好，肩内清洁；毛皮亮泽且皮薄；头部结构紧凑优美，与整体结构和谐；脸颊宽；鼻梁挺直或略弯，鼻孔大、薄而干燥；两只大眼睛炯炯有神；两只长耳线条优美且间距略宽；头部与细长的脖子呈 45°角；脖颈略高且几乎与身体垂直；额毛与鬃毛都不是很长。嘴角线一般高于肩胛骨是这种马的另一个特点。腿部长，肌肉精练强健，两前腿紧凑，前臂膊长；后两腿长，飞节高；马蹄略小、坚硬，形状规整，蹄后部低，球节部有少量毛或无毛。

（三）生产性能

工作性能表现良好，做竞技马术用时，阿哈尔捷金马表现有毅力、灵活、聪明、敏捷、非常稳健等特性。明显不同于别的马之处，是它们情愿服从人的驾驭，再加上它的力量、速度、干燥性、耐力、气质和轻盈自如的步伐，所有的这些对竞技马术来说都是无价的优点。其运步优美、跳跃轻松，适于参加各项的马术运动，诸如盛装舞步赛、平地赛马、障碍赛、三日赛、长途越野赛，也极度适应马戏表演。

七、卡巴金马

（一）产地形成

卡巴金马（Kabardin horse）产于高加索山地和北高加索的草原，是以蒙古马为基础，与阿拉伯马、波斯马和卡拉巴赫马杂交，经多年在高寒山区终年群牧管理培养而成。

（二）外貌体尺

卡巴金马是一个山地兼用种，多半兔头，耳较长呈竖琴状，颈础低、颈多肉，胸深广，腰坚实，尻斜。后肢多刀状姿势，飞节甚为靠近，后肢多外向，系短，蹄质坚实。骝毛、黑毛、青毛为主要毛色，一般头部和四肢无白章。成年卡巴金马的体尺见表3-19。

表3-19　成年卡巴金马的体尺（cm）

性别	体高	体长	胸围	管围
公（♂）	157.9	160.0	183.3	20.3
母（♀）	155.0	159.5	182.2	19.4

（三）生产性能

卡巴金马的突出特点是适应性强，能适应不同地区的风土气候条件；晚熟，利用年限长和饲料利用率高，抓膘快，繁殖力和泌乳力较强；用于山地乘、驮，具有良好的工作性能。能够攀登山路、涉过激流，并有良好的辨别方向的能力。利用为军马、运输、驮用，在山地道路运动，陡峭的上、下坡，困难的条件下刻苦耐劳，动作灵活而谨慎，乘用、挽用和驮用都极好。

第五节　驴　和　骡

现在世界上存在的驴可分为下列几种：①家驴（Equus asinus vulgaris）。②骓驴（Equus asinus taeniopus），即非洲野驴。骓驴这一亚属中，现有两种亚种：努比亚驴（Nubian wild ass）和索马里驴（Somali wild ass）。③骞驴（Equus asinus hemionus），即亚洲野驴，也称半驴或半野驴。骞驴这一亚属中，现有三种野生种：库兰驴（Equus hemionus kulan），又称蒙古野驴；康驴（Equus hemionus kiang），又称西藏野驴；奥纳格尔驴（Equus hemionus onager），又称伊朗驴。

在我国驴和骡（mule）是最易被忽视的家畜，如我们常谈的"六畜"中，就没有驴、骡。其实驴、骡是我国除马、牛之外的第三大家畜，当今世界马业虽发展到集文化、体育、竞技、休闲于一体的现代化马业，但在社会发展的不同阶段，养马数量是大起大落，而驴、骡业却在几十年中，始终不衰。如1952年全世界养驴3 649.2万匹，骡1 186.6万匹，1975年有驴4210.1万匹，骡1 415.4万匹，就是到了机械化、现代化的2008年，养驴数仍在4 345.6万匹，骡1116.8万匹，我国2009年有驴648.4万匹，占世界总量的14.9%，骡279.3万匹，占世界总数的25.0%，这充分说明，驴和骡的利用仍有活力，不容忽视。

驴主要分布在黄河中、下游广大农区和半农半牧区，以西北和华北几省为集中产区，由此向北延伸到辽宁省南部，向南可达长江以北，但数量逐渐减少。从驴的分布情况来看，驴较适应于干燥温暖的自然生态环境，严寒和高海拔地区如黑龙江省北部和青藏高原，以及炎热多雨的长江以南，驴就表现得不太适应，故很少分布。

一、驴的外貌特点

驴和马为同属异种动物。二者在古生物学上认为有共同的起源，因此在外形上和生物学特性上有相同之点，又有不同的地方。在马属动物科学（Equine science）中驴、骡占很重要的位置。驴的头较大，耳长，无门鬃，鬐毛退化，尾根无长毛，尾端毛稀而短，毛色比较单一，淡色毛的驴多具背线、鹰膀，仅前肢有附蝉，蹄小而高。性情较迟钝而执拗，吃苦耐劳，疾病少。

头部：一般驴的头与体躯之比显得粗而大，骨的棱角不明显，面部比脑部大，额微隆凸。头长约为体高的 2/5，头深为头长的 1/2，头的方向与地面呈 40°倾斜。驴的头形分方头、线头和肉头，其中以方头为好，常说的"硬骨驴"即指方头。驴的头部很重要，俗称"驴一头"，意思是驴主要靠头长的大小。耳长宽厚，内生密毛，能竖直，多倾向两侧。耳不要耷拉下来的"扁担耳"，此种驴体质粗糙，禀性迟钝。

颈部：多见斜颈和水平颈，肌肉显单薄。关中驴中可见到部分呈垂直颈的个体。公驴要求"项（颈）颈"要好；不要"螳螂脖"，此种驴肌肉瘠薄，出力不大。

躯干：躯干一般鬐甲低，附着肌肉欠丰满。背长而平直（关中驴和小型驴中多见凹背者），腰部短硬（常为五个腰椎），俗称"曲（短）驴、吊（长）马""长牛、短马、一鞍驴"，即指腰部要短。前胸尚宽，但小型驴呈窄胸。胸廓不够宽大，肋骨开张不大。腹部充实而紧凑。尻一般较短（为体高的 30%～31.5%）、斜（与地面呈 30°～40°角）、坐骨间距窄，肌肉欠丰满。尾础较高，尾基细，尾上端毛稀少，无盖尾毛，末端有长毛束，长度不超过飞节。种公驴的生殖管要求"刚脐、毛蛋、不过头"，意即阴茎要刚实而有力，睾丸小而有密毛，附睾要勾出，但不可过大。

四肢："好驴出在四腿上"，总的要求硬直，俗称"直腿驴、弯腿牛"。前肢肩直立（肩胛与地面呈 60°角）；上膊短，与地面呈 40°角；前膊长，内侧有一块大小不等的角质形成物称附蝉；前膝干燥、宽广；大型驴管粗壮而筋腱明显，小型驴则很细；系部以直立见多，要求短，常说"寸骨连蹄"，而"压脖蹄"（卧系）不好；肢势一般较正直。后肢股部较直立，肌肉不够丰满，尤其股内侧；胫部较长，筋腱明显，无附蝉（与马的主要区分点）；飞节角度小（约150°），飞节内靠，呈比较明显的刀状肢势和前踏肢势。

蹄：蹄尖壁与蹄踵壁之比为 2∶1，前蹄与地面呈 55°～60°角，后蹄与地面呈65°～70°角，蹄负面较狭，蹄质坚硬，色黑，常见到狭蹄和高蹄等不正蹄形。

二、驴的品种分类

我国习惯上将驴的品种按体格大小（以体高为准）分为大、中、小三型。大型驴（体高在 130cm 以上者），主要分布在渭河流域和黄河中、下游，如关中驴、德州驴等；小型驴（体高在 110cm 以下者），多分布在边缘地带，如新疆、甘肃河西地区、宁夏、内蒙古等省区，在大型驴产区也可见有分布，数量最多；中型驴（体高在 110～130cm），分布在大、小两型驴产区之间，或大型产区范围之内。

关于驴的分类标准，国内尚有学者提出：体高在 126cm 以上者为大型驴，体高 115cm 以下者为小型驴，体高在 116～125cm 者为中型驴。在国外，则有将体高在 105～121cm 划为大型驴，体高在 80～100cm 的划分小型驴。所以，这个问题还有待在实践中进一步探讨和统一。

三、我国主要驴种简介

1. 关中驴（Guanzhong donkey）　产于陕西省关中平原渭河流域，诸县为中心产区。该地域地势平坦，气候温和，土壤肥沃，是著名的粮棉产区，又有种植苜蓿的悠久传统，饲料充裕（舍饲），饲养精细，加之当地人民特别重视种公驴的严格选种，经长期选育终于形成体格高大、体质结实、工作能力强的驴种。为我国驴种的代表，同时也堪称世界良种驴之一。现有十余万匹。

关中驴外形特点为：头大、耳长竖立、眼大、鼻直、颈长厚适中，昂扬，前胸发育良好，背腰平直，荐部稍高，尻较狭斜，前肢端正，后躯发育稍嫌发达，蹄小而坚实，抗病能力强，遗传性良好。毛色以黑色毛为最多，但眼圈、鼻嘴及下腹部多呈白色或灰白色，群众称之为"粉鼻、亮眼、白肚皮"或俗称"燕皮"，是关中驴的特征，为种驴必备之条件。次为栗、灰毛等。优秀个体高达 150cm 以上（表 3-20）。

表 3-20　关中驴的体尺、体重

性　别	体高（cm）	体长（cm）	胸围（cm）	管围（cm）	体重（kg）
公（♂）	133.5	137.3	147.1	16.9	297.0
母（♀）	126.6	129.7	139.0	15.6	256.1

关中驴驮挽能力良好，最大挽力 246.6kg，驮载 150kg 行走 1 000m 需 13min。能负担各种劳役，如拉磨、碾场、拉车、耕地和驮运等。

我国北方诸省的大、中型驴种，如山东驴、河南泌阳驴、佳米驴、山西广灵驴等，均与关中驴种有密切的血缘关系。关中驴作为良种驴已推广全国，国外亦有饲养。在改良各地驴种和生产军骡中发挥了良好的作用。为国家进行纯种繁育的优良驴种之一。

2. 德州驴（Dezhou donkey）　原产于山东德州、惠民两地区，以及河北省南部平原区，其中以德州和渤海沿岸诸县为中心产区，故又名渤海驴。目前有十余万匹，是我国大型驴种之一。

德州驴体格高大（表 3-21），结构紧凑。其外形特点为：头中等大，额微隆凸，耳大、颈长适中，鬐甲低，背腰平直或微凹，尻高斜而略短，前胸发育良好，腹部充实，蹄高而坚，肢势正。毛色以黑色（"黑乌头"）和三粉黑为主。当地农民多喜选择并繁殖"黑乌头"驴，质量也较好。

表 3-21　德州驴体尺、体重

性　别	体高（cm）	体长（cm）	胸围（cm）	管围（cm）	体重（kg）
公（♂）	131.4	128.3	141.3	16.0	285.1
母（♀）	128.8	125.9	142.7	15.5	267.0

德州驴体重 260kg 左右，它适于各种农田作业，役用性能良好。据测定，在沙质土壤上，两驴拉犁日耕 4～5 亩（1 亩＝666.7m²）。拉车载重 1 200kg。驮重 150kg，日行 35～40km。

3. 泌阳驴（Miyang donkey） 产于河南省南部，中心产区在泌阳县，故而得名。泌阳驴属中型驴，体质结实，体型呈正方形，发育匀称，外形与关中驴相似，但较关中驴细致（表 3-22）。毛色以粉黑为主，估计有两万余匹。

工作能力：最大挽力 203.3kg，驮载 100～150kg，日行 40～50km，三匹驴载 1 500kg，日行 35～40km。

表 3-22　泌阳驴体尺、体重

性　别	体高（cm）	体长（cm）	胸围（cm）	管围（cm）	体重（kg）
公（♂）	125.4	124.6	139.9	15.9	249.9
母（♀）	120.7	119.7	133.0	15.1	218.6

4. 佳米驴（Jiami donkey） 产于陕西榆林地区的佳县、米脂和绥德三县，所以称"佳米驴"或"绥米驴"，现有 1.5 万匹。

佳米驴亦属中型驴。体质紧凑，适应性好。外形和关中驴相近，唯一体格较小（表 3-23）。毛色以粉黑为主。全身为黑毛色，眼圈、鼻端、胸、腹下为灰白色，这种浅色毛和黑色毛的分界，有的驴明显，有的驴不明显，明显的称为"四眉驴"，不明显的称为"黑燕皮驴"。

表 3-23　佳米驴体尺、体重

性　别	体高（cm）	体长（cm）	胸围（cm）	管围（cm）	体重（kg）
公（♂）	126.5	125.5	141.5	16.0	254.8
母（♀）	124.0	125.0	138.0	16.8	242.9

佳米驴耐粗饲、耐劳苦，性情温驯，行动敏捷，持久力强。据测定，每日可耕地 2～3 亩（1 亩＝666.7m²），需时 5～6h，驮重 80～100kg，日行 30～40km，拉载 250～350kg，日行 30～50km。

四、骡

我国骡的数量约占马匹总数 1/4。主要分布在华北各省，以及陕西、吉林、辽宁等省，其他地区也有，但数量较少。骡依其体格大小分为大型及普通型两类。大型骡体高在 140cm 以上，高达 155cm 的个体亦不少见，普通型骡体高在 130cm 左右。骡的大小主要依据驴种的品质和母马的体格而定，也与饲养管理和培育等因素有关，一般马骡体格比驴骡大。由于骡是马和驴的种间杂交种，一般外形上介于马和驴之间，耳比马长，头亦较长，鬃鬣尾毛不如马的发达，蹄稍狭，毛色亦较单纯。骡一般均无生殖能力，但役用能力强于马和驴，耐劳、抗病力强，对饲料利用率高，易于饲养和管理，很受农民欢迎，故常有"铁驴、铜骡、纸糊的马"之说，是重要的役畜。"顺牛、善马、犟骡子"，是说骡的性情执拗，如调教、管理不当，容易养成坏习惯。

骡还具有早熟的特点，2岁时其体格即可发育到成年时的97％，寿命也长，一般可活到40～50年，故使役年限亦比马长，可达20～30年。

骡（*Equus mulus*）为公驴和母马的杂交后代（也称马骡）。具有杂种优势，生活力特别强，此种为远缘杂交的后代，一般无繁殖力，偶有个别母骡能怀胎。

駃騠（*Equus hinnus*）俗称驴骡，为公马配母驴所生的杂种后代。

第六节　马遗传资源的保存

目前马品种的专门化和单一化发展很快，马的遗传基础已变得很狭窄，因而经受不住遗传或其他自然灾害的威胁。一个马的原始品种（品系）或类型（类群）的形成，往往要花费很长时间，但要破坏一个品种却十分容易。一个有独特遗传特性的品种若遭到破坏，就很难恢复。就长远发展而言，马品种越丰富，越具有多样性，也就越能适应环境条件和社会经济条件的变化。保存遗传多样性以便满足将来人类的意外需要，如人类对马产品口味和工艺要求改变的需要及新饲料在马业中应用的需要，还可以揭示生物进化及其自然和人工选择过程的机制等。因此，马遗传资源保存工作具极其重要的现实意义和深远的历史意义。

现有马种保种形式大致可以归纳为两类：一是以配子（单倍体）形式保存，如长期冷冻保存精子（sperms）、卵子（eggs）或卵母细胞；二是以合子（二倍体）形式保存，主要是养育活体马匹或冷冻保存马胚胎。其中，配子的保存方法和冷冻保存胚胎的方法可称为冷冻保种，而养育活体马的形式保存则可称为活体保种。

一、随机保种

保种的经典概念是要把一个马品种所拥有的全部基因原封不动地保存下来，使其每一个基因在世代相传中不丢失。随机保种（random conservation）是以尽可能保持马品种遗传结构不变为追求目标的。为达到此目标，根据随机保种理论，为马的保种设计了四项主要措施：①增加群体有效含量（Ne），使公母马头数尽量相等并实行各家系等数留种的方法，从而减少遗传漂变的影响；②尽量避免近交，控制近交系数的增长（ΔF），抑制基因纯合频率的上升和杂合频率的下降，使马匹在群牧马业的自然状态下繁殖时不存在近交的问题；③采用随机留种，随机交配的方法，避免选择的作用；④延长世代间隔，通过减少畜群的周转来降低品种变化的速度。

但是，通过马的随机保种在实践中发现，随机保种理论与实际应用存在相当大的差距，它难以指导一个国家全盘性保种工作，它的盲目性较大。

二、冷冻保种

应用低温冷冻保存配子（精子和卵子）或合子（胚胎，受精卵）是保种方法中较理想的方式之一，应用冷冻保种（cryogenic conservation）方法可使近亲和遗传漂变的作用降低到最低限度。冷冻保种也属随机保种范畴。冷冻保存配子的优点是保种成本低，延长了马世代间隔；其缺点是分别保存父母单方的遗传信息，重建品种（或品系）所需时间较长。冷冻保存胚胎的优点是它能在将来需要时很快地重新繁殖出具有原来遗传特性的个体，其缺点是保种成本较高，效率较低。

三、DNA 保种

DNA 保种（DNA conservation）是一种新兴的保种方法，在马种保存工作中尚处于实验阶段，技术还不成熟。基因的基本物质是脱氧核糖核酸（DNA）。现在正设计一种新的保种方法，这就是长期保存 DNA 序列编码。生物学这种长足进步已给马种保种带来了新的生机。但至少有两个问题使 DNA 保种不能成为常规的保种方法。第一个问题是基因图（它是一个示意图）尚不能用于确定哪段 DNA 序列对应活体马的特定遗传特性。第二个问题是现在还不可能利用保存的 DNA 来再生具有特定遗传特性的马种，因为把 DNA 重新嵌入动物细胞的技术，仍带有相当的随机性。因此，DNA 保种方法目前尚处在设想和实验阶段之中。

四、系统保种

鉴于以上几种保种方法在马品种保存工作中的优缺点，我国学者盛志廉（1989）、芒来（1993）在目标保种的基础上提出了系统保种（systematic conservation）的新方法。这种保种理论从观念上更新了传统的保种理论并总结和发展了目标保种实践。所谓系统保种是指以整个马种为一个系统，以具体性状为目标，以结合选育为主要手段来保存马遗传资源的系统保种理论。

系统保种理论的具体做法，首先要对全国地方品种马进行全面仔细调查，列出我国所有马品种的特异遗传特性清单。然后将遗传特性统一分配到各特异品种中去保存，对于那些目前正在选育的品种所具有的遗传特性，可以结合这些品种的选育工作来保存，不必再另设专门的保种群，剩余那些在目前选育中不具备的特异遗传特性的，则设专门的保种群，让具备这些特异遗传特性的特异品种去保存；但尽可能集中在较少的几个品种去保。我们认为系统保种的好处至少有两点：一是可以减少随机保种的重复保存现象；二是由于各品种都有明确的保种目标，可以消除对近交和选择的顾忌，将保种和选育措施统一起来。

针对马资源日渐衰竭的现状，采取积极有效的保种措施就显得尤为迫切。在当今，马的主要用途由役用逐渐向休闲娱乐骑乘型和竞技型转变，针对这种现状，对我国一些优良的地方品种必须注意保护。例如蒙古马，我们可通过建立蒙古马基因库来保存。相信通过采取积极的保种措施，必将为马产业发展提供一个良好的空间和广阔的前景。

思考题

（1）我国有哪些主要马的地方品种？按品种分类它们属于哪个类型？根据是什么？

（2）根据我国各地马品种的体质外貌特征和性能特点，试提出它们的发展方向和要求及其理由。

（3）在国外引入的马品种中，哪些马对我国马的改良起了较大的作用？具体说明。

（4）我国在 20 世纪中培育出了几个新品种？它们在育种方面有何主要经验？

（5）我国有哪些马品种较适合马术运动用马？

（6）我国优良驴种形成因素有哪些？

第四章 马的育种学

重点提示：马匹育种的目的在于改良马的品质，提高其生产性能，并培育出生产所需的类型（品系）和品种。在育种上，由于数量性状受多基因控制，因此，用基因组合的办法，迅速选出生产力好的马是不容易做到的。为了解决这个难题，对于马的重要性状的改进，要在传统育种学方法的基础上结合当今先进的分子育种新技术进行。在本章内容中，除了掌握传统育种方法外，还应重点掌握一些应用于马匹育种中的生物技术以及育种规划等新内容。

第一节 育种工作的任务、途径和方法

一、马育种工作的任务

新中国成立后，党和政府对发展耕畜采取保护和奖励政策，在积极发展马匹数量的同时，注重马匹质量的提高，马业得到了健康的发展。到 1977 年马匹数量达 1 144.7 万匹，居世界之首。但是由于我国对全国的马业发展缺乏整体的计划，仅注重挽马的繁育工作，极少关心骑乘马的选育工作，且存在"以机代马"的观念，在 20 世纪 80～90 年代，我国马业出现了萎缩，加之现代马术传入我国时间较晚，致使我国的现代马业与世界上先进国家相比存在一定的差距。最近几年由于党和国家的重视，赛马、马术运动等项目在我国得以恢复，促使我国的现代马业出现良好的发展势头。

中国马匹需求变化：

1949 年至 1980 年：农业及运输用大型役马。

1981 年至 1990 年：由役用向非役用的转变过渡期。

1991 年至今：发展速力马（竞技马）、骑乘马（休闲娱乐用马）、马术马、矮马（观赏马）、宠物马。

鉴于上述情况，当前马匹育种工作的主要任务如下。

（1）提高现有马匹品种的质量，加速育成正在培育的新品种群，使其达到良种要求。

（2）有计划地引入目前急需的产品用马和运动用马国外良种，丰富马的基因库，培育我国的产品用马和运动用马。

（3）对地方品种马进行本品种选育，保留其原有的耐粗耐寒、抗病力强、适应性好等优良性状；同时积极采取措施保存净化珍贵的特小型矮马等种质资源（遗传资源）。

（4）对于目标相同的项目，进行技术协作，加速育种工作进程。

二、马育种工作的途径

（1）马的性状表现是遗传基础和环境因素共同作用的结果。但是，两者对不同性状所起的作用却不尽相同，故应采取不同的育种方法。对于低遗传力性状，如马的繁殖力（其遗传

力约 0.05，即 5%），仅靠表型选择来改良提高是很难奏效的，应从饲养管理、繁殖手段、疾病防治等多方面加以改进才能奏效。对于高遗传力性状，如马的赛跑能力（0.20～0.60）仅通过改进环境条件来提高，效果不会很大。应从选择具有良好遗传基础方面着手，才有可能获得良好竞赛能力的马。

（2）解决好性状的遗传和变异对立统一的矛盾。利用遗传巩固有益变异的途径，再利用变异改变原有的遗传基础，从而提高品质。应该注意的是：因环境因素引起的变异是不能遗传给后代的。在育种工作中，应尽量创造良好的环境条件，使马的基因表现得到充分准确地表达，便于识别有益的遗传性变异，提高选择的准确性和可靠性。

（3）由于马的经济性状大多属于多基因控制的数量性状，因此，用基因组合的办法，迅速选出生产力高的马是不易做到的。为解决这一难题，应采用现代育种学方法，首先计算出各种性状的遗传参数、种马育种值和综合选择指数，结合生理、生化以及分子生物学等分析结果，作为选种的依据；然后采用科学合理的方法对选出的优良种马进行选配，使之产生优良后代。同时，加强培育，严格选择，逐步达到育种的目标。

（4）马的生产力高低，除受本身生理机能支配外，还要受本身体质外貌、气质以及外界条件的影响。在选种中除依据遗传参数、育种值、综合选择指数外，还应注意对其外貌的观察和鉴别，以提高选种的准确性。

三、马匹传统育种方法

人们对马的役用与竞技性状的数量遗传学研究远不如对马的毛色等质量性状研究的那么深入细致，因为役用与竞技的遗传变异不易被发现和测定，实践中往往是凭经验选择这类性状，家系或系谱资料也起着重要作用。目前，在役用与竞技性状的遗传学研究成果中以竞技性状的研究居多，这与竞技马的普及有很大关系。在这些性状的育种工作中常用到的方法有以下几种。

1. 性能育种计划 马育种工作者非常重视根据种马的生产性能来开展马的育种工作，因为马的生产性能大多为数量性状，所以种马的性能测定和根据性能选种就显得尤为重要。就赛马而言，赛马场本身就是一个种马的速力性能测定站，上面提及的纯血马就是根据它的赛马成绩（速力）来进行选种和选配计划的，一直坚持 300 余年，使纯血马成为赛马的当家品种。

不同用途的马，其性能及性能测定的方法是不同的，大致可分为三方面：牧马的工作性能，如挽力或分群能力；乘骑性能，包括跳越障碍、三日赛和盛装舞步三方面的性能。速力性能。各性能的遗传力列于表 4-1。

表 4-1　马性能的遗传力

生 产 性 状	遗 传 力	来　源
挽力	0.23～0.27	Hintz（1980）
牧牛能力	0.19±0.05	Ellersieck 等（1985）
乘骑力	0.36	Bruns（1985）
步态（gait）	0.50	Bruns（1985）
跳越障碍（jumping ability）	0.72	Klmetsdal（1990）
乘骑时间（racing time）	0.53	Klmetsdal（1990）
三日赛	0.19	Hintz（1980）
盛装舞步	0.17	Hintz（1980）
跳越障碍	0.18	Hintz（1980）

注：引自 Bowling, A. T. 1996. Horse Genetics. CAB International。

2. 系谱育种计划 马的育种工作非常注重根据马的谱系记录来进行马的选种选配工作，特别强调种马的血统。系谱育种计划常采用的方法有：①近交和品系繁育，世界上非常优秀的赛马个体是通过这种方法培育的；②闭锁群选育，种马的培育限制在一个非常小的群体内，在马育种工作中将其称为"瓶颈"；③围绕冠军马的育种，马育种工作者有句谚语："马育种始于一匹宝马良驹"，也就是说马匹育种工作经常围绕一匹冠军马，来培育更好的宝马良驹。最好的例证就是纯血马的育成，在纯血马的育种过程中有三匹公马起的作用巨大，它们分别是达雷阿拉伯、哥德劳阿拉伯、培雷土耳其，这三匹马都是当时最好的赛马，以它们为基础培育了纯血马。

此外，芬兰的 Poso 等（1994）用动物模型 REML 法估计马的早期竞赛性能记录和年度记录竞赛性能的遗传力，其估计稍高于用公畜模型和 HendersonⅢ法的估计法。早期竞赛记录的遗传力明显高于年度记录遗传力。用动物模型 REML 估计芬兰标准快步马的性状间遗传相关，结果表明这种马的早期疾走性能，初次资格赛日龄，通过资格赛日龄和初次竞赛日龄等性状间存在较高的遗传相关。但是参赛次数与上述 3 种日龄的遗传相关估计较低。

第二节 马匹的选种与选配

一、马的选种

马的育种是指种用马的选种和选配两大内容。其中，选种就是选择出优秀的个体留作种用。从本质上说，选择打破了繁殖的随机性，打破了原有群体基因频率的平衡状态，从而定向地改变了种群的基因频率，最终导致类型的改变。农牧民非常重视选种（选择），并在实践中总结出许多宝贵的经验，如"看长相、看走相、看毛色、看年龄、看体尺、看体重、看能力（看工作、看做功）、看双亲、看后代"的方法等。

人工选择是人们有意识地改变马的类型和方向来提高马匹质量的一种手段。当自然选择与人工选择的方向一致时，将会加强选择的效果。人工选择对培育马的新品种起着重要作用。

根据育种学原理：$R = i\delta h^2$。

选择效果 R 取决于选择强度 i、遗传变异大小 δ 和性状的遗传力值 h^2。马的主要经济性状，如工作能力、生产性能等在我国的马业实际生产中很难做到普遍准确的测定，也就无法测定其遗传力，在选种中仅能参考国外同类资料，准确性不高。同时，一个生产单位不易繁育很多马匹，马数量少，不仅出现理想变异机会少，群体中个体差异亦比较小，且选择强度也不高。此外，马的世代间隔较其他家畜长，平均 8～12 年，也将大大降低改进速度。因此，准确选种就显得尤为重要。

（一）个体育种

个体育种即按个体本身的品质表现进行选种。对高遗传力性状，如体高，骑乘马竞赛速度等，多采用此类方法进行选种。此法简单易行，对单一性状的提高效果明显，且改进速度快。但使用不当易出现升此降彼的现象。如对骑乘纯血马只按竞赛速度选种，而忽略其他性状时，易造成生活力下降和外貌缺陷。因此在育种工作中应有计划地使用。一般在育种初期，为了使品种特性明显，可先集中一两个重点性状，使其迅速提高，然后再解决其他次要性状。此外，当品种内变异稳定时，要想重点突出某个性状时也可采用此法。在进行个体选种时，必须严格淘汰外貌或遗传性失格个体，即使其所选性状很好也要淘汰。

（二）后裔或同胞测验选种

后裔或同胞测验选种即根据后裔或同胞的品质进行选种。主要用于低遗传力性状的选择，如繁殖力等，通过后裔测验能正确地估计其遗传性能。对影响面大的种公马，尤其是人工授精或冷冻精液授精的主力公马进行后裔测验，可提高选种的准确性，以免造成较大的损失。另外对限性性状，如公马的哺乳能力、产奶量等，只能通过其姐妹或女儿的表现进行判定。后裔测验较同胞测验准确性高，但所需时间较长，不利于早期选种，不管用哪种方法，均应利用全部后裔或同胞的资料，否则不能真实反映被测马的使用价值。

当按后裔品质鉴定公马时，若其子女性状优于其母亲，则认为该公马是优秀个体。在对几匹公马进行选择时，应采用同龄比较鉴定法，即根据同一年度、同一单位和同样培育条件下公马后代的品质判定公马的优劣。按后裔品质鉴定母马时，根据母马后代前差后好这一规律，若第一、二产后代好，以后会更好。但应注意青年母马因本身生长发育尚未完成，第一产后代品质可能差，应按第二、三产后代进行鉴定。

（三）综合选种

综合选种即根据血统来源、体质外貌、体尺类型、生产性能和后裔品质五项指标对马进行综合鉴定选择。具体方法内容如下。

1. 血统来源鉴定　首先看其祖先，主要看三代祖先中优秀个体的多少，尤其是父母品质的优劣。其次看被鉴定马是否继承了其优秀祖先的品质和性状特点。应该注意，对本品种选育较久的品种，选留公马应避免与母马有亲缘关系。但在品种或品系建立初期，则应适当选留近交个体，以便优良性状的基因迅速纯化，稳定遗传。

2. 体质外貌鉴定

（1）体质类型：对肉用马尽管要求细致湿润的体质，但过分强调则易造成适应性和生活力下降。

（2）适应性：任何类型马都要求有强的适应性，否则无法使遗传潜力真正地发挥，降低选种的准确性。

（3）气质：乘用马要求有较强的悍威，性情灵敏，易于调教。而肉用和乳用马则悍威不应太强，对外界刺激不应太敏感，避免无谓消耗，降低生产能力。公马若缺乏悍威或有恶癖等则不宜作种用。母马性情凶暴一般哺育能力差，不宜选留。

（4）外貌：对公母马都应选择体型结构匀称，骨骼、肌肉、腱和韧带发育良好，各部结构符合品种类型要求的个体。凡有失格损征的个体均应淘汰。尤其是具有很强的遗传性缺陷，如趾骨瘤个体，即使表现很好，也要坚决淘汰，以防缺陷扩大蔓延。

3. 体尺类型选择　马的体尺与工作能力有直接的关系，不同类型的马有不同的体尺和体尺指数要求。并非体格越大越好。当品种内多数个体体尺未达到理想要求时，应选择体格大的个体作种用，迅速提高品种的体尺。当体格达到要求时，则应选体尺理想的个体作种用。防止向过高过大方向发展。

4. 生产性能选择　使个体达到理想的生产性能指标是育种工作的最终目标。由于品种类型和用途不同，则选择的方向不同。乘用马要求速度快，挽用马要求挽力大，持久力强，运步轻快，而兼用马要求力速兼备，产品用马要求产乳产肉性能好。工作能力，如速力、挽力、持久力等项目必须通过充分合理的调教和训练才能反映出个体的真实情况，否则测验的结果不准确真实。而在实际生产中，对全部马匹进行准确测验是不现实的，只能根据个体在调教、运动、使役或比赛中的表现和记录进行选择。国外不同用途马的主要品种及特性见表4-2。

表4-2 国外不同用途马的主要品种及特性

品　种	被毛颜色	体高（cm）	体重（kg）	主要用途	原产地
乘马（乘用品种 Riding）					
阿拉伯马（Arabian）	青、栗、骝、白、黑	144～153	385～500	赛马	阿拉伯地区
纯血马（Thoroughbred）	栗、骝、黑、青	152～172	408～465	长途赛马	英国
阿哈马（Akhal-Teke）				乘骑	土库曼斯坦
田纳西走马（Tennessee walking horse）	所有颜色	152～162	455～544	乘骑	美国
挽马（Draft）					
比利时挽马（Belgian）	栗、沙（roan）	144～172	860～1 000	重挽	比利时
苏维埃重挽马（Soviet heavy drafty horse）	栗、沙（roan）	160 左右		重挽	苏联
夏尔马（Shire）	青、骝、黑	160～170	820～1 000	重挽	苏格兰
泼雪龙（Percheron）	黑、灰		730～1 000	挽用	法国
矮马（Ponies）					
微型马（Miniature）	豹、沙			娱乐	
雪特兰（Shetland）	青、栗、骝、花	93～100	140～180	儿童乘骑、挽用	苏格兰
观赏及牧牛品种（Color Registries and Harness Horse）					
阿帕路斯（Appaloosa）	豹、沙	142～162	400～570		美国
美国花马（Paint）	花斑（Tobiano,overo）	142～162	400～570		美国
夸特马（Quarter horse）	除了花色外的所有颜色	144～155	400～570		美国

5. 后裔品质评定　后裔测验是鉴定种马的遗传性和种用价值的可靠指标。后裔品质除取决于双亲的遗传外，同时也受培育条件的影响。因此当根据后裔品质选择个体时，必须考虑配偶情况和培育条件。在正常培育条件下，选择公马时，应根据其与典型母马交配所产后代的品质进行评定。鉴定的后裔数量愈多，评定结果愈准确。一般对公马应不少于30～40匹，尤其是主力公马。母马应有2～3匹正常培育条件的后代。

二、马的选配

选配就是选择配偶，它是选种的继续。通过选配可以巩固和发展选种的效果，消除或减少缺点，强化或创造人们所希望的性状。选种和选配两者不可分割，在选种时就应考虑到选配问题。

（一）品质选配

品质选配即根据公母马本身性状的品质进行选配，又分为同质和异质选配两种。同质选配就是选择优点相同的公母马进行交配，目的在于巩固和发展双亲的优点。异质选配是用某性状优异的个体与该性状较差的个体交配，以期在后代中改善该性状。同质和异质选配有时是交替，甚至同时使用。在一对配偶中，就某一性状而言，可能是同质的，而另一性状可能就是异质了。选配时，不允许有相同缺点的个体交配，否则也同样起到同质选配的效果，使缺点巩固和发展。另外，也不允许同一性状具有相反缺点的公母马交配，例如弓背马用凹背马矫正（校正）是不行的，必须选配平背马，才能在后代中清除其缺点。

在马业生产中，往往使用等级选配，这也属于品质选配。一般公马是母马的改良者，因此，公马等级应高于母马，最低是同级，不能低于一级。不允许用低等级公马配高等级母马。

（二）亲缘选配

亲缘选配即有亲缘关系的个体间交配。使用亲缘选配的目的有二，一是检测种马是否带有畸形有害基因，二是使群体分化和个体基因型纯合。

在品种和品系培育初期，为了巩固新创造出来的某些个体的优良特性，利用近交可得到较好结果。由于近交既能巩固优秀个体的有益特性，同时也能使近交个体生活力适应性下降，因此在使用亲缘选配时，必须加强选择和培育，严格淘汰有失格损征等不合格个体。马对近亲交配是比较敏感的，在培育新品种时，由杂种转入自群繁育初期，因杂种生活力较强，可抵消近交对生活力的减弱，可适当地利用，但不可重复或连续使用。若要使用，须慎重考虑，一般限于中亲交配。

（三）综合选配

综合选配即根据多方面指标综合考虑进行选配，其指标与综合选种是一致的，在不同育种阶段，选配应与选种的重点相结合。

1. 血统来源选配　首先应了解交配双方祖先或其近代亲属情况，双方亲和力如何。双方祖先或近代中，优秀个体越多，亲和力越强，则获得优秀个体的可能性越大。一般情况下，应避免近交。在品种或品系创立初期，为纯化有益性状的基因型，可适当使用。

2. 体质外貌选配　主要是为了加强后代体质外貌的理想性状，纠正不良性状。一般对理想个体多采用同质选配，以期使其巩固和发展；对于具有不同的理想性状个体可采用异质交配，使不同优点结合于一体。对于具有不理想性状的个体，应用理想的个体来交配，纠正弱点。

3. 体尺类型选配　由于此类性状遗传力较高，选配较其他性状易于预测。通常后代体尺基本上为双亲的平均数。对体尺类型符合要求的马采用同质选配，纯化基因型，巩固性状，对未达到要求的马，采取异质选配，使后代达到育种要求。

4. 生产性能选配　国内外马业实践证明，乘用马速度的提高，必须采用同质选配，逐步地提高竞赛速度。往往短距离速度快的个体，持久力较差；相反，持久力强的个体，短距离速度较差，为获得力速兼备个体多采用异质选配，对重挽马也多采用同质选配提高后代挽拽能力。用异质选配来提高运步灵活性。

5. 后裔品质选配　尽管此法耗时长，但最可靠。对已获得优良后代的公母马应继续选配下去，并按此类型和品质选配其他公母马。值得注意的是，有些公母马尽管个体表现都很好，但交配后代并不理想，说明亲和力不强，应重新选配，予以调整。

此外，在马育种工作中值得一提的是，马的育种工作非常重视马匹毛色的选择，特别是一些观赏马，如美国花马（Paint）、阿帕路斯（Appaloosa）等，常以毛色类型来决定马匹的选种，选配工作。

第三节　马匹繁育方法

一、马匹本品种选育

亦称纯种繁育。它是在品种内采用合理的选种选配等技术措施，巩固并提高优良性状，使基因型得以纯化，巩固性状遗传稳定性，消除有害或不利基因，从而改进和提高品种质量的一种方法。一般说来，对于引入的育成品种、优良的培育品种，具有一定优良特性的地方品种，有特殊用途或不能改进培育条件的品种，都应采用纯种繁育。每个品种的纯种繁育中，将一些优良个体的优良性状巩固下来，并扩大数量，形成一个都具有这种优良性状的小群体，就称为"品系"或"品族"，以公马为始祖建立起来的群体称为"品系"，以母马为始祖建立起来的群体称为"品族"。

（一）血液更新

采用无亲缘关系的同品种优秀公马进行配种繁育，目的是提高后代的生活力，改进马的品质，防止近亲和品种退化。长期在一个局部地区繁育的马，由于基因型逐步纯化，个体间差异减小，生活力下降，某些固有品质退化。采用血液更新既不会破坏基因基础，又可提高选育效果。

应该注意，饲养管理不当，营养不良而引起的品种退化仅靠血液更新是很难恢复的。只有同时改进饲养管理条件，满足营养，加强锻炼，才能见效。

（二）冲血

又称为引入或导入杂交。尽管称为杂交，但实质上它属于本品种选育的一项措施。因长期本品种选育的马，大多有较稳定的遗传性，不容易获得明显的变异。往往品种的总体情况是好的，令人满意，但个别性状存在缺点，经长期选育得不到改进，就可用冲血方法改进和提高。另外，当一个品种或种群内马匹之间亲缘关系很近，很容易发生近交退化时，也可用冲血来扩大血统来源。

具体方法是：用冲血品种的公马与被改良品种的优秀母马杂交，从一代杂种中选择符合要求的公马与被冲血品种母马回交，然后依次从各代杂种中选出符合要求的公马与被冲血品种的母马逐代回交；同时，也可用杂种母马与被冲血品种的优秀公马逐代回交。回交至第三代时，可根据实际情况采取杂种自群繁育，也可再继续回交。

但应注意的是，冲血品种在类型和特征上应与被冲血品种基本一致；要具有能改进被冲血品种所要求性状的品质。这两点至关重要，不可忽视。

（三）品系繁育

所谓品系是指具有一定亲缘关系、有共同特点、遗传性稳定、杂交效果优异的高产马群。由于建系的办法不同，包括单系、地方品系、近交系和专门化品系四种。它们可能来源于同一卓越系祖，也可能建立在群体基础上。品系繁育可以加速现有品种的改良，促进新品种的育成和充分利用杂种优势。马的品系繁育主要有单系和群系品系两种。

1. 单系　是一个优异系祖繁育的具有共同特点和独特品质的类群，此法适用于有良种簿或种马簿等血统清楚的品种。首先根据血统选择系祖。要求其血统清楚，父母优异，本身具有突出优点，遗传性稳定，种用价值高，后裔中等、一级马至少 70% 以上。当然，有个别轻微缺点是不可避免的，可在今后的繁育中逐步消除。系祖选定后，尽可能地采用无亲缘关系的母马进行同质选配，最大限度地利用系祖，以巩固、积累和发展系祖的独特品质。对于有轻微缺点的系祖，应进行必要的异质选配，用配偶的优点弥补、纠正系祖的不足。当同质选配进行到一定程度时，为避免近交造成的适应性和生活力下降，应有目的地采取异质选配，即选择无亲缘关系的不同品系的杂配，以提高生活力和生产能力，并使优点得到结合，缺点得到改善。但异质的品系间个体杂配仅能用于一定阶段的个别时期，且要正确地选择杂配的品系，否则可能造成有益性状分散，品系繁育失败。当品系杂配取得满意效果后，就立即采取同质选配，巩固新的有益性状。如此同质、异质繁育交替进行，可使品系不断发展。

2. 群系　由于单系的品系繁育受到个体繁殖力和近交衰退的限制，过程长，遗传改进速度慢，育种进展不快，于是出现了以群体为基础的建系方法。首先按品系要求从大群中选集建立基础群。建群方式可分两类：一是按性状选集，二是参考血统选集。对于高遗传力性状，按个体表型值选集，而不必研究血统来源，这一点对群牧管理的品种十分有利。可在许多群中选集符合要求的个体。这样，可使品系的遗传基础更加宽广，生活力较强，提高的潜力也较大。对于低遗传力的性状，应参考血统进行选集，以提高选择的准确性。

选集基础群时，公母马应保持一定比例，尤其是公马不能太少，以避免严重的近交。母马选集好后，就进行闭锁繁育，不再引入其他马匹。在此过程中应严格进行选种选配，按品系要求逐代选优去劣，使群中的优秀性状迅速集中，并转而成为群体所共有的遗传性稳定的性状。一般经过2～4代闭锁繁育和严格的选种选配，选优去劣后，品系即可建立起来。

（四）品族繁育

品族是以优秀母马为系祖而繁育发展起来的具有独特品质的类群。由于母马的妊娠、哺乳期长，马后代具有母体效应，尤其是在恶劣的生活条件下，遗传潜力的发挥公马远不如母马，因此在特殊环境条件下，品族繁育对马的品质提高具有重要意义。阿拉伯马在培育过程中，就成功地使用了品族繁育。

在品族繁育时，一般都把品族包括在品系之内。一个品系可以分布在几个马场，而品族通常只在一个马场繁育。对品族奠基母马的选择，除体尺类型和体质外貌符合要求外，应选择繁殖力好，哺育能力强，遗传性稳定的个体。其方法类似品系繁育。

二、马匹杂交改良

在过去马业中，利用品种间杂交，主要是引进新的遗传特性，改良后代的品质。现代养马由于产品马业的兴起，利用杂交优势提高产肉、产乳性能也将成为杂交的一个重要目的。

（一）经济杂交

经济杂交就是两个品种的一次杂交，产生具有杂交优势的后代。目前肉用群牧养马业中已使用此类杂交。多采用地方品种作母本，重型品种作父本，杂交后代活重比地方品种马高50～100kg，且继承了母本对当地自然条件的高度适应性，在较恶劣的条件下仍能正常繁育，无需补加费用改善饲养条件，同时，也具备了父本高增重、高生产强度之优点，提高了产肉性能。

（二）级进杂交

也称吸收杂交或改造杂交。这种杂交方式，是以某改良品种，连续对一个被改良品种杂交到3代以上。用改良品种对被改良品种逐代进行杂交，代替被改良品种。采用此种杂交方法时，要求改良品种在体尺类型上必须符合育种要求；杂种的培育条件应接近改良品种所要求的条件；杂交后代一旦体尺、类型、品质符合要求，就可转为杂种自交，逐步成为纯种。一般二代杂种，其体尺类型和工作能力基本达到要求，并能保持良好的适应性。

（三）三元二次杂交

利用两个改良品种与被改良品种杂交，兼收三个品种的优良品质，获得体尺更大、体型结构更好的二代杂种，习惯上称为轮回杂交，但在养马业中，三元二次杂交的目的和性质与轮回杂交根本不同。轮回杂交的目的是利用杂种优势，以获得生活力强和生产能力好的杂种马，故其性质与经济杂交类似。而在养马业中，三元二次杂交是在采取二元二次和吸收杂交达不到改良要求时才发展起来的杂交方式。

第四节　生物技术在马匹育种中应用的展望

近年来，随着现代生物技术的高速发展，在染色体水平和 DNA 水平上，对于马遗传的物理基础开展了深入研究，使我们有可能将分子遗传学理论与数量遗传学理论相结合，一方面将进一步揭示马的数量性状的遗传基础，另一方面有可能将分子水平上的遗传信息，与多基因信息结合，对马的经济性状进行遗传学分析，从而提高选种的效率。这些现代生物技术和手段包括：数量性状基因座检测（QTL 检测）、辅助标记选择（MAS）以及通过血液多态型来检测确定马的亲子关系等。

一、QTL 检测

近 20 年，尤其是近 10 年来，分子遗传学和分子生物技术有了突飞猛进的发展，分子遗传标记在马的育种中有了广泛应用，从而使我们可以真正从 DNA 水平上对影响数量性状的单个基因或染色体片段进行分析，人们将这些单个的基因或染色体片段称为数量性状基因座（QTL）。从广义上说，数量性状基因座是所有影响数量性状的基因座（不论效应大小），但通常人们只将那些可被检测出的，有较大效应的基因或染色体片段称为 QTL，而将那些不能检测出的基因仍当作微效多基因来对待。当一个 QTL 就是一个单个基因时，它就是主效基因。显然，如果我们能对影响数量性状的各单个基因都有很清楚的了解，我们对马的一些数量性状的选择就会更加有效，同时我们还可利用基因克隆和转基因等分子生物技术来对群体进行遗传改良。

目前借助分子生物学技术进行 QTL 检测的方法主要有两类，一类是标记-QTL 连锁分析，也称为基因组扫描；另一类是候选基因分析。

二、标记辅助选择

在马育种中，到目前为止，个体遗传评定是基于表型信息和系统信息进行的，但对于一些低遗传力的性状和阈性状，由于在表型信息中所包含的遗传信息很有限，除非有大量的各类亲属信息，否则很难对个体做出准确的遗传评定。再如限性性状，对不能表达性状的个体一般只能根据其同胞和后裔的成绩来评定，如果仅利用同胞信息，则由于同胞数有限，评定的准确性一般较低；如果利用后裔信息，而且后裔数很多，评定的准确性可能达到很高，但世代间隔拖长，每年的遗传进展相对降低。还有胴体性状，一般也只能进行同胞或后裔测定，而且由于性状沉淀的难度和费用都很高，测定的规模也受到限制，评定的准确性和世代间隔都受到影响。如果我们知道所要评定的性状有某些 QTL（主效基因）存在，并且能直接测定它们的基因型（例如通过候选基因分析发现的 QTL），或者虽不能测定它们的基因型，但知道它们与某些标记的连锁关系（例如通过标记-QTL 连锁分析发现的 QTL），而我们可以测定这些标记的基因型，这时我们就可将这些信息，用到遗传评定中，这无疑会提高评定的准确性。这就是所谓的标记辅助选择（简称 MAS）。

三、现代生物技术手段在马匹亲子关系鉴定方面的应用

1. 血液型检测   通过血液型检测确定马的亲子关系应用的方法，具体的检测方法包括血清检测、蛋白多态检测和淋巴液检测/组织相容性标记等。

2. DNA 检测   应用 DNA 标记能够快速、准确、有效地鉴定马匹间的亲缘关系，有效指导马的育种工作。DNA 检测方法所应用的 DNA 标记有：限制性片段长度多态性（RFLP）、单链核苷酸多态性（SNPs）、短重复片段（STRs）、长重复片段（SLRs）和线粒体 DNA（mtDNA）序列多态性。

从马的育种学的历史可以看出，它在发展的每一个阶段，都及时地结合了新理论和新方法。近年来随着新学科不断地深入发展，很多高新技术，诸如胚胎生物技术的日臻成熟，以及信息技术、系统工程技术逐渐结合到家畜育种中，尤其是分子遗传学和分子生物学技术的结合与应用，又出现了标记辅助选择（MAS）、分子育种等新领域，更丰富了马的育种手段。随着这些新技术在马的育种工作中的逐渐使用，必将提高马匹新品种改良的速度，提高选种工作的准确性和高效性，促进马匹育种工作的遗传进程，为马的育种工作开拓出更为广阔的前景。

马的遗传育种具有独特的特点，一般的遗传育种学的教科书都很难涉及，马的育种者常说他们难于把一般的遗传原理和理论应用于实际的马匹育种工作中。现代马育种的一般原则是以现代马业（以赛马和马术运动为代表）的需要为中心，注重马匹与人之间互通的灵性，这就使得马的育种工作与其他家畜育种工作相比具有显著的自身特点。

第五节   马匹育种规划

育种规划的基本任务是，根据特定的育种目标，制定育种方案并使其实现"最优化"。为此，育种规划过程中，需要研究和分析各种育种措施可能实现的育种成效及其影响因素，以期能科学合理地实施各育种措施，最终实现预期的育种目标。

一、生产与育种背景条件的调查

作为育种规划的起点，首先应对有关地区或马群的生产条件进行详细的调查，查清其血统来源、体尺外貌、生产能力、品种内的类型、品系和品族的特点，如果进行杂交改良，要进一步查清杂种马的体尺类型、生产能力、速度、挽力等，并按照育种规划的要求给予定量性的描述。这些资料是撰写育种方案的主要依据。

二、确定育种目标

科学地、尽可能定量地确定育种目标，是一个计划周密而又卓有成效的育种工作的必要前提。为了确定数量化的育种目标，需要采用遗传学、育种学和经济学方法、从那些经久地作用于马生产获利性的生产性状中，挑选出一定数量的育种目标性状，并对它们的经济价值给予客观的估计，即估算育种目标性状的经济加权系数。

三、建立育种方案

为了顺利开展马匹育种工作，必须应用系统工程方法，科学地配置资源、技术、方法和

措施，筛选出最佳的育种方案。育种方案的建立包括以下几方面的内容。

（一）挑选育种方法

在育种目标确定后，确定适宜的育种方法和挑选相应的育种群体（品种、品系），是育种规划中特别重要的任务。在马的育种中，主要的育种方法就是两大类，即纯种选育和杂交繁育。前者是在一个群体中提高畜群遗传水平的方法；而后者是利用两个或两个以上群体间，可能产生的杂种优势和遗传互补群体差效应的方法。在育种进程中，随着育种措施的实施，育种群的遗传结构和遗传水平发生了变化，需要通过育种规划，对育种方法作出相应的调整。

（二）遗传学和经济学参数的估计

这是一项育种规划的基础工作。就一个纯种选育的群体而言，除了需要估计加性遗传方差和遗传力等参数外，育种规划还需要估计育种目标性状和辅助选择性状间的表型相关和遗传相关。就杂交繁育而言，为了评价杂交繁育体系的成效，需要估计杂种优势和遗传互补群体差等参数。由于遗传参数与杂交参数均是群体特异的，所以在育种规划中，需就特定的群体或特定的杂交组合分别进行估计。

这里提到的经济学参数，主要指的是在育种方案经济评估时所涉及的动物生产各种自然产出的价格，各种生产因素的成本，特别是各种育种措施实施时需要的经济投入。为了使育种规划更具预见性，在经济学参数估计时，需充分预见到未来可实现的生产条件和市场形势。

（三）生产性能测定

根据现代育种学原理，准确、可靠的生产性能记录，是种畜个体遗传评定与选择的必要前提。换言之，生产性能测定工作，是直接关系到育种成效的基本育种措施。因此，通过育种规划需要明确哪些家畜个体必须进行性能测定，性能测定的方法、时间、环境条件控制（包括测定地点、饲养管理方式等）。同时，生产性能测定的规划，还应具有一定的灵活性和对未来发展的适应性。例如，在不久的将来，也许人们会将分子遗传标记基因的检测，作为一项常规的"性能"加入到常规的测定工作中。为此，性能测定的规划应及时地适应这种发展。

（四）育种值的估计

育种值估计是种畜选择的依据，有关育种值估计的方法以及育种值估计对于育种工作的重要性均在前面的章节中做了全面的阐述。育种规划的任务在于，为特定候选育种方案规划出能保证估计育种值具有理想精确度的育种措施。就育种规划而言，充分利用各种有亲缘关系的表型信息，估计出后备种畜个体的综合选择指数，以此作为多性状综合育种值的估计值。依据综合育种值估计的精确度，计算出多性状综合遗传进展，是评估候选育种方案的重要遗传学标准。为了保证育种值估计的精确度，应力求使用先进科学的统计方法。20 世纪 80 年代以来，在各畜种的育种中，逐步采用了动物模型 BLUP 法。在此基础上，育种值估计方法一直在发展，例如，在奶牛育种中又发展了"测定日模型"方法。进入 20 世纪 90 年代，育种学家又致力于发展新方法，以便将数量性状连续变异的信息与分子遗传标记非连续变异的信息结合，进行育种值估计。

（五）制定选种与选配方案

选种与选配是马育种中两件最重要的任务。两者相互关联，互为因果。一般有两种选配类型，一种是相同质量的公、母马相配，称同质选配；一种是不同质量或不同优点的公、母马相配，结合双方优点，而形成一个新的类型，称异质选配。选配计划的制订，不仅取决于被选择个体，还与被选择出种畜的数量，进而与选择强度直接相关。按照育种值估计原理，在选配计划中，选用年龄较大的种畜，会因其具有更多的可利用的表型信息，而使估计育种值的可靠性增高。但反过来，这又会由此导致世代间隔拖长。总之，影响遗传进展的几个主要因素间，不是相互独立的，而是存在着一定的负相关关系。如何协调好这些影响因素，使选种与选配间处于"优化"，是育种规划的一项主要任务。

（六）确定遗传进展的传递模型

在一个育种生产系统中，如何将育种群中获得的遗传进展，传递到生产群中，需要进行细致的规划工作。这项规划任务的目标是，应尽量缩小生产群与育种群间的遗传差距和时间差距。此外，育种群与生产群两者规模的比例越大，越可以提高育种材料的价值。但在较小规模的育种群中，则便于实施某些成本较高的育种措施。

（七）制定候选育种方案

为了确定具有最佳育种成效的育种方案，首先需要制定出在多项育种措施上具有不同强度的候选育种方案，然后通过几个必要的育种成效标准，诸如多性状综合遗传进展、育种效益、育种成本以及方案的可操作性等，进行综合评估，最终筛选出"最优化"的育种方案。

四、建立育种档案

开展有计划的马匹育种工作，必须系统地记载有关马匹育种方面的各种数据，并按规定进行登记和统计，以便准确地总结育种的成就和问题，及时改进工作。马匹育种应建立的育种档案资料如下。

1. 马籍簿　达到育种要求的公母马都应建立马籍簿（表4-3）。可采用联名簿形式，分公母登记。如有失格损征和恶癖等，可记在备注栏内。

表 4-3　联名马籍簿

马名或马号	毛色	别征	出生时间	品种来源	血统		体尺（cm）				体重（kg）	评定等级	备注
					父（♂）	母（♀）	体高	体长	胸围	管围			

2. 种马簿　专登记种用马，经过鉴定合格的种马才能登记。每马一专页卡片，正面的项目公母马相同，登记马名、马号、产地、毛色、特征、失格损征、血统、体尺、体重、能力测验成绩等；背面的项目公母马不同，公马登记配种成绩、繁殖结果和后裔测验等，母马登记配种年度、妊娠日期以及产驹情况。在种马卡片内，记载着种马一生的全部重要变化。当种马出场调拨和良种登记时，必须以种马卡片的材料为依据。农业部规定有种马卡片的统一格式。

种用品种的幼驹，要登记到幼驹发育簿内，登记编号、出生时间、性别、毛色、父母名称，以及从生后3天到36个月龄的体尺测量。并在备注中记载预期的用途和转移情况，如转入生产群、出售、淘汰和死亡等。

3. 良种簿　专门登记符合良种条件的马匹，分公母马建立良种簿。以各单位的种马簿为原始材料，经审查评定合格者方能登记。其内容除登记种马簿的内容外，并登记良种编号、品种、血统来源（追溯到三代祖先）、竞赛、展览评比的结果、良种活动等。对母马要登记各次产驹的年份、幼驹的毛色性别及个体编号。

建立良种簿以后，每隔一段时间可出版良种簿的材料，使从事马业的人员对本品种的发展情况有所了解，供进一步育种工作时参考。

目前，我国已成立了几个马品种登记组织，如中国马业协会纯血马登记管理委员会（China Stud Book，CSB），其是经中华人民共和国农业部、民政部批准，全面负责中国境内纯血马登记管理、国际交易的唯一权力机构，是国际纯血马登记委员会（ISBC）成员。

五、育种方案的规划和实施

育种方案的规划和实施过程中有许多育种组织，如育种协会、生产性能测定组、人工授精站、计算机数据处理中心和遗传评定中心等直接参与其中。因此，为了使各组织间工作协调，有必要阐明育种规划组织工作的必要性。实际上，在育种规划工作中起主导作用的人员包括两部分，一部分是各育种组织部门的管理人员，他们是与育种方案的实施有直接利益关系的；另一部分人员是为育种规划工作提供科学方法的专家。

（一）"优化"育种方案的规划阶段

按照系统工程方法，可将育种规划过程看作是一个完整系统，它是由许多前后有序，互相衔接的规划工作阶段组成，每个工作阶段又可看成规划系统中的一个子系统。

（二）"优化"育种方案的实施阶段

完整的育种规划工作不仅包括"优化"育种方案的筛选，还应包括组织落实方案的实施，并通过实施，验证方案的可行性，对方案做进一步的修改与完善。因此"优化"育种方案的实施也是育种规划的重要工作程序。

1. 起草育种方案任务书 通过起草育种方案任务书，将"优化"育种方案所涉及的育种措施细化和具体化。

2. 确认育种方案 落实育种方案工作阶段，主要是使参与实施方案的各单位、组织和个人，明确他们所承担的育种任务，配置完成任务所需的资源。

3. 执行育种方案 在育种规划领域中，将实施育种方案所规定的各项育种措施的工作理解为执行育种方案。

4. 检验育种方案 原则上，应对育种方案任务书上所包括的全部育种措施，尤其是选种、选配措施的执行情况和获得的成效进行检验，从而进一步评价育种方案的可行性，以便修改方案，使"优化"育种方案更符合实际。

▌思考题

（1）当前我国马匹育种的主要任务是什么？

（2）试阐述遗传与环境因素在马匹育种中的作用。

（3）马匹选种有何特殊性？不同选种方法的优缺点何在？应如何合理地使用？

（4）马匹选配应遵循什么原则？应如何进行？

（5）在马匹育种中常用的本品种选育方法有哪些？该如何合理地进行？

（6）相对于常规的选种方法，标记辅助选择（MAS）的可能潜在优势是什么？

（7）结合育种方案的内容，理解育种规划的工作程序。

第五章 马的繁殖学

重点提示： 提高马匹繁殖力，是改进马匹的品质和培育优良后代的重要措施。要想充分发挥马的繁殖潜力，首先要做到科学的饲养，以保证种公马具有旺盛的性机能和品质优良的精液，配种公马必须经常保持种用体况，不过肥不过瘦，繁殖母马要保证其正常发情以及做好对妊娠母马的管理工作，防止其流产；其次就要根据马的繁殖特点，做好发情鉴定，适时地进行配种授精工作。在本章内容中应重点掌握马的适配年龄、母马发情规律以及提高马匹繁殖率的技术措施等知识，并初步了解一些马匹繁殖新技术。

第一节 马的性机能及调节

一、公母马的性行为

公母马都有调情行为。公马受母马外激素刺激，有反唇行为。初配母马、空怀母马或产后母马的生殖器官或外部表情，表现有利于和愿意接受配种的现象，称为发情，民间也称"起骒"或"反群"。群牧条件下，公马紧跟发情母马，从远方走近时嘶叫。当母马有发情行为时，公马颈高举，头低垂，蹦蹦跳跳，摇头摆尾，对鼻互相闻嗅，然后闻母马鼠蹊部、外阴部或咬母马尻部皮肤。时而用下颌压母马尻部，做压背反射试探。母马的发情不如其他家畜明显，表现为躁动不安，嘶叫，主动寻找公马，排尿，扬尾，阴门开闭，阴蒂勃起。除此之外，公母马有交配行为。

二、马的适配年龄

马驹生后，它的初情期是在 10～12 月龄。在野生状态下，公驹 10 月龄就可能使母马怀孕，那么从实际角度看，10 月龄就是公驹的初情期。从技术层面看，初情期是指在健康状态下的公驹能够产生 1 亿个精子，且 10% 呈前进运动，此时一般在 18 月龄。公马性成熟在 18～24 月龄。这时性器官基本成熟，开始呈现健全的性机能，具有了繁殖能力。马的性成熟受下丘脑及脑下垂体前叶分泌的激素所控制，同时也受遗传、营养和环境条件等因素的影响。初配年龄主要取决于马驹体成熟状况，尤其是体尺和体重。性成熟后，虽具有繁殖能力，但尚未达到体成熟，体成熟为 3～4 岁，所以为保证马体生长发育、妊娠和泌乳并获得优良的后代，常以满 3 周岁开始配种。早熟品种，如重挽马，在 2.5 岁开始配种；晚熟品种，如骑乘马，要比早熟品种晚 1 年；公马要比母马晚 1 年。针对种公马而言，年龄在 6 岁及 6 岁以下属于未完全成熟期，17 岁及 17 岁以上为老龄公马。

三、马的繁殖力

马的繁殖力是指公母马具有正常繁殖的机能和繁育后代的能力。马的繁殖力受其本身和外界环境条件（如遗传性、年龄、健康状况、生殖机能以及气候、饲养管理、使役等因素）

的影响而发生变化。马的繁殖力，公马通常以性反射强弱、一个配种期内交配母马数、采精总次数、精液品质、情期受胎率、驹的品质以及配种使用年限等来表示；母马多以受胎率、产驹率、驹的成活率以及一生中产驹数和产驹密度等来表示。

1. 种公马的繁殖力　一匹公马在一个配种季节内，一般的配种技术，配多少母马要遵循繁殖规律制定一定的制度，所配母马数量过多，必然损害公马的繁殖性能，反之则降低优良种马的繁殖效率。无论是人工授精还是非人工授精，正常情况种公马一天采精或配种 1～2 次为宜。特殊情况营养良好的种马每天可交配 2 次，但是应有 8～10h 的间隔；精力很充沛的个别公马偶尔也可在 1d 内交配达 3 次。在高额的配种利益的驱使下，优秀纯血马种公马的配种是全年利用，北半球配种季节结束，又到南半球配种，最高每日配种达 4 次之多，即每 6h 配种 1 次。但如此高度的利用，必须严格保证不损害精子的形成机能和交配积极性，同时应加强其饲养管理。一般不提倡。

一般一匹种公马在辅助交配时可达的配种负担力见表 5-1。

表 5-1　公马交配负担力（辅助交配）

年龄（岁）	每年交配次数	备注
2	10～15	2 岁每周限制配 2～3 次
3	20～40	3 岁每天可配 1 次
4	30～60	4 岁以上可偶尔每天配 2 次
成年	80～100	
18 岁以上	20～40	公马到 20～25 岁仍可能是有活力而可靠的种马

2. 种母马的繁殖力　对母马而言，初情期指的就是初次发情和排卵的时期，是性成熟的初级阶段，是具有繁殖力的开始。母马初情期为 12～15 月龄，初情期受品种、气候、营养和出生季节等多因素的影响。比如有研究表明，在春天出生的纯血马，其初情期为 11 月龄，而在秋天出生的小驹则为 8 月龄。母马的性成熟期是 12～18 月龄。母马的初配年龄一般比性成熟晚，一般为 2.5～3.0 岁。

由于母马发情期较长，且排卵是在发情结束前的 1～2d，一般情况下不易做到适时配种，且易发生流产，故而繁殖力较低。母马繁殖率变化幅度较大，一般为 30%～80%。一般母马的繁殖期停止期为 20～25 岁。

马匹繁殖力的遗传力较低，但是选用繁殖力较高的公、母马进行繁殖，对提高繁殖力仍可起到一定的作用。

四、母马发情规律和异常发情

母马的发情和配种是有季节性的。我们把发情配种的特定季节称为繁殖季节。母马在繁殖季节，由于受生殖激素的作用和神经系统的调节，出现周期性发情。同时，由于马在激素类型上属于促卵泡激素占优势的类型，因此马是属于发情期较长，而间情期较短，且具有明显发情表现的动物。据统计，蒙古马的发情周期平均为 21d（7～40d）；发情期平均为 8.8d（3～21d）；母马产后出现第一次排卵的天数，平均为 16.3d（6～30d）。母马分娩后首次发情的时间为 5～11d，而以 8～9d 最多见，此时进行配种，最容易受胎，称为"配血驹"或"热配"，受胎率高。最新研究的配血驹的情况表明，9 岁以下的交配率 79.7%，受胎率为

52.5％；13 岁以上的交配率为 74.3％，受胎率为 37.3％，因此建议 13 岁以上的高龄母马放过配血驹的机会比较好。不同地区母马发情周期和发情期长短基本一致，但因所处的气温、光照、品种类型、年龄、营养、使役强度等的不同，个体间稍有差别。

南方温热地区，马的间情期相对较长，发情期较短；北方寒冷地区，则相反，马的间情期相对较短，而发情期较长。同一地区，不同品种之间差异不大，而个体之间差别却较为明显。早春，发情周期和发情期延长，随着天气转暖，发情周期和发情期缩短。母马发情最适宜的温度是 15～20℃，因此，在内蒙古草原五、六月份是母马配种旺季。营养不良的母马，在季节、温度不适宜的情况下，发情周期和发情期均可出现异常，多数呈现延长。此外，壮龄母马发情周期正常，老幼母马发情周期延长；处女马发情周期短，经产哺乳母马最长。其他如厩舍卫生条件、公马刺激、母马的管理，甚至在同一季节的天气骤变和长期干旱或阴雨等，都会影响发情规律。生产实践表明，发情周期正常、发情表现明显的母马受胎率高。研究各种因素对卵泡发育和排卵的影响，便于更好地掌握母马发情规律，提高繁殖力。

健康适龄的母马，一般发情正常，而卵泡发育各期的规律，大概与外部的性表现一致。影响母马发情周期的因素主要有光照、温度及营养等。在北方农区于早春三、四月间，有的母马出现发情期长短不一，发情表现与卵泡发育不一致的现象。这是由于早春气温偏低，光照时间短，母马营养不良，某些营养素缺乏，或使役过重等原因所造成的。母马性机能异常，可出现卵泡发育缓慢、中断、萎缩，甚至消失，或形成卵巢囊肿，多卵泡发育或卵泡交替发育等情况；母马外部表现为不发情或持续发情和断续发情。

加强母马的饲养管理，增强其体质，使之保持中等膘度，是预防和纠正母马性机能异常的根本措施。给配种前母马增喂蛋白质和青绿多汁饲料，做好发情鉴定，做到适时输精，都是提高母马繁殖力的有效方法。据研究表明，按照 14.5h 光照对 9.5h 黑暗是最有效的发情诱导方法。

五、公马性反射机能及其调节

公马性成熟时即出现性反射行为。公马的性反射行为受神经系统和内分泌系统所制约。在性刺激和后效行为刺激的作用下，形成阴茎勃起、爬跨、交配、射精等一系列反射，以完成其生理过程所表现的性行为。壮龄公马性机能最强。公马的性兴奋程度，直接影响采精顺利与否和精液质量。公马的性机能也受气候、光照、营养以及母马性刺激的影响，并呈现一定的季节性。在配种季节，表现出比较旺盛的性机能。

性行为是反射行为。但是在长时期的采精、配种操作中，也可以形成后效行为完成性反射，如配种地点、时间、设备和人员等，都可成为交配反射刺激物。因此，在繁殖工作中，训练公马形成良好后效性行为，既有利于保持性机能，也有可能利用假台马顺利采精。

公马体况不良、管理不善、性腺机能不全、性激素分泌失调、使役过重、交配或采精频率不适当等，都会破坏正常的性活动规律。

公马性情暴躁或过于迟钝，配种活动中不适当的性刺激等，会造成公马神经活动紊乱。如在交配时，突然发生音响、出现其他家畜、不熟悉的操作、异常的气味、不适当的采精条件、不表现发情的台马等，均能影响公马的性反射，久之会降低公马的繁殖力。对患阳痿或射精反射失常的公马，应从改进整体机能出发，调整公马的性机能。要求做到：按饲养标准来平衡饲养，保持良好的膘度；根据公马个体习性及繁殖能力，合理配制日料；注意饲料多样化，在一定时期内调换日料的组成；按种马神经特点进行细心管理，严格遵守作息制度和采精条件；保持生活环境安静，使公马有规律地建立各种反射活动；根据不同品种、类型和个体特点，调配适当的运动方式和充分的运动量；避免拴系，实行逍遥运动，做好刷拭等，对改善公马的性机能有良好的作用。

正确的采精频率是保持良好性机能的重要方面，一般可采用隔日采精。壮龄公马有必要时亦可每天采精一次，如采精两次，其间隔需在 10h 以上，每周休息 1d。但高频率采精不应持续时间过长。配种期的前后，应有适当的休息和增健时期。

公马性机能的失常，也可能是病理的变化，要详细地进行马业学的综合检查，发现病因，及早治疗。

第二节　提高马匹繁殖率的技术措施

马的繁殖率是反映马匹繁殖水平和增殖效果的主要指标，亦是检验繁殖组织工作和各项技术措施的标准。它涉及配种、妊娠、保胎、成活等几个环节。

一、合理组织繁殖

马匹繁殖组织工作，主要有以下几点。

1. 制订配种计划　提出具体技术措施。计划应包括：可繁殖公母马的基本情况，根据各场站实际情况定出繁殖率指标；配种方式和选配方案；审定各站人员编制与业务分工，器材添置；建立记录报表；下达种马饲料供应指标，配种网点的调配等。

2. 种公马的准备　在配种前 1～1.5 月加强对种公马的饲养管理，满足种公马对蛋白质和维生素的要求，进行合理运动；以保证公马旺盛的性欲，生产量多质好的精液。配种前要进行三次精液检查，劣等精液不能使用。对上年度使用过的公马，还应考核其配种能力，对不适于配种或种用价值低的公马应予以淘汰。此外，对公马进行检疫和预防注射。

3. 母马的准备　对应配种的适龄母马，全部进行登记，纳入配种计划；对空怀、怀孕或已产驹的母马，合理组织试情和配种；对不孕的母马应及时诊疗，营养差的母马要改善饲养管理，提高营养水平。在有放牧条件下，舍饲马应尽量实行舍饲与放牧相结合，适当减轻劳役量。配种前所有母马也应进行检疫和防疫注射。

二、发情鉴定

进入春季后，随着母马的分娩及发情周期的恢复，母马开始发情。发情后，母马食欲减退，兴奋，主动接近公马，频频举尾作排尿状，闪动阴蒂，接受公马爬跨。由于马的卵巢髓质发达，成熟卵泡排出过程较长，因此发情持续期较长，一般为 2～7d。

目前发情鉴定的方法主要包括试情法、阴道检查法、直肠检查法和 B 超检查法四种方法。每种方法各有其优点，但以直肠检查卵泡发育和 B 超检查法准确率最高。在实际工作中如能将各种方法结合起来综合判断，效果更显著。

（一）试情法

试情法有两种：一种是分群试情，即把结扎输精管或施过阴茎转向术的公马放在马群中，以便发现发情的母马。此法适用于群牧马。另一种是牵引试情，一般是在固定的试情场进行。通常后一种较常见。试情公马应性情温驯，性欲旺盛，在公母马的接触中，注意观察母马表现和动态，判断发情程度，确定是否可以配种。母马发情时爱追逐异性或同性友马，呈挪揄相恋之态，尾根高举，调转后躯，踏开后肢拱背腰，阴户微肿，黏膜潮红，阴蒂不时呈节律性的闪动；流出白色或灰黄色的黏液，有时呈引缕状（扯成细线）悬垂于阴户口，北方农民特称此为"吊线"，小便频屡，尿色常变浓，气味也较平时强烈；乳房稍胀，但大多不显著。对公马不抗拒，食欲有时减退，放牧中常脱群远奔。空怀母马自配种季节开始即进行试情，产驹母马在分娩后5～6d开始试情，过晚则易错过产后初次发情机会。按试情母马发情表现可分为四期：

一期：母马可以接受交配。

二期：母马接受交配，阴门张合。

三期：母马很安静地接受交配，后腿岔开，频频排尿并流出润滑性黏液。

四期：主动寻找公马，亲近公马，并将尾高举，后腿岔开，愿意与公马交配。

一、二期不能配种，三期配种稍早，四期配种最适宜。

（二）阴道检查法

不发情的母马，阴道黏膜一般近苍白色，干涩，子宫颈口紧闭。发情母马阴道充血，粉红色，滑润，子宫颈口开张或松弛，黏液量多，轻轻抽出开张器时常带出丝状黏液。怀孕母马的阴道黏膜色泽变淡，干涩，子宫颈口紧闭，常偏向一侧，并形成子宫颈栓，防止异物进入，起到保胎作用。若阴道检查时将子宫颈栓抠下，常引起流产，应特别注意。

（三）直肠检查法

这是一种简便而准确的方法，在生产实践中，可通过直肠触摸卵巢，根据卵泡发育的情况确定排卵时间。掌握发情鉴定技术，准确判断卵泡发育的阶段，确定配种适宜时间，是提高受胎率的关键之一。有些母马发情的外部表现与卵泡发育变化并非完全一致，因此，发情表现仅能作为参考。发情鉴定的最可靠方法，是通过直肠触摸卵泡的方法。试情法和阴道检查法仅是一些辅助方法。

为便于掌握发情母马卵泡发育的阶段性变化，特划分为七期：一期为卵泡开始发育；二期为卵泡发育；三期卵泡渐成熟；四期卵泡成熟；五期排卵；六期排完；七期黄体形成及静止。实际上卵泡各期的变化是紧密相连的，没有严格的顺序界限。因此，划期的方法只能作为判断的参考。卵泡发育前期主要是体积增大，接近成熟时主要呈现质地变化。判断卵泡发育的期别，要根据卵泡大小、质地、位置、卵巢实质部变化和排卵窝的深浅以及卵泡发育的性状等。卵泡发育成熟的特征是：卵泡达到相当大的体积，占卵巢大小的2/3～4/5；卵泡液充满有波动，泡壁薄而紧张，稍加压力有即破之感；卵巢实质部松软，排卵窝平坦。根据卵泡形状、性状及其在卵巢上着生的部位，即可将卵泡发育成熟的规律和类型归纳如下。

卵泡发生部位可影响排卵的快慢。如卵泡距排卵窝近，卵巢实质部变为松软时，则卵泡排卵快，反之则慢。此外，母马体况、外界条件、个体特点等不同，也影响排卵的快慢。因此，必须熟练掌握直肠检查技术，分析母马发情鉴定记录，才能做到准确判断卵泡发育和排卵，提高受胎率。

（四）B超检查法

实际上就是通过直肠的超声波检查，操作与直肠检查类似，区别在于直肠检查是用手触摸和感觉，凭个人经验，经验越丰富，判断越准确，也有主观的臆断产生错误；而B超检查是在直肠检查的基础上，借助仪器来检查，更客观。

操作人员手握 B 超探头深入直肠，探头与可视的屏幕相连接。任何影像都可以在屏幕上固定下来，对于感兴趣器官的区域，可以测量其大小，并且可以变成照片作为永久的记录。

除了用于检测发情周期具体时期和区分卵泡外，操作员还能通过超声波检查生殖道各个部分存在的问题，包括可能的囊肿、悬着的生殖器官的韧带的血肿、子宫内壁的变化、卵巢的肿瘤或伤疤。

用超声波检查母马的生殖道，可以检查如下项目：①母马是否开始正常的发情周期。②估测某个发情周期的具体时间。③当两个卵泡在卵巢中十分靠近，用直肠触摸的方法无法判定时。④由于黄体的缺失，导致乏情期的存在。⑤持久黄体的存在。⑥充血的卵泡。

三、在配种旺季提高情期受胎率

我国马的配种季节，多在 3～8 月，北方地区以 5～6 月为配种旺季。在此期间，母马发情正常，容易受胎，是提高受胎率的关键时期。为提高配种旺季的情期受胎率，要在旺季到来之前做好充分的准备。尽量改善母马的饲养管理条件，减轻母马的使役，做好子宫疾病的治疗，应用激素等药物调整母马的性机能，重视配种质量，力争在配种季的三、四情期基本完成全年的配种任务。如果经过交配，母马怀孕，黄体酮将阻止新的卵泡发育。假如卵子未受精，黄体酮就会逐渐消失。卵巢中又有新卵泡发育，开始下一个大约 21d 的周期。

四、种公马的检查

种公马的状况对配方计划的实施非常重要，必须在配种前一个月安排好系统的兽医检查工作。要注意繁殖力与精液的检查。

1. 繁殖力的检查　有些公马在配种季节虽有配种能力，但存在不育或受精力低的现象，因而母马的一般状况虽佳，但仍不能完成任务，甚至空怀率很高。精液的品质不好，性欲低弱及先天不育症的存在等是其中原因。因此配种季节开始以前，兽医及畜牧人员应该进行繁殖力的检查。

计算一年前交配的母马数，母马的受胎率及其后裔的多少，是该公马受精能力的标志。但受胎率极低可能是临时性的，仅靠计算公马以往育种活动的记录是不够的，因此对公马生殖器、配种能力及精液的检查具有重要意义。临时性的繁殖力降低多半是由于生殖系统的疾病及其后遗症所致，这必须在临床上进行详细的诊断，应通过视诊及触诊检查阴囊、睾丸、阴茎及精索各部是否正常，在必要时和母马接近，观察其性反射的表现程度。凡性反射机能迟缓或缺乏时，可视为阳痿。阳痿的公马缺乏性兴奋的过程，其原因很复杂，和它的健康状态、饲养管理及利用有密切关系。

性反射的表现虽正常，但在交配时排出的精液品质不佳也有可能，因此事前必须进行精液品质的检查。

2. 精液检查　公马的精液品质和母马受胎率直接相关，为提高繁殖率，必须提供优质精液。每次采精都必须进行精液品质检查（图 5-1、图 5-2 和图 5-3）。马的一次射精量通常为 50～120mL，有的达 200～300mL，亦有仅有 20mL 的，这和品种、年龄、交配次数及营养等有关。精液呈乳白或灰白，无气味，每毫升含有精子 0.75 亿～2.5 亿个，精子活力在刚采精不久评定为 0.5～0.8（50%～80%精子直线前进）以上，异常形态的精子要少（10%以下），更不允许有其他细胞的混入。精子的生存时间要有 36～60h（保存在 0～5℃），由此计算出精子生存力指数为 10.0～15.0。种公马的精液应符合这些指标。

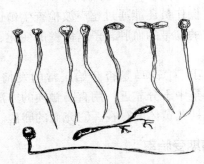

图 5-1　畸形精子示意图

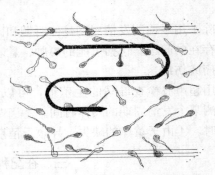

图 5-2　计数精子的顺序示意图

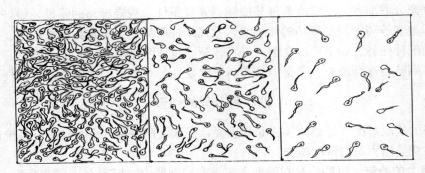

图 5-3　精子的密度估测（密、中等、稀）示意图

　　配种开始前一个月应进行精液品质的全面检查。除活力、密度经常检查外，还要计算精子数，检查抗力系数、生存力指数和畸形精子数。至少要检查三次，隔日行之，而以第三次检查所得结果为准。如果在第三次的检查中发现精子活力和生存力不良，必须经 2～3d 再检查。精液质量的变化能明显反映公马饲养管理情况。对于精液品质下降的公马，要全面检查公马的日料，合理调整饲养管理和运动量。改变采精的频率。调整以后 10～15d 再检查，总结调整的效果。对精液品质差的公马应停止使用。

五、配种方法

　　交配的方法不外乎自然交配和人工授精两种。

（一）自然交配

1. 自由交配　我国在牧区的马群绝大多数是采用自然交配，这是一种原始粗放的繁殖方式。缺点为不宜于有计划地进行育种工作。

2. 小群交配　这种方法可进行育种工作，因每一小群的马匹有一固定的公马，其后代血统不致混乱，而且不费人力。即每到春季，将母马分成 20～25 匹的小群，并在每一群内放入一匹指定公马在一起放牧。缺点是：由于母马数的限制，优秀公马的配种利用率亦受到限制。

3. 围栏交配 在交配时，把一固定母马群赶到设有围栏的运动场，然后放入计划中早已指定好的某匹公马，如果群中有发情的母马即与之交配。交配后公母马分开饲养。此法对采用良种公马用以改良地方种马甚为有效。

4. 辅助交配 辅助交配是舍饲马普遍的配种方法。公母马常分开饲养，母马在交配之前必须经发情鉴定，交配时有工作人员从旁边辅助。公马完全按照配种期的舍饲管理，并完全控制公马的交配，目的是使良种公马发挥高度有效的利用率。

（二）人工授精

我国人工授精始于 1935 年句容种马牧场。由于人工授精的采用（图 5-4 和图 5-5），一匹种公马可以大大提高其配种效力，在一个配种季节可以使 250～300 匹母马受精。人工授精技术的逐年改进和推广，不仅在解决马匹的繁殖上的问题，如消灭空怀、增进受胎率均有显著的成绩，同时对提高优秀良种马的利用率、调剂马种的不足和改良地方马种上均起着重要的作用。

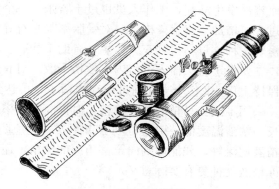

图 5-4 马用假阴道模式图

图 5-5 人工采精示意图

六、适时输精严密操作

卵子由卵巢排出初期，生命力最强，受精能力最高。输入的精子在 30min 内即可达到输卵管上端的受精部位。在卵子生命力旺盛、精子活力强的时候，精卵相遇，是受精最好的时机。一般来说，输精距离排卵时间越近，受胎率越高。一般在发情结束前的 24～48h 母马排卵，精子在母马生殖道存活时间约为 12h（有研究表明排卵后卵子存活 4～6h）。排卵前后各输精一次，可以取得理想的受胎效果。输精时间应安排在卵泡发育的最后阶段（第四期），一般隔日配种（间隔 48h）是比较有实践意义的。

排卵后输精仍有受胎的可能，但超过 6h，受胎率会大为降低。输精时间的掌握，主要取决于卵泡的发育和精液质量，如母马卵泡发育正常，精液品质良好，从卵泡发育的后期开始，隔日输精，甚至隔双日输精，都可以取得满意的受胎结果。据研究，良好的精液在母马输卵管内保持有效受精时间可达 60h 以上，因此，延长输精间隔，减少检查和输精次数，很有实际应用价值。如用促排卵药物配合处理，则更有意义。可见输精应当灵活掌握，过分强调"近排卵"输精，反而容易发生漏配，工作人员也过于紧张。一个情期内输精次数以不超过两次为宜。输精次数过多，增加子宫感染机会，对受胎率未必有好的影响。母马多在夜间排卵，因此有的人主张傍晚配种，母马得到充分休息，有助于受胎。母马受胎率的高低，与精液稀释与否关系不大，主要在于每次输入子宫内有效精子数。对有效精子数的要求，现在逐渐减少，目前输精时保持 1 亿～2 亿个直线前进运动的精子，可达到较好的受胎率。在不要求血统清楚的情况下，采用不同公马精液混合输精，对提高受胎率也有较好的效果。输精时要防止因输精时间过长、精液温度低，引起母马努责不安。还应防止输精胶管发生弯曲、输精部位过浅所造成的精液逆流等。如能做到向子宫角深部输精，还可以进一步降低输精量标准，这对今后推广冷冻精液配种更有实际意义。

七、防治子宫疾病

马群中的不妊马或流产马有 50% 以上是由于子宫疾患所造成。因此，防止子宫疾患，对提高母马的繁殖率至关重要。一般子宫的炎症表现为子宫角肥厚、触摸有痛感，阴道分泌物浓稠而混浊，有些母马表现长期持续发情。为预防子宫疾患的发生，应严格防止人工授精操作中的污染，在稀释液内加入抑菌剂，每毫升加青、链霉素 1 000～1 500IU。长时间应用人工授精，约有 10% 的母马患轻重不同程度的子宫疾患，可见人工授精时无菌操作的重要性。

对子宫炎症要及时治疗，可用 42～45℃ 的加温药液（1% 食盐水，2% 重蒸水）洗涤，并注入青霉素 20 万～40 万 IU，链霉素 100 万 IU，每天一次，可连续数天。四环素、金霉素、土霉素亦有一定的疗效，红霉素疗效更高。对顽固性子宫炎，可用蒸馏水 100mL，加 2% 的碘酊 1～2mL 洗涤。在输精后 2h 至排卵后 3d 内继续洗涤子宫，不影响受胎。在未彻底治愈前，不应输精。患有子宫炎症的母马不易受胎，妊娠后也易流产。

八、准确鉴定早期妊娠

早期妊娠诊断是提高马匹繁殖率的重要手段之一。只有早期确定妊马，才可避免失配和保证未妊母马第二情期配种。早期妊娠诊断主要通过直肠检查法，也可以通过 B 超诊断法或实验室诊断法确定。

（一）直肠检查法

在母马一次输精排卵之后的 15～20d，开始检查。根据子宫角的大小、性状和质地变化，确定母马是否妊娠（操作法见图 5-6）。妊娠母马的子宫角，一般在受精后 10d 左右开始收缩，15～20d 两子宫角收缩、变细而呈现弯曲，如腊肠状，角间沟形成深而明显的小沟（图 5-7）。这是早期妊娠的主要判定标记。也有极少数马在 20d 可以显示胚泡者。妊娠母马卵巢有妊娠黄体。具有上述特征，即可判定为妊娠。妊娠 30d 以后，胚泡发育显著增快。

妊娠诊断时，还要注意胚泡的位置、发育程度及有无特殊变化。注意患子宫炎的母马，做出鉴别诊断。

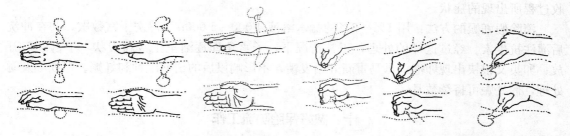

图 5-6　直肠检查法（手伸入直肠及在直肠内的状态、用手握住卵巢、手指抓住子宫角）示意图

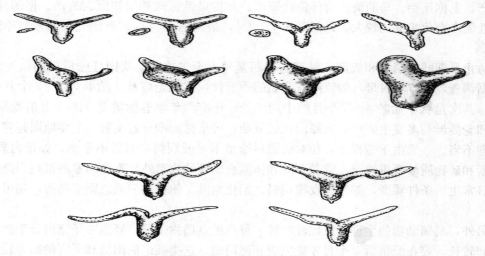

图 5-7　马怀孕子宫的变化及子宫角弯曲情况示意图

（二）B 超诊断法

将待检马保定在保定栏里，直肠清粪后，操作者用手将 B 超探头引入直肠内，使探头紧贴直肠壁进行扫描。通过扫描卵巢、子宫的形态等判断是否妊娠。

（三）实验室诊断法

妊娠诊断的实验室方法很多，如雌激素早期妊娠检查法、血浆中孕激素含量分析法、尿液卵泡激素检查法、子宫颈黏液涂片检查法、子宫颈黏液蒸馏水煮沸法、超声波检测法和激素免疫学检查法等。这些方法多处在实验阶段，有的只适用于妊娠后期，对早期诊断的意义不大。其中以雌激素早期妊娠检查法、子宫颈黏液蒸馏水煮沸法和血浆孕激素含量分析法较好。

九、消除假妊娠的影响

母马假妊娠现象，既能发生在配过的母马中，也能发生在没有配种的母马中。这种现象和母马的年龄、品种、营养状况无关。根据统计，假妊娠历年发生率约占 3%，如果不及时消除，势必影响到提高受胎率。假妊娠症状与妊娠相似，区别的根据是：直到配种后的30～45d，在假妊娠母马的子宫角和子宫体，仍然触摸不到胚泡；此后，子宫角收缩的更细更圆，而且坚硬。这是鉴定假妊娠的主要标志。为了确诊，应当经两次以上的检查，并应在配种45d 以后，才做决定和处理。假妊娠的原因尚不十分清楚，很有可能是胚胎早期死亡，在吸收过程所出现的症状。

消除假妊娠的方法：用1%～3%的盐水溶液 4 000～5 000mL 冲洗子宫数次，并在冲洗后灌注抗生素。经过这样的处理，正常情况下，子宫角即逐渐呈正常扁带状，子宫颈口开放；卵巢又很快出现卵泡，母马重新开始发情，不影响以后的情期配种和妊娠。但如不及时处理，假妊娠可持续数月。

十、做好保胎防流工作

马的妊娠期为 335d 左右。严格地讲，妊娠 300d 以前发生的称流产，300d 以后发生的称死产，也称死胎。马的流产有传染性流产、非传染性流产和未知原因流产。据国外研究，传染性流产变化幅度比较大，最低仅占 16.2%，最高达 47.5%，有研究表明未知原因流产占 40%。

防止早期胚泡消失和流产，对提高马匹繁殖率至关重要。我国妊娠母马的流产比较普遍。据调查，北方农村母马的流产有明显的季节性，首先是盛夏，胎龄为 1～2 个月的早期流产；其次是秋季胎龄 4～5 个月的中期流产；还有翌年早春胎龄 9～10 个月的晚期流产。幼龄和老龄母马多发生流产，其原因比较复杂。传染性流产只占少数，主要原因是营养不良和管理不当。一般由于劳役重，相对的饲料给量不足或饲料中营养不平衡，如蛋白质不足、维生素和矿物质的严重缺乏、营养下降和体质衰弱等导致对外界不良因素的抵抗力降低，每遇到日常生活条件骤变，如吃了发霉饲料，消化紊乱，使役过劳或急剧运动等，均可引起流产。

另外，马属动物的生理特点比较特殊，母马胎盘属弥散型，胚泡在子宫内处于游离状态的时间较长，要在受精后 3 个月才能完成胚泡附植。这类胚泡的附植和子宫的结合较弱，彼此容易脱离。因此，在营养不良或其他不良条件下易引起早期胚泡消失或流产。妊娠 150d 左右的母马，出现黄体萎缩消失，孕酮停止分泌，而黄体的功能由胎盘代替，如果这时出现不协调的情况，也是母马较易发生流产的原因之一。为了保胎，母马配种后，要及时检查母马，确定妊娠，并根据具体情况，因地制宜，按照不同季节制定不同保胎防流措施。

具体措施如下。

（1）淘汰易流产的母马。

（2）给容易流产的母马注射孕酮，以达到保胎的目的。

（3）对新来的马匹千万不要和孕马混群。

（4）对于感染过传染病的场地，一定要隔离消毒三周后，才能用于孕马的饲养。

（5）若气温突变，应注意马厩内的温度恒定。

（6）尽量减少孕马的运输，如果长途运输 5～8h 必须停下休息。

（7）不吃霜草或发霉饲料、不喝带冰碴水。

（8）对于怀孕 60d 之内的母马，不要给其注射疫苗。

（9）饲料中的能量、蛋白质、维生素、矿物质等必要养分，应当充足而又齐全，使母马常年保证有七成的膘度，为胎儿正常发育打下良好基础。

（10）对孕马要固定责任心强、有经验的人员来管理和使役。使役要量力而行，防止过度疲劳，严禁乱使滥用和粗暴对待，同时要防止跳沟、踢咬、急转、挤撞、打冷鞭、炸群等。

（11）对于速度赛马，妊娠 120d 的母马不允许参加赛马比赛。

（12）在母马最后一次配种后 16～24d 进行妊娠检查，把确定准驹的母马挂上红布条等标记，注明预产期，以便引起人们的注意，做好保胎防流工作。

十一、母马的分娩和接产

一般而言，母马的正常妊娠期是 305～395d，平均为 335d。

（一）分娩前的准备

分娩前后的护理工作，是提高繁殖率的重要环节，假若照顾不周，会引发人为事故。因此，每年对母马的配种工作要及时做好准确记录，并推算出预产期，以便对临产母马格外精心护理。预产期的推算方法，老百姓一般采用"减一加一"的方法，亦即在最后一次配种的月数上减一，日数上加一。例如今年 4 月 6 日最后一次配种，预产期为来年的 3 月 7 日。这只是一个预计数，而实际分娩期会因为马的品种、年龄、营养及胎儿性别等不同情况有些赶前错后。若能留心考查每匹母马历年来分娩日期的规律，就能准确掌握分娩日期，把工作做在前头。

临近分娩时要先准备好产房，产房的大小至少为 4.3m×4.9m，指定专人接产。一般早春气候寒冷，有很多马在 2～3 月份就已开始分娩，所以必须建立保温房，屋内要温暖干燥，清洁宽敞，光线充足，没有贼风，空气良好，地面铺上垫草。临产前一周将母马解缰入厩饲养，到预产期前 3d，再次清扫厩床，并撒布石灰进行消毒，换上新垫草，对于欲分娩的母马，不建议用刨花或锯末作为垫草，最好选用稻草或麦秸。

用具和药物的准备要按使用的先后顺序放在接产箱内，不得做其他使用。各种卫生材料都要彻底消毒：脐带线、脱脂棉等用蒸汽消毒；剪子、镊子等用 2% 的来苏儿消毒，使用前再用酒精消毒；毛巾及接产服用 2% 来苏儿洗涤消毒，晒干后放在接产箱中备用。母马到预产期前 3d，用清水和氯己定彻底擦洗母马乳房、腹部、臀部和腿的上部。

（二）接产

母马一般都在夜间分娩，尤其在凌晨 2 点至 5 点。临产前 1～2d 的母马，外阴部发生肿胀，乳房"胀奶"，有的甚至自动流奶。臀部下陷，肌肉松弛（俗称塌跨），腹部由宽变窄。大多数母马在分娩前乳头上会有凝结的"蜡状物"。欲分娩时，母马精神不安，拒绝饮食，时起时卧，常常回顾腹部，举尾弓腰作排尿状，甚至全身出汗。此时产房内必须保持安静，严禁生人进入。接产员在暗处角落里仔细监护，不准母马靠墙卧下。当母马经过几次阵痛卧地努责不再站起时，接产人员要沉着、稳重而又敏捷地上前接产，接产人员靠近母马后，应立即检查胎位。胎儿先出两前肢，随着两前肢露出头部的为头位分娩。如果胎儿两后肢先出，头向着母马，称尾位分娩（头位和尾位的区别在于娩出胎儿蹄底的方向，一般头位的蹄底向下，蹄向下弯曲；尾位的蹄底向上，蹄向上弯曲）。在这种正常情况下，经20～30min即可娩出。

胎儿头部露出，若胎胞不破，可用消毒过的双手从胎胞下部撕破，将胎儿翻转在母马的头部方向，用手或毛巾擦拭口鼻，抠除黏液。在娩出过程中，要特别注意保护胎儿头部，使其不与地面接触。两前肢全部娩出后，应防止娩出过快，损伤母马外阴。此时要顺着胎儿的前肢向下拉，至后躯娩出后，可将胎儿后肢暂留在产道内（以免母马过早起立），接产人员迅速以两膝盖轻轻按住胎儿肩部，开始处理脐带。断脐时要握住脐带根，先向胎儿方向撸，使血液尽量流入胎儿体内，待脐带脉搏停止4～5min后，再向母体方向撸，将脐带撸细。一手捏紧脐带根，另一手的食指缠绕脐带的另一端用力扯断，随之立即用手捏住脐带的断端用10%的碘酊消毒止血，再敷以干燥剂（磺胺3份、炭末7份或磺胺1份、磺胺9份混合）。如果用手扯不断时，可在距幼驹身体4～5cm处剪断脐带，假如流血不止，可予以结扎。也可采用烧烙断脐法。

断脐完毕，将幼驹移至清洁干燥的垫草上让母马舔舐。在母马起立之前，要检查母马外阴有无损伤，一般轻度裂伤可用红汞水消毒处置，然后把胎衣下垂部卷起，用消毒麻绳捆住，阻止母马起立时踩伤。

对难产母马要助产，母马的难产80%是胎儿性难产，在胎儿性难产中又以姿势不正为主。正常的胎位（亦即头位或正位）是两个前肢和头伸出，凡是背离两个前肢和头先出的胎位都是不正胎位（图5-8）。遇到难产情况，接产人员要整复胎位，促使顺利娩出。一般可将胎儿露出部分推回腹内，矫正姿势使胎位变正后再行娩出。为了减轻向外的压力，便于矫正胎位，可以将母马后躯稍微垫高一些。如果母马娩出十分吃力，可握住胎儿的前后肢，随着母马的阵痛轻轻向外拉动，帮助产出。

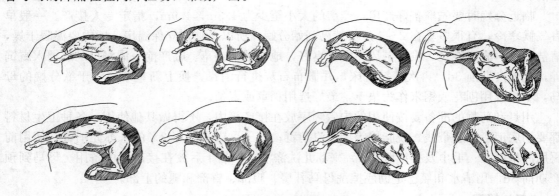

图5-8　临产时各种形态的胎位示意图

（三）产后处理

通常情况下，母马的胎衣经0.5～1h就能自行脱出，要及时将其连同粪便和污染的垫草等一并清除深埋，并将母马的外阴和尾根等污染处洗净消毒。产房内换上新鲜清洁的垫草，使母仔安静舒适地休息。

在幼驹起立前，要用毛巾将眼、耳、口、鼻及全身各部被毛彻底擦干，并用1%的来苏儿把母马乳房及幼驹能接触到的部位彻底消毒，然后用毛巾沾湿水擦干。幼驹生后经 1～2h 就能站立，在站立不稳期间，要有专人照管，以防跌倒碰伤，尤其要注意保护头部。此时母马身体也很虚弱，新生的幼驹刚脱离母体，对寒冷的自然条件缺乏适应能力，容易发生感冒，要注意保温，防止贼风。

对于家畜而言，产后头几天排出的乳汁称为初乳，而对于马尤其指在产后 24h 生产出的乳汁，此后抗体浓度迅速下降。初乳内含有大量抗体，可以增强机体的抵抗力。初乳中镁盐也较多，可以软化和促进胎便排出。初乳营养价值完善，不但含有大量有利生长发育的维生素 A，还含有大量蛋白质，这些物质无需经过肠道分解，可以直接吸收。初生驹在能站立后，应使它尽早吃到初乳，最晚也要在产后 1～1.5h 内哺乳。如果出现初产的母马拒绝哺乳的现象，应由人从旁温和的扶持马驹吮乳，对体弱的驹也应人工帮助，使其找到乳头，尽早吃到初乳，对于幼驹生后 2～3h 不能站立吃奶的，要扶持哺乳或把乳汁挤出来饮。

初生驹必须在 24h 内排出胎粪，否则会导致精神不振，腹痛不安，甚至因便秘而死。但胎便秘结不单是由未饮初乳所致，其他原因亦可引起，一旦发现幼驹便秘，应及时治疗，如给马灌服 0.1～0.2L 矿物油，或者氢氧化镁，或者灌肠。

产后的母马，由于分娩时非常疲劳，大量出汗，体虚口渴。母马起立后，应用刷子擦拭全身，以促进血液循环，解除疲劳，然后饮温料水或麸皮粥，并投给优质干草让其自由采食。在产后 2～3d 内，应选择容易消化的饲料，精料最好是粉碎焖软拌草喂，开始时不宜过多，每天分 3～4 次投喂，经 5～7d 逐渐恢复到正常饲喂量。

幼驹在产后 1 个月内，尤其在数日内应给以充分的休息。此阶段幼驹白天也需要睡眠，这对初生驹的发育是很有利的。因此厩内应保持安静，并开始使它养成亲近人的习惯。

哺乳驹死亡的原因有很多，因产后得病及体弱而死，脐带消毒不彻底可能患破伤风，产后转弱可能是先天不足，便秘和下痢都是由于管理不当。要明确原因，把不良的因素的影响降到最低，减少幼驹的死亡。

在哺乳期中如果幼驹不幸死亡，母马最好用作保姆马，否则乳房胀结易引起乳腺炎，或者采用人工挤乳，一日数次（每隔 2～3h 一次）。若想停止其继续泌乳，除适当的挤乳外，同时减少饲料和饮水，逐渐使其自动停止泌乳。与此相反，若母马不幸死亡，留下幼驹，应设法寄养给保姆马哺乳。如果保姆马开始不愿意，可用保姆马的奶涂在孤驹身上，然后辅助进行哺乳，很快容易成功。如没有保姆马，可采用人工哺乳的方法。一般以牛乳喂给孤驹，必须加糖，给乳时奶的温度应在 35～37℃，奶瓶要进行消毒，以保持清洁，给乳次数最初每隔 1h 一次，初生 1～2d 内夜间也要给乳，以后每隔 2h 给 1 次，白天 6～7 次，夜间可以不给。给乳量最初一次 200～300mL，以后逐渐增加，到尽其所需。

早日使幼驹采食草料，是促进消化器官发育的重要方法。哺乳驹在生后 1 个月，即能试食草料，此时如能于哺乳后给予一把压扁的燕麦或磨碎的玉米，或者采食少量的青干草，对于幼驹的生长发育甚有帮助。生后 1～2 月以后，精料采食量可达 250g 以上，至断乳时达 2～3kg，但补给精料，要根据个体发育的情况及其他条件而定，同时必须注意补给食盐、钙、磷等矿物质饲料。马驹生后 2 个月需与母马分槽给饲，3 个月以后母马泌乳量减少，为保证幼驹充分发育，增给精料更有其重要意义。如母马与幼驹有条件实行放牧，且牧草生长良好，则幼驹可以不必补给饲料，或少给饲料。放牧时间长短，可根据气候及牧草生长情况而定。

第三节　马匹繁殖新技术

一、发情控制

在马匹繁殖方面，发情控制技术是有效地干预马匹繁殖过程、改进繁殖工艺的一种手段。发情控制可分发情期的控制、间情期的控制和乏情期的控制。马业生产中常需要诱导母马发情和排卵，并希望进一步控制母马发情周期的进程，使之在预定的时间内集中发情，人为地造成发情周期化。这种新技术更有利于应用人工授精，有利于组织马群配种和分娩，节省时间和劳力，有效地开展生产。

（一）发情期的控制

控制母马的排卵期，使发育卵泡能够按预定日期排卵，是控制发情期的主要内容。关于控制排卵，我国曾应用多种药物，进行过大量研究和试用，积累了一定的经验。20世纪50年代初期，许多单位应用孕马血清促性腺激素（PMSG）的代用品，孕马全血或血清，促进卵泡的发育和排卵。处理方法是以妊娠70d左右的孕马全血10～15mL，相当于1 000～1 500IU皮下注射，对控制排卵有相当好的效果。但应注意的是，供血马应是经过检疫的健康马。也可应用人绒毛膜促性腺激素（HCG）控制排卵期。据多数单位使用的经验，肌肉注射1 500～2 000IU，能促使成熟卵泡在24～48h以内排卵，隔日排卵率可达82.2%。应当指出的是，连续注射绒毛膜激素，可能导致母马体内产生绒毛膜促性腺激素抗体，而降低促排的效果；使用中还应注意剂量过高能引起母马的过敏反应或形成卵泡囊肿。此外，还可应用促卵泡激素（FSH）和促黄体生成激素（LH）控制母马排卵。这两种药物价格较贵，因此主要用于科学试验。单独使用促卵泡激素或促黄体生成激素，均不如两者按适合的比例复合使用效果好。有些单位亦有使用粗制垂体提取物来代替FSH和LH，效果也不错。近些年，我国亦进行了应用下丘脑产生的促性腺激素释放激素的试验，证明其有促进母马排卵和促进黄体形成的作用。其促进排卵的效果虽不如绒毛膜促性腺激素明显，但也可明显提高受胎率。从国外试验结果来看，有代替绒毛膜促性腺激素的趋势。它的优点是对马的控制排卵效果确实，使用剂量低，经济合算。由于其分子质量小，不会在母马体内产生副作用。

（二）间情期的控制

母马卵巢存在周期性黄体，相应呈现出非发情状态，即为间情期。控制间情期的关键是控制黄体。近年有关消散黄体的研究很多，证明最有效的药物是前列腺素，对于马最有效的是F型的前列腺素，如$PGF_{2\alpha}$及其高效类似物ICI81008（fluprostenol或equimate），可使功能黄体在一定时间内消失，处理后2～8d内大部分母马表现发情。母马发情后的第二或第三天，结合使用诱导排卵激素，不久即出现排卵。这种方法简单易行，效果也比较好。用药方法有肌肉注射或子宫注入。实验证明：前列腺素只有在卵巢具有功能性黄体时才有效，即从排卵后5～13d为有效期，使用剂量为5～10mg，最低有效剂量为1.25mg。其高效类似物，注射剂量只需250～500μg。经前列腺素处理后，卵巢内的黄体消散，血液中的孕酮含量迅速下降，由大于8ng/mL下降到低于2ng/mL；继而卵泡开始发育，血液中的雌激素含量增加，母马表现发情，继而进入发情期。由于排卵后5d以内的黄体对前列腺素极不敏感，为了提高同期率，亦有采用两次间隔10d的处理方法。这样使在第一次处理时处于发情期和排卵后1～4d尚不起作用的母马，又获得一次处理机会，提高了母马同期发情率。药物处理后具有正常受胎能力，对下一个发情周期和胎儿生长发育并无影响。由于前列腺素有兴奋平滑肌的特性，因而在注射时有出汗、胃肠蠕动加强、脉搏呼吸加快等副作用，经 2h 后消失。ICI81008 的副作用很小。

诱导母马子宫产生内源性前列腺素，亦能间接控制间情期。诱导子宫分泌前列腺素的方法很多，如温水洗浴子宫，注入稀的碘溶液，甚至注射雌激素，但这些都仍在试验中，都远不如注入前列腺素效果确实。注入含有少量前列腺的物质如精液、羊膜液，亦能起到前列腺素的作用，唯效果尚不很确实。为了使马同期发情，孕激素也是可以采用的方法，如每天喂给 10mg 氯地孕酮后，约需 10d，使马处于人为黄体期，停药后 7～9d 内有 80％以上的母马发情。马的同期发情，目前还仅仅是试验阶段，很多技术问题尚待解决。

（三）乏情期的控制

非配种季节母马卵巢处于静止状态，没有周期性活动，称为乏情期。使乏情期母马发情，诱发卵巢中卵泡发育，称乏情期的控制。这是较为困难的技术，尤其是在冬季。乏情期的控制主要有两个途径：一为运用管理方法，诱发母马卵巢活动。我国有这方面的经验，主要是在乏情期的末期或发情季节的早期，提早诱导发情。其方法是增加母马营养和延长光照。辽宁和黑龙江省的一些马场采取冬季喂给母马青贮和多汁饲料，春季喂大麦芽，提高母马膘情，延长人工光照，结果多数母马提早到一月和二月份开始正常发情并排卵和受胎。二为应用激素处理，亦可诱导乏情期母马发情。国外有不少试验的处理方法很繁琐，主要使用释放激素结合孕酮进行，效果都不是很理想。

二、马的精液冷冻

我国马匹人工授精应用干冰或液氮进行马、驴精液冷冻保存已有 30 多年的研究历史，并已获得成功的结果。通过冷冻保存精液可使公马常年采精和生产冻精，便于长期保存精液，充分发挥优良种公马的作用。但是，马的精液冷冻及其在生产上的应用，远不如牛那样普及。现行的冷冻精液操作方法还不够完善，受胎率还不够理想。今后仍需从理论上和实践上深入研究，做到不断缩小冷冻精液容积，提高精子解冻后活力和受胎能力，降低输精量，完善冷冻方法等。我国马精液冷冻主要采用以下方法。

（一）离心浓缩

因为马精液量多而精子浓度低，故应在冷冻前做离心处理，减少冷冻容积。以 1∶1 比例用 11％蔗糖液稀释原精液，在 20～25℃室温下，以每分钟 1 500～2 000 转的速度，离心 5～10min，除去上清液，基本上达到精清中无精子的要求。离心速度要适宜，以减少对精子活力的影响。

（二）稀释液的选择

精液冷冻稀释液的配方很多，主要成分为糖类、卵黄、盐类和甘油。实践证明：乳糖-卵黄-甘油稀释液效果较好。稀释时倍数要低，一般以 1∶（1～2）为宜。稀释步骤分两步进行：第一次在浓缩后精液中加入原浓缩前精液量的 1/2 不含甘油的稀释液；第二次在 4～5℃低温下，再加入含甘油的另一半稀释液。一般用 11％的乳糖和 5％的卵黄作稀释剂，甘油浓度为 5％。

（三）降温与平衡

一般自然降温 1.5h 达到 0～5℃温度。在此温度平衡大约 2h。冻结过程应防止精液温度回升。

（四）冻结方法

有用干冰埋藏法，先在干冰中冻结，再移入液氮中保存。亦有用铝盒或纱网表面以液氮熏蒸冻结。初冻温度约为 $-80℃$。冷冻精液的剂型有颗粒、安瓿、细管和薄膜袋。但不同冷冻方法和剂型的冷冻精液，其解冻后的效果，目前的报道尚不完全一致。

（五）解冻

$40\sim50℃$ 高温快速解冻效果较好。解冻后的精子复活，需要一定的时间。解冻当时有些不活动的精子，并没有死亡。解冻后 $0.5\sim1h$ 活力最强。浓缩冷冻的马精液解冻后，应再稀释。所用稀释液，可用不含甘油的原稀释液，也可用消毒牛乳。解冻后应立即输精，如需短时间保存和运输，温度应保持在 $0\sim5℃$，时间应不超过 6h，受精率（受胎率）影响较小。

（六）输精

输精时精液活力不低于 0.3 级，输精量通常为 $10\sim25mL$，输入有效精子数以 5 亿～6 亿个较为合适。掌握卵泡发育的规律，在卵泡发育到成熟阶段时，采用直肠把握子宫深部输精，有助于提高输精效果。根据国内外试验，冷冻精液情期受胎率达到 $30\%\sim50\%$，最高达 60%。实践证明，公马精子耐冻性存在个体差异。用冷冻精液和常温精液配种所生马驹相比较，其体尺发育、外貌遗传等表现没有区别。

三、品种协会对人工授精的规定

不同的品种协会对待人工授精的态度不同，所以在决定人工授精前必须做好咨询，否则马匹可能不予登记。不同的品种协会有不同的规则，有的完全不允许人工授精，有的只允许使用鲜精进行人工授精，有的则允许使用鲜精和冷藏的精液进行人工授精，有的对人工授精不加限制，即凡是各种储存形式的精液（包括鲜精、冷藏精、冻精）都可以进行人工授精。

（1）完全禁止人工授精，比如纯血马登记会。

（2）严格限制性的人工授精。假如公马因受伤等原因不能自然交配，可以采精，但需要立即并且只能配一匹母马，不能再用本次采集的精液去扩大配种其他母马。

（3）只要马的父母是登记注册的，甚至父母可以属于不同的国家，通过授精的马驹就受到承认，可以登记。

（4）有一些品种协会对一匹公马一年内进行的人工授精的数量进行限制，比如只可以从某公马采精 50 次，可以人工授精 150 匹母马或更多。

（5）有一些品种协会只承认兽医或人工授精员所进行的采精和人工授精。

（6）有一些品种只有得到协会的认可才能进行人工授精，否则不给予所生产的马驹进行登记。

四、胚胎工程在马匹繁殖方面的应用

随着生殖生理研究的加深和胚胎工程的发展，许多繁殖技术，如母马的胚胎移植、试管马培育等都在马匹的繁殖中加以运用，其目的是易于管理，充分发挥种马的繁殖效率和遗传潜力，同时也有效地进行疾病的预防。具体的繁育技术有以下几种。

1. 胚胎移植　马的胚胎移植（ET）研究较少，虽有成功的报道，但难度不小，最大的问题在于马的超排技术不过关。有的研究直接应用自然发情和自然排卵的母马采集胚胎和进行移植。

2. 超数排卵　尽管马的超数排卵有一定的困难，但也有成功的报道，一般的做法是在情期第 6 天，注射垂体的粗制物或半提取物，连续处理 14d，可引起超数排卵，但不如牛、羊超排的效果好。

3. 胚胎采集　胚胎采集的方法分为手术和非手术方法：①手术方法是在马腹中线切口，从输卵管中采集 1～6d 的胚胎；②非手术法：使用三通式采卵器，按直肠把握输精操作，将采卵器插入排卵侧子宫角，冲洗子宫角，一般冲洗 3 次，分别由排液管吸集胚胎。手术胚胎移植操作方法与牛相同，即将排卵后 1～2 日龄胚胎移植至受体的输卵管内，或将 3～10 日龄的胚胎，用胚胎移植枪移植至排卵同侧子宫角上端。

4. 试管马的研究　2001 年 5 月 19 日由我国学者李喜和博士在英国纽马基特镇首次成功培育出两匹试管马。由于马的生殖机理与牛、羊有较大差别，因此人工繁殖比较困难。李喜和博士利用一只极细的玻璃管将精子注入卵子当中，然后将受精卵置于试管中进行 8d 培养，最后将受精卵移入母马体内。李喜和博士这次研究的要点是发现了马卵子的"后成熟现象"，首次用单精子注入法和体外培养系统等科技手段，得到可进行非手术移植的囊胚期胚胎。这一研究成果使得马胚的冷冻保存和在实验室内修改马的基因成为可能。

5. 克隆马　2005 年在加利博士的实验室成功克隆了世界上第一匹耐力赛赛马冠军的克隆体"皮埃拉斯二世"。克隆对于保护濒危灭绝的马属动物具有重要意义，比如普氏野马的保护。克隆还可以让不能繁殖的优秀赛马生产更多的后代。这是以前无法实现的。

此外，在马的繁殖不育方面，研究也非常全面，它分为非感染性不育和感染性不育。非感染性不育可能是由于遗传、营养不良、卵巢功能异常等原因造成。感染性不育包括非特异性子宫内膜炎、马传染性子宫炎和马病毒性感染。

思 考 题

（1）哪些因素影响马的繁殖机能？如何利用这些因素提高公、母马的繁殖力？

（2）如何组织马匹配种？主要采取哪些技术措施才能提高母马的受胎率？

（3）如何防止母马的流产？

（4）马匹繁殖技术上有哪些新进展？在生产上有何意义？

第六章 舍饲养马学

> **重点提示：**马匹的饲养管理，是保证马的健康，发挥其生产力，提高其繁殖力的重要措施。要做到科学的饲养管理，必须根据马的行为以及消化特点和营养需要，按照马的生物学特性及生理机能等，实行标准化的饲养与管理。并按畜舍（马舍、马厩）卫生与积肥的要求，设计与管理厩舍，从而保证马匹顺利完成各项生产任务。由于当前马匹的主要生产方向由役用向骑乘赛马这一方面转变，本章内容在以往舍饲马饲养管理的基础上做了适当的调整，重点介绍了运动马（竞技马）的饲养管理技术，而对役用马的饲养管理只做了简要介绍，对此不做重点要求。

第一节 马的行为

了解马的行为对马业生产实践有重要的意义。所谓动物的行为就是通过它的内外感受器所接受的刺激，导致形态、生理和其他效应器官产生适应和调整的表现。

行为学是应用科学的基础。了解并掌握马匹的行为特点，才能做好马的饲养、管理、调教和使役。优秀的饲养员可根据马的行为表现判断马的饥、渴、冷、热、病等各种生理状态，可以根据马的异常表现和原因，在饲养管理上采取相应的措施。只有了解马的行为表现和心理状态，才能调教出性能优异的好马，才能做到正确的喂、管、调、使，发展马的有益行为，防止其恶癖，做到人马安全，充分发挥马的生产效能。因此，马的行为学是马业科学的基础知识之一，必须加以了解。

一、马视觉感受器和视觉行为

马眼位于头部两侧，稍突出于侧面部，视野呈圆弧形，可接受正面、侧面及后面的光线，全景视面可达 330°～360°，只有尻部后方才超出它的视野（图 6-1）。但双眼视觉，即两单视野在中央重叠部分是很窄的，只有 30°左右，不及食肉动物眼的 1/3。马所见到的，主要是平面影像，缺乏立体感，因而对距离的分析能力较弱。跳跃壕沟或跨越障碍是调教马的困难科目。困难之处，并非是由于马跳跃动作素质不良，主要是对起跳距离的判断存在困难，常发生惧怕障碍物的现象。已熟悉的跳跃动作，不经常复习，易于忘记。好的跳跃马，都是调教人员技术熟练，能给予正确的距离扶助的结果。马因视觉不良，形成较强的恐怖感，致使群牧马炸群或役马惊车。马后退时对距离毫无判断能力，在险路和壕沟附近使役时应加倍注意。马除了能看到正、侧方位外，还有个后视野，后踢是在其视野范围以内的动作，特别是单后蹄后踢有更高的准确度。所以使役和控制马时，对后肢应当特别警惕。

马眼球呈扁椭圆形，由于眼轴的长度不良，物象很难在视网膜上形成焦点。马眼焦距的调节能力也弱，只能形成模糊的图像。因此，马视觉感受器不如其他动物感受锐敏。马对静态物的视觉感受不如动态物，在草场牧食时对静态的蛇、兔等小动物常不能发现，当这些小动物突然跳动，可能已在很近的距离内，因而常可引起惊群和蛇伤事故的发生。

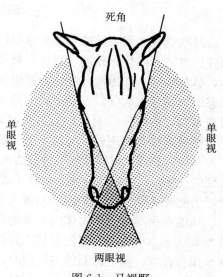

图6-1　马视野

马眼底的视网膜外层有一层照膜（人没有照膜），可将透过视网膜多余的光线再返回视网膜感受器，因而视神经的感受量可以大于原光的两倍以上。马视觉感受并不需要很强的光，强光对马是一种逆境刺激，反而引起马的不安。马厩（马圈、马房、厩舍）的窗户不必过大，位置不要过低，要避免强光直射马眼。管理实践中和厩舍建筑上应考虑窗户位置宜高，即不需要很强的光线，更不应有射向马头的直射光。在弱光情况下，由于照膜的反射，可以提高清晰度。马夜间感光能力远远超过人，马能清楚地辨别夜路或夜出的野生动物。因此夜间马打"响鼻"，表示惊恐，说明发现了人不能发现的事物。从照膜反射多余的光，可通过眼的透明组织射出眼外，因此，黑暗中马眼可以呈现蓝绿色。食肉动物一般也有，但光的波长不同，人是不能辨别的，马却能根据波长分辨同类或野兽。

关于马的色觉尚有争论，除人以外的哺乳动物色觉都不强。马有色觉行为，是否真正属于色觉尚待研究。马在绿色光谱的波长范围内能分辨深浅，能根据色觉寻觅更茂密的草地。马对红色光的刺激反应强烈，调教、使役中应注意红色物体，防止马惊恐。马可以根据毛色辨别个体，对毛色有一定的好恶感。在马群中毛色相近者往往聚集一起。

总之，马视觉感受不很发达，远不如嗅觉和听觉。在接近和调教马的过程中，要注意用声音通知马，不能贸然接近后躯，以防发生危险。不能用人的视力去理解马。马辨认主人、鞍具等往往不是靠视觉，主要靠嗅觉和听觉。靠近马工作，特别是蹲下工作，马往往辨认不出人的形象而发生踢人、咬人事故，故要注意保护。

二、马听觉感受器和听觉行为

马耳位于头的最高点，耳翼大，耳肌发达，动作灵敏，旋转变动角度大，表明听觉是发达的。马用灵活的外耳道捕捉音响的来源、方向，起到音响的定位作用。中耳的机能是放大音响，由内耳感受，分辨声音的频率、音色和音响的强弱。马能辨别1 000次和1 025次振动波，亦即1/8音符左右。实践中常可见到初生不久的幼驹就能辨认母马轻微呼叫信息。马对音响及音调的感受能力超过人。群牧马能根据叫声寻找自己的群体和传达信息。马听觉锐敏可以作为视觉不良的一种补偿。

对人的口令或简单的语言，可以根据音调、音节变化建立后效行为（条件反射），如懂得自己的名字，或学会其他动作。马的这种性能，对军马是极为必要的，如卧倒、站立、静立、注意、前进、后退和攻击等都可以用语言口令下达。调教使役中可用口令或哨音建立反射行为。马可以听从很轻的口令声音，没有必要大声喊叫。

过高的音响或音频对马是一种逆境刺激，使马有痛苦的感觉，以至惊恐，如火车汽笛声、枪炮声和锣鼓声，因此对军马要经过较长时间的训练，而且要经常复习。对过于敏感的军马或赛马，为了减少音响刺激亦可佩戴耳罩。这可能与马没有胆囊有直接的关系。

三、马嗅觉感受器和嗅觉行为

马嗅觉神经和嗅觉感受器非常敏锐、非常发达。马主要根据嗅觉信息识别主人、性别、母仔、发情、同伴、路途、厩舍、厩位和饲料种类。马认识和辨别事物，首先表现为嗅的行为，鼻翼扇动，作短浅呼吸，力图吸入更多的新鲜气味，加强对事物的辨别，在预感危险和惊恐时，马强烈吹气，振动鼻翼，发出特别的响声叫鼻颤音，群众称"打响鼻"。调教马学习新事物，最好先以嗅觉信息打招呼，如佩戴挽具、鞍具，先让马嗅闻，待熟悉后，再佩戴。遇马有惊恐表现时，应给予温和的安慰，壮其胆量，收紧缰绳，加强控制。

马可以靠嗅觉辨别大气中微量的水汽，群牧马或野生马可借以寻觅几里以外的水源。根据粪便的气味，马可以找寻同伴和避开猛兽。马鼻腔下筛板和软腭连接，形成隔板作用，因此，采食时仍能通过鼻腔吸入嗅觉信息，既可采食，又可警惕敌害和用嗅觉挑选食物，两者互不干扰。

马能利用嗅觉去摄食体内短缺的营养物质，其机制尚不清楚。群牧马或野生马很少出现营养素缺乏，可能与此机能有关。异性的外激素亦通过嗅觉作为性引诱。在习惯的牧地上马很少误食毒草，但迁移新地或饥饿时，有可能误食毒草而中毒。马拒饮尿、药物污染的水和饲草饲料。管理中应注意水源、料池、水槽和饲槽的卫生。

四、马味觉感受器和味觉行为

马口腔和舌分布有味觉感受器，亦称味蕾。马的味觉感受并不灵敏，因此味觉可以给马提供很宽的食物价值信息，各种草类都能采食，苦味尤不敏感，甜味和酸味的感受较为强烈。马喜甜味而拒酸味，带有甜味的饲料，如胡萝卜、青玉米、苜蓿、糖浆都可以作为食物诱饵或调教中的酬赏，以强化某些后效行为。马往往拒食酸味食物，如青贮饲料，要经过适应过程，先以少量放于槽底，上面放其他饲料，使其逐步适应青贮料的酸味。马槽应经常清洗，因为酸败的饲料会影响马的食量。

五、马躯体感受器和触觉行为

触觉感受器分布于马的全身，被毛的毛囊、真皮和表皮都有传入神经纤维。对触觉的敏感程度因品种类型、神经类型、疲劳程度和体躯部位而异。轻型品种和神经敏锐的马尤为敏感。触觉神经分布并不均匀，触毛、四肢、腹部、唇、耳、鼠蹊较其他部位敏感。接触和抚摸时，切不可直接触及马敏感部位，以防逃避或反抗。操作中总是从非敏感部位逐渐深入，从颈部到肩部再到腹部四肢，使马有适应的准备。接触敏感部位不能粗暴或伤害，应耐心调教，以防形成恶癖。不少马拒绝触摸四肢、腹部和耳部，给日常使役、护蹄带来困难，这大多是由于人的处理不当所造成的。所以，兽医人员在治疗或装蹄时，为了分散马的注意力而使用"鼻捻子"和"耳夹子"保定为最好。

触觉和压觉在传入神经上是有区别的，但分开较为困难。马触觉的分析能力很强，能鉴别相距 3cm 的刺激点。日常管理和调教中经常应用触觉建立后效行为。刷拭的触觉可以建立人马亲和反应，可校正一些性情暴躁、胆小怕人或有攻击行为的恶癖马。轻拍颈部建立静立行为；轻拍肩部或四肢，建立举肢行为；骑乘马一侧压缰的触觉，建立转弯扶助。

六、马排粪尿的行为

群牧马排粪、排尿一般没有什么规律性。粪尿的气味能刺激马排粪、排尿。排粪有可能是马的一种信息传递方式。公马总要闻嗅过路遇到的粪尿。但这种行为随着驯化会逐步减弱，而形成类似固定位置排粪的行为。

舍饲马使役前、背鞍或佩戴挽具时有排粪的习惯，役后入厩会引起排粪和排尿，其他时间一般没有规律，但总是轻微运动后排粪。军马役马都可以在慢步行进中排粪。为在固定位置排粪尿，稍加调教即可稳定。调教方法是：首先将厩内清扫得非常干净，只在指定位置堆上粪便，并在埋罐内放入少量尿液，将马放入厩内任其自由嗅闻，在氨的刺激下会引起马排粪、排尿的行为，并寻找有粪尿的原位置，如位置稍不适宜，可以用小杆驱赶，经几天调教，即可固定。对于赛马要调教它在赛前 15min 排粪、尿。马不应有单一粪球逐个排出的现象，遇有这种情况，应注意可能是腹痛的前兆。

第二节　马消化道及消化生理特点

关于马匹营养的研究在世界范围内相对滞后，这是由于 20 世纪前半叶，全球的马业处于萎缩状态，随后在 20 世纪 60 年代，娱乐和旅游业对马的重新重视，马业开始回升，相应的研究也才重新开始。1973 年，美国公布了马的营养指南，1976 年，美国科学院公布了马的 NRC（the national research council of USA）饲养标准。2007 年，NRC 第六次修订了马的饲养标准并出版了《马的营养需要》（Nutrient Requirements of Horses：Sixth Revised Edition）。根据马的不同类型和生长阶段，制定不同的标准。

作为非反刍单胃草食动物的马也能够利用粗饲料，是因为它们具有较大的盲肠，其中含有一些必要的微生物菌群可以消化粗纤维。但其利用粗饲料的能力远不如作为反刍动物的牛羊，牛羊的瘤胃在消化道前端，能够利用纤维素分解酶来充分地消化粗纤维，其营养被肠道吸收。马的盲肠在消化道下端，其后只有结肠和直肠，吸收营养能力不如小肠。

一、马的消化道

马的消化道由口腔、食道、胃、小肠、大肠等组成（图 6-2）。

（一）口腔

口腔是进入消化系统的第一个器官。口腔的两个主要功能是咀嚼饲料和用唾液湿润饲料（马分泌唾液的量相当大，一匹小型马每天可分泌唾液 12L）。牙齿用于咀嚼食物，定期由兽医人员进行检查是必要的。由于牙齿的磨损，个别牙齿可能变尖，这就有可能咬伤自己的舌头和两颊。要想解决这样的问题，就需要将这些牙齿用锉磨平。另外，要查看马匹的牙齿是否有脱落。

当马的牙齿坏了或掉牙，一定要给其喂粉碎了的或压扁的饲料，不能喂整粒料。用水浸泡，使其变得柔软一些。营养完全的颗粒料日粮对牙齿不好的马匹很有好处。腮腺

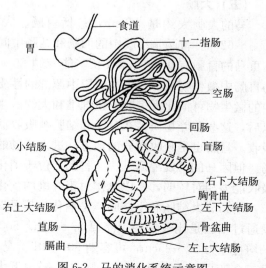

图 6-2　马的消化系统示意图

在吃食物的时候，能够分泌很多的唾液，但与犬不同的是，马看见食物不会分泌唾液。

（二）食道

食道起于咽部，下部与胃的贲门相连，成年马的食道长 127～152cm。由于食道的肌肉是以向下蠕动的方式将来自口腔的食团和水送入胃，因食道肌肉不能向上蠕动，加上贲门括约肌瓣膜上的肌肉萎缩，所以食物和水一经进入胃，就难返回口腔，因此，马是不能呕吐的动物。当马胃中食物过多，又因无法向后面肠道走动时，在大多数情况下马将因胃破裂而死亡。据 Borison（1981）的研究表明，呕吐对马来说可能存在个例，但非常罕见。

（三）胃

马的胃相对比较小，大约占胃肠道容积的 10％。成年牛胃的容积是同体重成年马胃的 10 倍。据研究表明，500kg 体重的马，其胃的容量为 7.5～15L。因此，马胃不能一次容纳很多食物。由于马胃小，因此要求每次喂量要少，喂的次数要多。如果马吃太多饲料或饲草，可能引起呼吸困难、快速疲劳。严重饲喂过量可能引起急腹痛、胃破裂，所以一定要避免喂食过多。虽然马的胃很少会完全排空，但是食物吃进去不久就开始从胃中排出，食糜很快经过胃进入到小肠。液体的食物在采食 30min 内有 75％通过胃进入小肠，而固体食物在采食 30min 内只有 25％通过胃，在 12h 内有 98％的食物通过胃。由于马胃的容积比较小，食糜运动又比较快，因此建议要根据马的活动量大小，每天应至少喂 2～3 次。

（四）小肠

小肠包括十二指肠、空肠、回肠。500kg 体重的马，其小肠的长度为 15～22m，直径为 7～10cm，能容纳 40～50L 的食糜。马的小肠大约占胃肠道容积的 30％，和同体重牛的小肠容积相近。小肠和周围器官（肝脏和胰腺）提供了许多消化酶。胰腺提供胰蛋白酶、胰脂肪酶和胰淀粉酶。小肠壁的蠕动使肠内容物充分的混合。马很特殊，没有胆囊，即没有胆囊区储存胆汁，肝分泌胆汁促使脂肪的乳化作用并对脂类的消化意义重大。马胆汁的分泌为每小时 250～300mL。脂肪酸、单糖、氨基酸、维生素和矿物质都在小肠吸收。小肠中的内容物全是液体，仅含 5％～8％的干物质。液体通过小肠非常迅速，采食后的 2～8h 内即到达盲肠。

（五）大肠

马的大肠大约是 762cm，包括盲肠、大结肠、小结肠和直肠。大肠占整个消化道的 60％～62％。盲肠是小肠中的回肠和结肠中间结合处的一个大囊。马的盲肠比牛大，500kg 体重马的盲肠有 0.9～1.2m 长，能容纳 25～30L。马的盲肠占消化道容积的 38％～40％。马盲肠中微生物菌群和牛羊瘤胃中菌群的性质是一样的，即它们有相同类型的微生物。盲肠中的微生物可消化大多数的粗纤维和大约一半的可溶性碳水化合物（无氮浸出物）。在消化以后，这些营养物质多在盲肠和结肠被吸收。在盲肠中产生的菌体蛋白，也在盲肠和结肠被吸收。盲肠也是吸收水分的地方。进入盲肠的物质，经过 5h 后其中的大多数物质进入到结肠。但因马的"发酵罐"——盲肠，位于消化道中下段，下面消化道短，结肠、直肠消化和吸收能力相对较弱，所以总体对粗纤维的消化吸收不如瘤胃在消化道上段的反刍家畜。

结肠分大结肠和小结肠，是消化道容积最大的部分，占消化道总容积的 40％～45％，食糜通过结肠是比较慢的，需要 36～48h。500kg 体重的马，其大结肠的长度为 3.0～3.7m，平均直径为 20～25cm，可容纳 50～60L。马的大结肠呈双层蹄铁形，起于盲结口，分为四段三个弯曲：右下大结肠—胸骨曲—左下大结肠—骨盆曲—左上大结肠—膈曲—右上大结肠。

小结肠长约 3m，直径为 7.5～10cm，可容纳 18～19L。它到进入骨盆的入口，即为直肠。直肠长 0.3m，一直向外延伸到肛门。

空腹的消化道占成年马（500kg）体重的 4.2%～5.2%，肝占 1.1%～1.4%，胰脏占 0.9%～1.0%。小驹的消化道小，肝较大，出生时大约各占体重的 3.5%，到了 6 个月龄时消化道与成年马的大小相近。幼驹的消化道小是因为大肠未发育好。因此，小驹、幼驹在利用饲草时也受到一定的限制。此时最好利用高质量的甘草或牧草，还需要补充一定的精料以满足其生长发育的需要。

二、马的消化吸收特点

马消化粗饲料的能力，特别是对于不良粗饲料的消化能力，明显低于反刍动物。它有以下几个特点。

（一）马对饲料中脂肪的消化能力低

以青草为例，马只能消化 35%，反刍动物可达 57%。对油饼类饲料，马消化 53%，而反刍动物可达 92%。所以，选择马的饲料，应尽可能选用脂肪低的，如用黑豆、黄豆等含油多的饲料喂马，就不如先经榨油，再以豆饼喂马，这样既便于消化，也较经济。

（二）马对饲料中的纤维素利用率不如反刍动物

马对纤维素的利用率和纤维的质地及纤维量有密切关系。含纤维量低、质地好的饲草，如对于青草和青干草，其纤维素消化率和牛近似，但含粗纤维量多、质地差的饲草，如秸秆类饲料，马明显低于牛。以麦秸为例，马只能消化 18%，而牛则高达 42%。这与马的"发酵罐"——盲肠，位于消化道中下段有关。

（三）马对饲料中蛋白质的利用能力和反刍动物近似

例如，玉米的蛋白质，马可消化 76%，牛可消化 75%。粗饲料中的蛋白质，马的消化力略低于反刍动物。例如苜蓿蛋白质的消化率，马为 68%，牛为 74%。这是由于反刍动物对非蛋白氮的利用能力高于马的缘故。其次是日粮中纤维素含量过高，超过了 30%～40%，则影响蛋白质的消化。过重的使役也会影响马的消化。俗话说："铜骡、铁驴、纸糊的马"，是指骡的体质强于马，弱于驴。根据对粗饲料的利用能力看，驴的消化能力较强，骡次之，马较差。相同的日粮，驴和骡消化能力比马要高 25%～30%，老龄马消化能力更低。

（四）马对水的需要

马每天必须饮水，每 100kg 体重需饮水 5～10kg，当天气热、劳役强时，饮水量要增多。要注意水质清洁，一般用井水、泉水和河水饮马为好。马对水的大致需求量见表 6-1。

表 6-1　马对水的大致需求量

马的状态	水的需要量（L/d）
不运动时	15～30
妊娠期	26～34
泌乳旺盛期	34～42
中度运动	34～57
强烈运动	45～57

注：体重 500kg，气温 16～21℃的情况下。

了解马消化系统的特点，实行科学合理的饲养管理，对保证马匹健康，提高种用能力，延长使用年限以及提高马匹繁殖率，促进幼驹生长发育，改进马匹品质，发挥遗传潜力，性状得到充分的发育，培育优良马匹都有极重要的意义。

第三节　马匹饲养管理原则与技术

一、饲料加工

马的食物是草和料。马可以直接食用整株的草，整个的粮食粒。在只有野草放牧冬季可以吃干草，甚至冬季也可放牧，生殖繁衍。但一般情况下都是草和料搭配喂马。

加工后的饲料易于摄食、消化和吸收。加工饲料的手段有多种，如下。

水浸：颗粒饲料，如燕麦饲喂前水浸几个小时，使其膨胀、软化，使马喜食。

压扁：玉米粒、豆饼、豆类、麦类用机器压扁，这样马吃起来更易消化。此种方法对老幼马更好。但马由于牙齿不齐，会出现"过料"，即整粒粮食吃进去，又整粒排泄出来。

粉碎：不要求成为粉状，成为小颗粒即可，特别对玉米更为必要。

水煮：煮料是一种常用方法。北京养马人习惯用锅煮黑豆，用之喂马，味香质软。美国采用机械作业，双层大铁筒两层之间放水，水中加电热器，而内层铁桶中加入燕麦及水，用热水煮料，此法省劳力，可以采用。

颗粒料：把饲料粉碎（草、料、添加剂）加压力（专门机器）压成颗粒。用颗粒喂马。颗粒饲料便于马吃食和运输。此法始于第二次世界大战时喂饲军马。

这种饲料加工厂，最早见于内蒙古通辽。利用当地玉米、蜜糖浆（糖场出产），并添加其他料种、添加剂，包括微量元素添加剂来加工生产。目前国内生产的马饲料主要为颗粒料。广州赛马场全用这种饲料。配方中营养均衡，饲喂方便。这种饲料也有缺点。其一，价格偏高。其二，不同的马用同一配方饲料，不能很好地满足所有需要。广州用颗粒料只喂精饲料，不含草。经几年实践，表明饲料配方基本过关。

二、影响饲料消化利用的因素

1. 日粮的配合　日粮含粗纤维多，会降低其消化率，含蛋白质多能提高其消化率，含大量碳水化合物和少量蛋白质时，则饲料养分的消化利用率也会下降，使整个日粮造成浪费。因此，在马的日粮中必须配合一定数量的蛋白质饲料，才能保证马对饲料的充分利用。

2. 饲料的喂量和喂法　对马匹喂的过急（或因饥饿吃的过急）、过饱，会引起消化道的过度负担，消化液分泌降低。因此，要求采取少给勤添的饲喂方法。这样可以提高马匹对饲料营养物质的消化利用率。

3. 饲料的适口性　饲料的适口性强时，马食欲旺盛，消化液分泌增多，对饲料的消化吸收就会提高。马的个体、年龄、神经类型不同，对饲料的消化能力也不同。例如我国的一些地方马种（蒙古马等），由于长期适应放牧条件，对粗饲料的消化利用就高，而培育的马种，如纯血马等，对粗饲料的消化利用就较差。因此，在饲养中应注意影响饲料消化吸收的各种因素，力求养好马匹。此外，喂前要使马在安静的环境中得到充分的休息，喂食要定时、定量，这都能提高对饲料的消化利用。

三、饲养管理一般技术

马随时准备奔跑，所以其消化机能特点决定了马只能少量采食，同时马摄取的植物性食物所含热能却又相对不高，这样就造成马在自然生存状态下需要长时间、小批量地采食。在人工饲养的环境中，适宜定时定量、少喂勤添的原则。此外，还要注意饮水，饮水必须清洁充足供应，以满足马的需要。由于马的肠道必须保持畅通，所以应当选择质地疏松，易消化，易转移的饲料，以确保不会出现食物黏结，甚至阻塞肠道的严重后果。

1. 认真配合饲料 日料配合应符合马饲养标准，适应马的消化生理，营养完全。为此，在马匹日常饲养管理中应根据不同用途和生长发育阶段马匹需要的营养标准，满足马匹对能量、蛋白质、矿物质及维生素的需要；此外，还应注意饲料的多样性，提高日料的适口性。采用含粗纤维不高的青绿多汁饲料，优质青干草，精料用燕麦、麸皮、大麦、豆饼、玉米等作为马的基本饲料。饲草、料都应洁净卫生、质地疏松。俗话说："草筛三遍，吃了没病"。马习惯吃的饲料，不要频繁更换，以免影响消化。

2. 充足饮水 养马有"宁肯缺把草，不可缺口水"的经验，充足饮水是保证马体健康、维持正常代谢的重要基础。马体水分占体重的60％以上。由于马的代谢旺盛，汗腺发达，由呼吸和汗腺排出了大量水分。特别是马的消化腺分泌量极大，一般马每天分泌的消化液可达70～80L。为补充体内水分的丢失，一般的马每天需要饮水37L左右（20～40L）。因此要给马充足的饮水，以补偿代谢的消耗，保证正常的生理机能需要。饮水不足，马的消化液分泌减少，影响消化机能，易引起消化结症，影响健康。俗话说："草饱、料力、水精神"，说明水对马的重要。马饮水必须清洁卫生，不要用污染水或陈旧水，可用清洁的井水和自来水。水温以在8～12℃为宜。马"切忌热饮"，作业刚完，体温、脉搏尚未平复，加之作业后马燥热饥渴，极易暴饮，引起疝痛或孕马流产。故有"饮马三提缰"之说，通常役用后，应使马稍事休息再饮水。一般一天饮水3～4次，早、中、晚或晚饲时各饮1次，并按"先饮后饲"的原则进行，有利于马的健康。

3. 精心喂养，讲究饲喂技术 一般马每日进食的饲料量为其体重的2％～2.5％，测量体重最好的方法是用地磅，也可通过测量体尺（如胸围和体长）并根据公式估测体重。如前所述，下面公式是比较常用的一种：

$$体重＝胸围^2×体长/11\ 880$$

式中，体重单位为kg，胸围、体长单位为cm。

马采食细致，咀嚼慢，时间长。据此特点，为养好马，除必须让马有足够的时间采食、咀嚼并选择疏松易消化、品质好、清洁卫生、营养完善的饲料喂马外，更应严格遵守"定时定量，少给勤添，先粗后精，分槽饲养"的原则。即按一定时间喂马，不可忽早忽晚，早了马的食欲不振，晚则马易暴食，造成消化不良。一般每天早、午、晚、夜喂马4次，每次2～3h，各次的间隔时间大致相等，每次不超过1.8kg。马的采食量见表6-2。为了使马多吃草料，夜间饲喂是重要的。俗话说："马无夜草不肥"，只靠白天饲喂，满足不了马的食量和营养需要。夜间喂马，应以粗饲料为主，饲以优质干草，必须切成2～3cm长的短草，让马慢慢咀嚼，每次的喂量一定。俗话说："寸草铡三刀，无料也上膘"。马上槽时，注意环境安静，不要惊动它们，能让马咀嚼充分，食欲旺盛，利于消化，易上膘。喂的方法为先喂干草，而后饮水，饮完水再喂拌好的草料。这样可以使马不挑草料，细嚼慢咽。否则很难充分咀嚼，便会影响消化。每天定量补饲食盐也是必需的，可混合在日料中，或放在饲槽中任马自由采食。

表6-2 马的采食量（自然干燥的饲料）

类型		粗饲料（%）		精饲料（%）(1)		总量（%）
		占体重	占日粮	占体重	占日粮	
成年马	维持	1.5～2.0	80～100	0～0.5	0～20	1.5～2.0
	妊娠后期母马	1.0～1.5	65	0.5～1.0	35	1.5～2.0
	哺乳早期母马	1.0～2.0	45	1.0～2.0	55	2.0～3.0
	哺乳后期母马	1.0～2.0	60	0.5～1.0	40	2.0～2.5
使役马	轻役	1.0～2.0	65	0.5～1.0	35	1.5～2.5
	中役	1.0～2.0	40	0.75～1.5	60	1.75～2.5
	重役	0.75～1.5	30	1.0～2.0	70	2.0～2.5
幼驹	3月龄（2）	0	20	1.0～2.0	80	2.5～3.0
	6月龄断乳	0.5～1.0	30	1.5～3.0	70	2.0～2.5
	12月龄	1.0～1.5	45	1.0～2.0	55	2.0～3.0
	18月龄	1.0～1.5	60	1.0～1.5	40	2.0～2.5
	24月龄	1.0～1.5	40	1.0～1.5	60	2.0～2.5

注：(1) 自然干燥的饲料（含约90%的干物质）；(2) 不包括吃奶所吸收的营养。

4. 放牧运动 放牧不仅可使马自由采食青绿饲料，降低饲养成本，更利于马享受充足的阳光，呼吸新鲜空气，并得到适当运动，对促进马体新陈代谢，增强体质和健康极有益。运动的方法和运动量因马的个体有所不同。对种公马和后备种公马可按品种类型进行乘骑或挽拽运动，育成驹和繁殖母马可进行驱赶运动，对其他马可进行自由运动。运动量不可过大，以达到轻微出汗为度。在丰富的饲养条件下，运动时间和运动量可适当增加，对营养不良的马则相应降低运动量，增加自由运动的时间。

5. 马体卫生 注意马体卫生可以促进健康，减少疾病。除按期严格免疫外，更应加强平时卫生护理，俗话说："三刷两扫，好比一饱"（详见实习五）。

（1）刷拭：可保持马体皮肤清洁，加强皮肤代谢机能，促进血液循环，有利于消除疲劳，增强健康，并减少寄生虫和皮肤病的发生。还可及时发现外伤，尽早治疗。刷拭可简可繁，一般马只用刷子或扫把刷扫马体，干净为止。对种公马尤其在配种期，必须加强刷拭，每日刷2次，每次20～40min，在厩外进行为好，以保持厩内清洁。刷拭要注意安全，动作先逆后顺，既刷掉毛根部皮垢，又要达到按摩皮肤、促进血液循环的作用。刷完后用湿布擦拭眼、口、鼻等无毛部位。对鬃、鬣、尾等长毛，用木梳梳理，并定期用肥皂水洗涤及修剪。种马运动后和役马工作完都要进行简单刷拭，卸掉鞍具，用扫把扫一扫，简单刷拭其出汗部位、四肢和四蹄都是必要的（图6-3）。

（2）护蹄：是保持马蹄机能正常的重要措施，马蹄是否健全，对马的生产能力及健康影响很大。做好护蹄工作，不仅可以预防蹄病发生，保证马匹正常的使役体况和延长使用年限，而且对幼驹发育、体型及肢势关系甚大，"无蹄则无马，无铁则无蹄"。不重视修蹄，易长成变形蹄，如狭蹄、平蹄、高蹄和斜蹄等。护蹄至少包括以下几个方面。

图 6-3 马匹刷拭护理示意图

①平时护蹄：保持马蹄清洁与健康，注意洗刷蹄底、蹄叉。厩舍清洁干燥，地面平坦，干湿适宜，过于潮湿易使蹄质松软，日久形成广蹄；过于干燥易发生蹄裂和高蹄。应避免马蹄经常浸泡在粪尿污泥中，以防水疵病或引起蹄叉腐烂。注意厩舍清扫，勤换铺草，应及时修蹄挂掌。

②削蹄：削蹄是保持蹄形正常、防止出现变形蹄的重要措施。马蹄角质部每月生长 5～9mm，青、幼年驹生长速度更快，如不修蹄，必然造成蹄形不正，造成肢势不良，引起蹄病或跛行。通常役马 4～6 周削蹄一次，幼驹每月削蹄一次。削蹄前，先让马站在平坦地方，观察确定要修剪的部位和分量。正确的蹄壁应与地面保持适当的角度，前蹄为 45°～50°，后蹄为 50°～55°，可先剪去过长的蹄壁，再将蹄负面削至露出白线为度，将蹄底、蹄叉的坏死组织削去，至露出新角质即可。把蹄叉的中沟、侧沟削成明显的沟，蹄支则需保留完整，最后铲平蹄底。这种削法，有利于发挥蹄的机能。

③装蹄铁：为防役马蹄过度磨损，应结合削蹄、修蹄，定期换装蹄铁。蹄铁应适合马蹄的形状和大小，适当宽厚，留有剩缘剩尾。冬天防冰雪打滑，最好用铁脐蹄铁。配种公马、不使役的繁殖母马、2.5 岁以前的马驹和育成马以及群牧马都可不装蹄铁（图 6-4）。

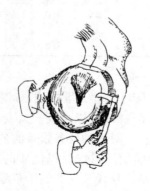
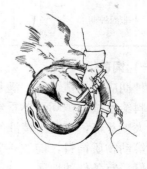

图 6-4 锉蹄底和钉掌示意图

6. 厩舍卫生 搞好厩舍卫生对保持马体卫生、维护马体健康非常必要。马厩每天认真清扫，按期起垫，保持地面清洁平坦干燥；厩床应铺垫草，经常清除添换，保持清洁干燥，以利于马卧下休息；应注意关闭和开启门窗，使厩内阳光充足，空气流通；每月消毒一次。饲槽、料缸、水槽要经常刷洗晒干，定期消毒。为马匹创造卫生、舒适的生活环境。

第四节　种公马的饲养管理和利用

加强种公马的饲养管理，旨在提高和充分发挥其配种能力。应使公马保持健壮的体质、种用体况、充沛的精力、旺盛的性欲，能产生大量品质优良的精液，不断提高受精率。为此必须及早根据种公马的配种特点和生理要求，在不同时期，给以不同的饲养管理。大致可按配种期与非配种期分别合理安排。

一、配种期饲养管理和利用

种公马在配种期一直处于性活动的紧张状态。为保证它的种用体状和旺盛精力，在配种开始前 2～3 周应完全转入配种期的饲养，加强管理，注意日料配合、运动量和精液品质三者密切配合，保持三者间的稳定性（表 6-3）。

表 6-3　种公马日料配合示例（kg）

马匹类型	期别	配方例	精饲料						干草		多汁饮料		矿物质饲料（g）	
			麦类	麸皮	玉米或高粱	油饼类或豆类	小米或稗子	合计	禾本科牧草	谷草	胡萝卜	麦芽	食盐	骨粉
重型公马	配种期	1	2.5	1.0		1.5	1.5	6.5	10.0	5.0	3.0	1.0	50	50
		2		1.5	2.0	1.5	1.5	6.5	10.0	5.0	3.0	1.0	50	50
	非配种期	1	2.0	1.0		1.0	1.5	5.5	8.0	4.0			50	50
		2		1.0	2.0	1.0	1.5	5.5	8.0	4.0			50	50
轻型公马	配种期	1	1.5	1.0		1.5	1.5	5.5	8.0	4.0		1.0	50	50
		2		1.0	1.5	1.5	1.5	5.5	8.0	4.0	3.0	1.0	50	50
	非配种期	1	1.5	1.0				4.5	8.0	4.0			50	50
		2		1.0	1.5			4.5	8.0	4.0			50	50

（一）饲养

配种期应增加精饲料，满足公马对能量、蛋白质、矿物质及维生素的需要。据国内经验，精料给量按每 100kg 体重给 1.5～2kg。以燕麦、大麦、麸皮为主，酌情加些豆饼、胡萝卜和大麦芽等，有益于精液的生产。对配种任务繁重的公马，日料中还应适量加入鸡蛋和肉骨粉等动物质饲料，能改善精液品质。粗饲料以优质的禾本科和豆科（应占 1/3～1/2）干草最好。有条件的地区，可用刈割青草代替 1/2 的干草喂量，又可在阳光下自由运动，对恢复公马体力、促进性欲极为有益。为保证种公马的体况，必须做好夜饲。这是养好公马的重要措施之一。

（二）管理

配种期对种公马的运动锻炼是发挥公马配种能力和有效利用的重要措施。运动量必须恰当掌握。运动量是否合适，以公马的膘情、肌肉坚实性、公马精液品质、性机能状况等为依据。乘用型公马实行骑乘运动，每天 1.5～2h，用 1/3 步度，日行进 15～20km。兼用型马可挽轻驾车，挽力 30kg 以内，每天 2～2.5h，日行 10～15km。重型或挽乘兼用型马驾车或拉撬运动，每日 3～4h，挽力 40～50kg，用 1/4 步度，日行 20km，运动后以耳根肩部稍出汗为宜。对种公马的饲养管理操作规程必须结合运动合理安排，便于公马采精或配种后，生理机能得到有规律的恢复与调整。种公马饲养管理工作日程可参考表 6-4。

表 6-4 种公马饲养管理工作日程

项 目	配种期	非配种期
饮水、饲喂（投草及喂料）	3：00～4：00	5：00～6：00
清扫马房、检温、刷拭	4：00～5：00	6：00～7：00
运动	5：00～7：00	7：00～9：00
日光浴	7：00～7：30	9：00～10：00
采精	7：30～8：00	—
饮水、饲喂	9：00～11：00	10：00～11：00
午休	11：00～13：00	11：00～13：00
饮水	13：00～13：30	13：00～13：30
清扫、检温、刷拭	13：30～14：30	13：30～14：30
运动	14：00～16：00	14：30～16：00
休息	16：00～16：30	16：00～17：00
采精	16：30～17：00	
饮水、饲喂	18：00～19：00	17：00～18：00
投草	21：00	21：00

创造良好的厩舍条件，亦是加强种公马饲养管理的重要内容。种公马应单厩饲养，厩舍宽敞，空气流通，光线适宜。让种公马有一定空间，可自由活动和休息，不必拴系，舍温在 5℃ 左右为宜。厩外应建逍遥运动场，公马自由活动，行日光浴。接触公马要温和耐心，对易兴奋的公马更应注意。粗暴会抑制公马的性反射，造成精液品质下降。

二、非配种期的饲养管理

种公马非配种期的饲养管理会直接影响配种期公马配种能力，故不可忽视。根据公马的生理机能与体况，非配种期可分为恢复期、增健期和配种准备期，应分别进行。

（一）恢复期

指配种后 1～2 个月，大致在 8～9 月。在这一段时间，主要是使种公马体力能得到恢复，此时可酌情减少精料，特别是蛋白质饲料，增加大麦、麸皮等易消化饲料、青饲料和放牧；应减少运动时间和运动量，增加逍遥活动。

（二）增健期

指公马体力恢复后，在饲养管理上进入以增进健康，增强体质为宗旨的锻炼期。这时至秋末、冬初时节，天高气爽，逐步增加运动量和精饲料量，使公马体力、体质、精力强健旺盛起来，为来年配种打下良好基础。

在增健期精饲料量可比恢复期增加 1～1.5kg，特别偏重增加热能较高的碳水化合物饲料，如玉米、麸皮等。要逐步增加运动时间，加强锻炼。

（三）配种准备期

通常在年初1～2月。为增强公马配种能力，此期的饲养管理格外重要。饲料喂量应逐步增至配种期水平，并偏重于蛋白质与维生素饲料。要正确判定种公马的配种能力，每周对种公马进行三次精液品质检查，每次间隔24～28h，发现问题及时采取相应措施加以补救，并相应地减少运动强度，到配种前1个月，要去掉跑步，以储备体力，保持种用体况，具备旺盛精力和理想的配种能力。

第五节　繁殖母马的饲养管理

母马的饲养管理不仅为了繁殖，在农区尚兼役用。母马有空怀、妊娠及哺乳等生理状况。因此，必须根据这些特点，给予妥善安排。

一、空怀母马的饲养管理和配种

母马空怀的原因很多，其中尤以营养不良、使役过重影响最大。牧区越冬以后膘情最差。农区春耕大忙季节，过度劳累，饲养管理不当，都可造成母马不发情或发情异常而失配。俗话说："有膘才有情"，为了保证母马正常发情配种，应从每年配种开始前1～2个月，改善饲养管理，提高营养水平。日料中有足量的蛋白质、矿物质和维生素饲料；对使役的母马，可适当减轻劳役，使营养与使役相适应，保持合适的配种体况。体况过肥或生殖器官疾病，是造成母马不能正常发情、影响配种的另一重要原因。保持中等膘情，及早检查预防生殖疾病，加强管理，增强体质，是搞好空怀母马配种受胎的有效措施。

二、妊娠母马的饲养管理及接产

马妊娠期平均333d。母马妊娠后，生理机能会发生很大变化，对环境条件格外敏感。因此要防止意外事故发生，并加强和改善饲养管理条件。母马健康、营养平衡是保护胎儿良好生长发育的前提。对妊娠母马的饲养，在满足自身营养需要外，还应保证胎儿发育及产后泌乳的营养需要。对初配青年母马，更需满足它自身的生长发育对营养的需要。

根据胚胎的发育程度、在细胞分化和器官形成的不同阶段时期，对妊娠母马的饲养管理应各有所侧重、调整和补充。

（一）妊娠前期

母马怀孕后，胚胎发育的前3个月，处于强烈的细胞分化阶段，经过急剧的分化，形成了各种组织器官的胚形与雏形。胚胎相对生长很强烈，但绝对增重不大。对营养物质的要求较高，而量的要求不多。因此，对妊娠早期的母马，注意饲以优质干草和蛋白质含量较高的饲料，配合营养完全的日料。有条件的地方应尽可能每天放牧，便于摄食生物学价值较高的蛋白质、无机物和维生素，以促进胚胎发育和预防早期流产。

（二）妊娠中期

通常是指妊娠第4～8个月，胚胎形成所有器官的原基后，种和品种的特征亦相继明显，胎儿生长发育加快，体重增加近初生重1/3。为了满足胎儿快速生长发育的营养需要，母马日料中应增加品质优良的精饲料，如谷子、麸皮、豆饼等。特别应饲喂以用沸水浸泡过的黄米和盐煮的大豆，对增进妊娠母马的食欲、营养和保胎都有良效。胡萝卜、马铃薯、饲用甜菜等块根、块茎不仅可以提高日料中维生素含量，促进消化，还有预防流产的良好作用，入冬以后，应尽可能配给。日料配合可参考表6-5。

对妊娠中期母马应精心护理，除注意厩舍卫生，坚持每天刷拭外，日料可分3次喂给，饮水在4次以上，不能空腹饮水，更忌热饮。饮用水温以8~12℃为宜。合理利用妊娠母马担当轻役或中役，有利于胎儿发育，也有利于顺利分娩。但应避免重役或长途运输，不可用怀孕母马驾辕、拉碾、套磨或快赶、猛跑、转急弯、走冰道、爬陡坡，更要防止打冷鞭。对不使役的孕马，每天至少应有2~3h运动，对增强母马体质，防止难产有积极意义。

表6-5　妊娠母马日料配合

品　种	青干草 (kg)	干苜蓿 (kg)	谷草 (kg)	谷子 (kg)	玉米 (kg)	麦麸 (kg)	豆饼 (kg)	胡萝卜 (kg)	食盐 (g)	骨粉 (g)
轻型（轻役）	6.0	3.0	2.0	1.0	1.0	1	1	1	40	40
重型（重役）	10.0	3.0	2.0	2.0	0.5	1	1	2	50	50
地方品种（轻役）	—	3.0	1.0	1.0	1.0	1	1	1	40	—

（三）妊娠后期

指妊娠第9~11个月，胚胎发育进入胎儿期。此阶段胚胎发育的最大特点是相对生长逐渐减慢，而绝对生长明显加快。胎儿期胚胎的累积增重可占初生重的2/3。国外也有资料表明，在妊娠期的最后3个月，胚胎的总增重可以达到母马体重的12%，加之母马此时还需储备一定营养用于产后泌乳，致使母马对营养的需要量急剧增加，营养不足直接造成胎驹生长发育受阻（胚胎型）的事例屡见不鲜。

在妊娠的最后1~2个月内加强饲养，对提高母马产后泌乳量起重要作用。但临近分娩前2~3周粗饲料要适当减少，豆科干草和含蛋白质丰富的精饲料都应减少饲喂，否则不仅可能造成母马消化不良，而且也会造成产后因母乳分泌量过多而引起幼驹过食下痢，甚至发生母马乳腺炎等疾患。

为保证母马顺利分娩，在产前0.5~1个月，应酌情停止使役，每天注意刷拭，并保持适当的运动，在放牧地、运动场逍遥游走2~3h，对母马和胎儿都有利。为了安全分娩，此时母马应单圈饲养，厩舍多加垫草，圈舍宽大干燥，冬暖夏凉，饲养人员牵马入圈应注意避免碰撞，以防不测。

分娩是一项受神经、体液双重调节的生理过程，应认真做好接产工作。除产前备好手术盘等消毒用具外，在母马出现分娩症状时，应有专人日夜值班，加强护理，随时助产。母马分娩多在夜间，分娩时应保持安静，防止干扰。通常母马分娩后30min左右，胎衣自行脱落，对胎衣不下的母马，应及时请兽医人员处理。母马产后，助产人员及时清除被胎水污染的垫草，喂饮加入少量食盐和温水调制的麸皮粥或小米汤，以补充马体水分，缓解疲劳并促进泌乳。产后3~5d，将母马养在厩内，夜间多铺垫草，预防贼风吹袭，要注意卫生，防止感染，天气暖和时可将母马带驹放在小运动场中，行日光浴，对健康有益。

三、哺乳母马饲养及初生驹护理

（一）哺乳母马饲养

饲养哺乳母马应从妊娠的最后1~2个月抓起，加强管理，满足营养需要，增强体质，有良好体况，才能保证分娩后母马健康和分泌多量的乳汁哺育幼驹。

哺乳母马负担很重，在维持自身营养的同时，必须保持泌乳和产后再次受胎的营养供给。因此对哺乳母马的饲养管理应非常重视。

影响母马泌乳能力和泌乳量的因素颇多，除品种、年龄、泌乳期的长短及母马本身的体况外，主要与饲养水平和饲料的营养成分有关。母马得到良好的饲养，不仅泌乳能力强，而且乳汁营养价值高。在实际饲养中，必须做到饲以喂量充足、营养完善的日料，保证哺乳母马获得足够的能量、蛋白质、维生素和矿物质。产后前 3 个月，是母马泌乳的高峰期，日料干物质中的粗蛋白含量至少应保持 12.5％～14％的水平。

哺乳母马每天需水量大，必须有充足饮水。通常白天饮水不应少于 5 次，夜间可自由饮水。为了加速子宫恢复，在产后第 1 个月内，要饮温水，水温在 5～15℃较为适宜。要补足盐和钙质。舍饲役用哺乳母马的日料配合可参考表 6-6。

表 6-6　舍饲役用哺乳母马日料配合表

品　种	干草(kg)	干苜蓿(kg)	谷草(kg)	豆饼(kg)	谷子(kg)	玉米(kg)	麸皮(kg)	胡萝卜(kg)	青贮料(kg)	食盐(g)	骨粉(g)
轻型品种（轻役）	6	4	2	1.0	1.5	0.5	1.0	4.0	—	40	40
重型品种（重役）	10	4	2	1.5	1.5	1.0	1.0	2.0	5.0	50	50
地方品种（轻役）	—	—	9	1.5	0.5	1.0	0.5	1.5	2.5	40	40

个别母马乳量不足，可加喂炒熟的小糜子 0.25～0.5kg，连喂几天，有明显的催乳作用。母马在产后 1 个月内应停止使役，1 个月后开始轻役。使役中要勤休息，便于幼驹哺乳。

（二）初生驹护理

做好初生驹护理，对提高幼驹成活率，保证幼驹生后有良好的生长发育具有积极意义。

幼驹产下时，护理人员先用干净布将马驹口鼻中的黏液擦去，以免妨碍呼吸。对不能自然断脐的马驹，尽快人工断脐，并严格消毒包扎。擦干幼驹身上的水分，去掉蹄底的软角质，使成平面，有利于站稳。干净马驹安置在有干净垫草、温暖干燥处，以防感冒。待马驹能自行立起后，应扶持接近母马，尽快吸吮初乳，以利于增强初生驹抵抗力和排出胎粪。在马驹吸吮前，应先将母马乳头用温水洗净，并将乳房内积存的乳汁挤出少许，防止马驹吸后腹泻。马驹哺乳量应少量多次，切忌一次多食。应注意及时对马驹进行破伤风防疫注射。从出生后 4～5d 开始，在天气晴朗时，让马驹随同母马在舍外活动，有益于增强体质和健康。

第六节　幼驹培育

幼驹培育是养马生产、育种与改良的基础。马驹出生后，生活环境发生了很大变化，为了适应新的生活条件，幼驹的血液循环、呼吸、消化系统，乃至各种组织器官在结构上亦有明显变化，因此加强对幼驹的护理，进行科学的饲养与调教，对提高幼驹适应能力、增强体质、促进生长发育、提高成年时期的质量都是十分重要的。

一、哺乳驹培育

马驹从初生至断乳为哺乳期。它是幼驹生长发育最强烈的时期，各种组织器官迅速适应环境，开始发挥功能、调节体温、消化吸收营养物质，机体的免疫抗病能力亦随之增强。这种剧烈变化为以后的生长发育奠定了基础，也对科学饲养管理提出了更高的要求。

哺乳期饲养管理不善，会造成幼驹较高的死亡率，营养不足是幼驹生长发育不良的主要原因。为了保证幼驹健康和发育，应在生后 1h 内吃到初乳，以提高初生驹的抵抗力并尽快排出胎粪，防止发生便秘。1 月龄幼驹，完全依靠母乳维持生长，基本能满足它的营养需要，还应注意加强哺乳母马的饲养管理，以保证马驹能吸吮到充足的母乳和健康成长。

发育健壮的马驹，生后 10~15d 就开始自动寻食青草或精饲料。1 月龄对环境已能良好适应，日增重大，营养需求增多，应开始初饲以精饲料为主的混合日料。由于它的消化能力尚弱，补饲的精饲料以麸皮、压扁或磨碎的大麦、燕麦、高粱、豆饼粉等为主。食盐、钙、磷等矿物质饲料和胡萝卜等多汁饲料，也是哺乳期幼驹所必要的饲料。粗饲料以优质的禾本科干草和苜蓿干草为宜，自由采食。

幼驹初料时间，应与母马饲喂时间一致，要单设补饲栏与母马隔开，以免母马争食。哺乳驹饮水易被忽视，应予注意，可在补饲栏内设水槽，让幼驹自由饮用，水应充足洁净。母子群一同饮水时，要小群分饮，使马驹饮足饮好。

初生幼驹遇母马死亡或母马无乳，必须设法寄养，最好的方法是找代哺母马或用代乳品。如果代乳母马拒哺，可将代哺母马乳抹在幼驹身上，然后逐步诱导哺乳，易获成功。代乳品的营养含量应尽量与马乳接近，经过消毒，温度适宜，适口性好，易于吸取，有利于幼驹消化吸收和满足生长发育需要。

二、马的母性行为

哺乳动物的母性行为包括：做窝、断脐、洁净胎衣、看护仔畜、哺乳和放乳、监护教育仔畜。这些行为马基本都有。马群行动，老母马有叫醒幼驹跟群的行为。个别母马有啃咬幼驹残存脐带的行为，应注意防止。马不吃胎盘。分娩后，母马有舔湿驹的行为，可加快胎毛的干燥和提高体温。母马也有舔幼驹肛门的行为，以促使胎粪的排出。有时表现为在幼驹哺乳时，用嘴压迫尾根，诱导其反射性排粪。这种行为可保持到幼驹采食饲料以前。

母马哺乳行为来自幼驹的刺激，移走幼驹，则泌乳停止，3d 以上可以完全断乳。1 周以内的断乳，仍可恢复泌乳。个别轻型母马乳区或乳房敏感，拒绝幼驹哺乳，这时应给予人工扶助。放乳，是幼驹吮乳动作刺激时，经一段时间，使乳汁分泌突然增加。放乳受中枢神经控制。马神经控制力很强，乳房比其他家畜相对要小，但泌乳量很高，可见马放乳机能很强。放乳是通过对幼驹的视觉和触觉刺激，传入中枢神经再支配垂体分泌后叶素，使乳房放乳。若神经中枢受到干扰，可影响放乳和泌乳，如发情、疼痛、疲劳等因素均可影响。

幼驹生后 1 周以内，对母马识别能力弱，视觉和嗅觉反应都不强。舍饲马初次混群，由于兴奋，幼驹的识别能力受干扰，往往发生误认母马而被踢、咬的事故，在并群时应特别注意。母马根据嗅觉、视觉和听觉识别幼驹。特别是嗅觉，一次即可记忆。利用母马寄养幼驹时，产后初期易于接受，产后 1 周的幼驹，已有识别信息记忆，往往拒绝接受母马寄养，需要饥饿 1d 再行寄养。寄养时，必须先干扰母马的嗅觉，使之失去辨认能力。用消毒药喷撒母马鼻部和幼驹，马对幼驹的辨认能力会完全消失，很容易接受寄养。幼驹生后短时间内，母马不能建立视觉信息的记忆，但嗅觉却非常深刻。有直系亲缘关系的母马和幼驹，较易接受寄养，不需特殊方法。

三、断乳驹培育

幼驹哺乳期一般为 6～8 个月，断乳时期主要视母马的体质、体况、妊娠与否等情况，有时稍提前或延后。断乳后经过的第一个越冬期是饲养管理中最重要的时期。由于生活条件的差异和变化，断乳近期和断乳后的饲养管理应按具体情况妥善安排，稍有疏忽，常造成幼驹营养不良，生长发育受阻，甚至患病死亡。

哺乳驹断乳前必须做好各种准备：检查确定应该断乳的幼驹；修缮厩舍和围栏，准备饲料与用具；选好放牧地和幼驹习惯采食的草、料等。断乳时，要断然把幼驹与母马隔离开，将发育相近的幼驹集中在同一厩舍内，使它们不再见到母马，也互相听不到叫声。开始时，幼驹思恋母马，烦躁乱动不安，食欲减退，甚至一时拒食，必须昼夜值班，加强照管，关在厩内。为稳定幼驹情绪，可在饲槽内放一些切碎的胡萝卜块，任其采食，或在驹群中放入几匹性格温顺的老母马或老骟马做伴。一般经 2～3d，幼驹即可逐渐安静，食欲也逐步恢复，可赶入逍遥运动场自由活动，约 1 周后，可在放牧地运动，开始每天 1～2h，逐日延长时间。幼驹在断乳期间应精心饲喂，细心护理。饲以优质适口的饲料，如青苜蓿、燕麦、胡萝卜和麸皮等，精饲料不宜太多，饮水必须充足。

断乳驹的管理，主要包括运动、刷拭、削蹄、量体尺、称体重等，应形成制度，按时进行。必要时公母驹应分群管理，预防偷配早配。

四、1～2 岁驹培育

1～2 岁驹体尺继续增长，而胸围与体长增长较快。饲料量要相应增加，并加强放牧，锻炼身体，增强体质，提高适应性。由于消化能力已有了提高，精饲料给量可随月龄增长逐步减少，而优质粗饲料相应增加。

五、种用驹驯致和测验

驯致马驹是培育中的重要措施，特别是种用驹，对成年后具备良好使用性能有重要意义。驯致工作是以马匹行为学、运动生理学为基础，顺应马驹生长发育规律，能动地诱使马驹体察人意，服从指使，达到培育出优良马匹的目标。

驹越小，驯致效果越好。一般从生后 2 周起，就应频繁与幼驹接触，轻声呼唤，轻挠颈、肩、臂部和四肢，做到人畜亲和，逐渐使马驹不怕人接触、抚摸与刷拭，为日后驯致、调教打好基础。

工作中必须温和耐心，刚柔并举，善于诱导，技术上要做得准确，方法得当，循序渐进。粗暴或操之过急往往造成相反结果，降低功效。培养马驹对人的感情，消除惧怕心理，逐渐使马驹习惯于举肢和听一些简单口令，以至完成基本的驯致。要针对每匹马驹的性格特点，采用不同的方法，以获得较好效果。

具有驯致基础的马驹，即可进行基本调教。通常应在挽用驹生后 10～12 个月，开始训练其戴笼头，上衔和拴系，牵行，并使其熟悉前进、停止、调转后躯、左右转弯等动作和口令。装配马具时，必须先将马具让马看过、嗅过、熟悉，并在马背上反复摩擦，使其不生畏惧。进行入车辕、背挽鞍、坐皮抗压的训练，以便于日后使役。

乘用驹年龄达 1.5 岁时，开始调教，先反复练习上衔，再习惯肚带，然后可用缰绳牵引做前进、后退、停止、左右转弯的动作，同时配合动作的口令训练。装鞍、加蹬易使马驹受惊，应有 2～3 人配合，恰当控制，循序渐进。完成上述调教后，即可进行骑乘训练。

无论用途如何，马驹在基本调教的基础上，经过性能锻炼，才会提高生产能力。乘用驹主要包括慢步、快步、跑步及其他类步的调教训练。经训练后，方能进行能力测验，包括平地赛跑、越野赛、越障碍和特技比赛，借以选拔优秀个体。挽用驹的性能调教包括速度、挽力和持久力三方面。通常共训练 8 个月。前 6 个月，因马的体格较小，负重 15～30kg，进行慢步、慢快步、快步调教训练。后 2 个月为了提高挽力和速度，可采用综合调教，负重35～55kg，在慢步调教中配合进行适当快步，包括伸长快步训练。挽用驹能力测验标准见表 6-7。

表 6-7　挽用驹能力测验标准

测试项目	测验结果		
	优　良	合　格	不　良
快步 2 000m	不超过 7min	7min28s 以下	7min30s 以上
慢步 2 000m	不超过 18min	18～20min	20min 以上
用最大挽力所走距离	200m 或更多	100～199m	100m 以下

第七节　役马的饲养管理

役马的正确饲养管理，对保护马的健康，提高作业效率，延长使役年限，都具有重要的现实意义。俗话说："三分喂手，七分使手"，很有道理。

一、役马的营养特点

役马需要的营养和繁殖用马不同，除一定数量的蛋白质、脂肪、维生素和矿物质外，要以产生热能多的碳水化合物饲料为主。蛋白质与机体的代谢有密切关系，应补充一定数量，以保证组织和器官的正常生理活动。如果日粮中碳水化合物不足，就会被迫动用体内的脂肪甚至蛋白质，影响马的健康。矿物质和维生素对役马也很重要，日粮中矿物质不足，会引起马体衰弱，劳役能力下降，以至患软骨症等病，维生素不足，会出现维生素缺乏症。

二、役马的日粮配合以及饲喂技术

（一）役马的日粮配合

役马每天所需要的草、料数量决定了它的体格大小，使役强度和饲养管理水平。对草、料若精调细做，饲喂得法，即使给料较少而草好量足，也能上膘。

役马的日粮配合，既要符合役马的营养需要和消化特点，有利于劳役能力的发挥，又要按照各地的具体条件，做到粗饲料、精饲料和青饲料合理搭配，力求多样化。役马的日粮组成见表 6-8。

表 6-8 役马（体重 300kg）日粮组成

作业种类	粗饲料（kg）	多汁料（kg）	精饲料（kg）						矿物质饲料（g）	
	干草	胡萝卜	高粱	谷子	玉米	豆饼	线麻子	合计	食盐	碳石粉
重　役	8.5	—	1.0	0.5	1.0	1.0		3.5	40	40
中　役	8.5	0.3	0.5	1.0	0.75			2.75	35	35
轻　役	8.0	—	0.5	1.0		0.75		2.25	35	35
哺乳马（前期）	8.5	2.5	1.0	0.5	1.0	0.75	0.25	3.5	40	40

（二）役马的饲喂技术

一般包括分槽饲养，固定槽位，定时定量，少喂勤添，充足饮水等。

1. 分槽饲养　由于受年龄、个体和牙齿等不同影响，马的采食有快有慢，混槽饲喂时容易发生饥饱不均。为此，应该按公母、强弱、年龄和个体等情况，实行分槽饲养，固定槽位。临产母马和当年马驹要设单槽。

2. 定时定量　应根据马的消化特点，各季节农活的种类，劳役强度和工作时间来确定每天的饲喂时间、次数和数量。冬季天冷夜长，农活较杂，每天要喂 4 次（早、午、傍晚、夜间）。春季和夏季农活重，每天可加至 5 次（早、午、晚和上下午中间休息时）。秋季气候凉爽，活动较少，每日喂 3 次即可（早、午、晚）。

3. 少喂勤添　根据马消化和采食特点，可实行"先草后料，少喂勤添"的办法。不要让马吃剩草剩料。晚上不喂料，仅投给干草，喂到八九成饱即可。

4. 充足饮水　役马必须充足饮水，一般早饲后、午饲前后、晚饲前和夜间要饮水，天热活重时，还要增加饮水次数。每天要按量喂盐，盐可加在料中，也可单设盐槽，让马自由舔食。

第八节　运动用马的饲养管理

一、运动用马的饲养

具有良好遗传性的马匹，发育正常，形成适于发挥能力的类型、体格、气质和外形结构，是在适宜的饲养管理条件下，经过系统调教，再加骑手高超的技艺等诸因素综合作用的结果，使马匹充分表现其遗传潜质，创造某运动项目的最佳成绩。饲养是保证健康的重要因素。正确饲养的作用表现在长远的效应上，它可能使马匹终生竞赛更加经常和有效，并减少疾病和受伤，运动生涯更加长久。四肢病是运动用马的普遍问题，但调教和使用不当可能只是其直接诱因，而营养和饲养不良才是根源，良好的饲养管理能减少这些问题的发生。

运动用马饲养原理与其他马相同，但运动用马在共性的基础上又有其特点，本节仅对此加以叙述。

（一）营养需要

1. 水　对运动用马极为重要。俗话说："草膘、料力、水精神"，说明水很重要。马因剧烈运动大量出汗且机体过热，对水的需要量可比安静状态增加 1～3 倍。因过度出汗或缺水，马可能出现脱水现象，在竞赛或长途行程后会出现疝痛。成年马日需水量 20～50L。营养和水供应不足会使马痉挛，并很快疲劳。运动前没有合理饮水，马的竞技能力和恢复能力都会降低，因此赛前赛后马应补充其需要的水分。

2. 能量　对运动用马特别重要，供应不足，马能力降低。马匹经受调教或参加竞赛对能量需要成倍增长，赛跑马比非运动马能量消耗高一倍多。马各种运动所需能量：在维持基础上，慢步时，每千克活重每小时消化能需要量为 2.09J；缩短快步、慢跑步时为 20.92J；跑步、飞快步和跳跃时 52.3J；跑步、袭步、跳跃为 96.23J；最大负荷（赛马、马球）时 163.18J，这些可作为计算马匹能量需要的依据。而实际上可能比这还要大，有报道障碍马需要能量为逍遥运动乘用马的 78 倍。因此运动用马的饲养特点之一是及时供应所需能量和尽可能地在机体内储备充足的能源。

马体能源主要来自脂肪。肌糖原和游离脂肪酸在保障肌肉工作的能量中起主导作用。肌糖原由碳水化合物形成，故应及时供应易消化的碳水化合物。饲料脂肪和肌肉中积蓄的脂肪可变为被肌肉有效利用的游离脂肪酸，来满足能量方面增加的需要，作为调教、竞赛和超越障碍时的能源。

马盲肠微生物能利用纤维素合成不饱和脂肪酸，因此日料中适当比例的粗饲料不可缺少。过剩的蛋白质氧化燃烧也能产热，但转化不经济，蛋白饲料价格高，不宜作为能源供应。

3. 蛋白质　虽然与生命息息相关，但蛋白质饲料过量，会导致出汗增加，使马表现迟钝，竞赛后脱水，脉搏呼吸频率升高，四肢肿胀，尤其对耐力强的马造成不必要的压力，长期如此会使肾脏受损。轻则引起疲劳，重则会因肌肉力量不足导致意外，甚至引起肌肉疾病，能力下降。蛋白质过剩的标志是汗液黏稠多泡沫。

肌肉做功靠的是能量而非蛋白质。随着运动增强对能量需要增加，而蛋白质需要提高不多，仍在维持水平，只要保持日料的能量蛋白比合适即可。对成年马无论休闲还是竞技，日料中的可消化蛋白质均以 8.5% 为宜，调教中的马驹为 10%。马所必需的氨基酸为赖氨酸、色氨酸、蛋氨酸和精氨酸。赖氨酸不足会降低运动成绩，色氨酸可维持高度兴奋，精氨酸对抗病，尤其有压力情况下抗病有作用。必需氨基酸缺乏时肌肉紧张度差，血红蛋白合成慢，恢复过程长。赖氨酸需要量 2 岁驹为 0.5%，成年马为 0.25%～0.4%（依运动成绩而定）。马虽然也能利用一定数量的非蛋白含氮物，但高能力马最好不用。

4. 维生素　马体内某些维生素不足却无任何症候，但会对马的工作能力有不良影响。剧烈运动对各种维生素需要普遍提高。

马匹维生素 A 需要量与能力水平有关，但喂量过多又可能引起骨质增生症。维生素 D 缺乏会引起关节强直和肿胀、步态僵硬、易骨折、运动困难和原因不明的四肢病；为防止四肢病应格外关注马日料中维生素 D 水平。维生素 E 对运动马意义重大，它促进持久力，预防过早疲劳和工作后疲劳推迟出现，调节呼吸，保证骨骼机能；可顺利治疗马驹的肌炎和肌营养不良；维生素 E 缺乏则红细胞和骨骼丧失抗力，表现为跛行和腰肌强直，据称赛马场 2%～5% 的马患此症，多在紧张调教后一两天休息时出现，经常运动的马易患，训练课目变换时易表现。添加 2 000～5 000IU/d 维生素 E 可提高结实性，缩短恢复时间，延长使用时间一个季度。马驹易调教，尤其对神经质、气质激烈的马有效。调教中的马，维生素 E 需要量为 50～100IU，竞赛马 1 000～2 000IU，还有人在赛前 5～7d 每日给马 7 000IU 含硒维生素 E。维生素 C 治疗马鼻出血有良效，某些情况下还可作为止痛药。马处于应激状态和天气炎热时需添加维生素 C。维生素 C 不足马易疲劳，工作后关节发病。对调教和竞赛马，肠道合成的维生素 B 族不能满足所需，日料中缺乏青绿饲料和粗饲料时均需添加。维生素 B_1

与能量代谢有关，缺乏时马协调运动不良（尤其后肢），心脏肥大，肌肉疲劳。维生素 B_{12} 为血液再生所必需，可保证运动用马健康。乏瘦、虚弱的马，注射维生素 B_{12} 有良好反应，能迅速改善体况。日料应富含维生素 B_{12}，供应钴可促进维生素 B_{12} 合成；烟酸为生长马驹和调教中的马所必需；日料中添加 5‰胆碱 6～8 个对肺气肿有治疗作用。

5. 矿物质 马匹剧烈运动大量出汗，许多矿物质随汗排出，运动用马对矿物质需要增加。竞赛马日料中钙、磷和食盐常不足，添加矿物和微量元素十分必要。

首要的是钙和磷，决定着骨骼坚固性和肌肉紧张度。钙磷不足或比例不当，会引起四肢肌肉扭曲变形，合适的钙磷比例 [（1～2.5）：1] 和数量对马驹生长和调教、竞赛马工作能力都有良好作用。调教和竞赛中如四肢出现异常，需调整日料中的钙磷水平并至少观察 1 年。运动出汗和马疲劳虚弱需要补充食盐，缺盐马会脱水，影响能力，经常补给才能满足需要。需要量取决于运动量和强度，出汗越多需盐越多。盐过多在某些情况下会因肌肉挛缩致死。日料应含盐 0.5％～1.0％，或精饲料中含 0.7％～1.0％，能自由舔食食盐的马可不另给盐。速步马、赛跑马每日应添加盐 25～100g，或每 100kg 体重 7～8g。速步马高负荷期需较高水平的碘。铁与铜不足会导致贫血、呼吸困难，而剧烈运动后表现大量需氧，可见其重要作用；但铁过多会使马变得迟钝冷淡。剧烈运动的马日料中应含钾 0.6％～1.0％。镁为肌肉收缩所必需，缺镁神经系统兴奋性增强，肌肉颤抖，易出汗，四肢肌肉痉挛。早龄调教的幼驹因骨骼正在生长，对氟耐受力低。锌促被毛光亮，但过多会发生骨骼疾病，四肢强直、跛瘸。硒对维持肌肉韧性有作用，高性能马血中硒含量高，注射硒和维生素 E 可治疗运动关节僵直。

（二）常用饲料

1. 能量饲料 谷物精料富含易消化的碳水化合物，适于运动用马。玉米含可消化能最高，广泛用作日料主要成分，经济实用，高粱性质与之近似，可部分代替玉米。燕麦仅次于玉米适于运动用马，许多养马者认为快速行动的马应喂燕麦，只吃大麦和其他精饲料跑不快。但是对于气质激烈、过于神经质的马，喂燕麦会使马过于兴奋，不必要地消耗体力，还会引发意外，影响运动成绩。给这种类型的马喂燕麦要添加钠，或者改用其他精饲料。燕麦还促进四肢关节软组织正常发育。

2. 蛋白质补充料 主要用来平衡日料中蛋白质的不足。其中黄豆饼（粕）最好；鱼粉氨基酸丰富，添加少量即够；啤酒酵母和饲料酵母也是良好的蛋白质和 B 族维生素的来源。

3. 粗饲料 运动用马需要优质青干草，它是最好的维生素干草。

4. 青绿多汁饲料 各种禾本科、豆科青草、大麦芽都适用，虽优点很多，但体积大，营养浓度低，喂量不能太多，每马日喂 2～3kg 即可。国外有一种聚合草对关节炎和消化病有特殊疗效。胡萝卜、马铃薯、甜菜富含易消化的碳水化合物和维生素。马喜食胡萝卜和苹果，常用作美食在调教时奖励马。

5. 其他饲料

（1）糖：人们认为喂糖可以迅速提供能源。有人在赛前早晨饲料中加 200～250g 糖，或赛前 1h 喂 300～500g 糖，但赛前 30min 喂效果不好。赛后 1h 再喂 0.5～1kg 糖有助于补充能量，加快体力恢复。蔗糖对心肌是很好的营养，蜂蜜也较好，还有人用 D-甲基甘氨酸的某些产品为赛马供能源。然而，只给参赛马喂糖就够了，如所有的马每天每次喂料都加糖实无必要。也有反对意见，认为喂糖反使血糖下降。

（2）茶叶和咖啡：二者均有兴奋作用，出赛前适量喂茶叶有效。但也像喂糖一样，仅给参赛马即可。

我国民间赛马早有用茶叶、人参和其他补品喂马的经验，国外还给马喂芝麻和黑啤酒等。

（3）脂肪：作为高能物添加，以食用植物油最好。

（4）大蒜：国外用大蒜喂马，有祛痰止咳的作用，能治疗感冒和慢性阻塞性肺病，也有助于排出黏液。大蒜油效果更好，对血液循环有障碍的马，包括跛瘸、舟骨炎有益。

（5）添加剂：为平衡日料有必要使用各种添加剂。对运动用马特别重要的是维生素、矿物质和微量元素之类的添加剂。国外添加剂中还使用某些代谢产物，如柠檬酸、琥珀酸和反式丁烯二酸等，可以在大运动量训练后减少疲劳，较快恢复。此外还有使用造血铁剂和电解质制剂作为添加剂的。

（三）日料配合

必须依据饲养标准。我国马耐粗饲，消化能力强，配合日料用国外标准偏高，而营养过剩有损马匹健康，此点应予注意。此外，还应做到以下几点。

1. 全价平衡　首先要遵循饲料多样化、适口性好、适合马消化特点，变换需有过渡期等原则。

2. 精、粗饲料比例　以高营养浓度精饲料为主要营养来源，再加一定量粗饲料及添加剂达到平衡。精饲料量以占体重 1.0%～1.4% 为宜。正在生长的马驹、强化调教、竞赛和越障的马需要较多精饲料。精粗比例依运动量和项目而异：轻运动时 2:3，中等运动量和强度（短距离赛马、舞步马）1:1，重负荷（障碍赛）3:2，重而快速运动（长途赛马、三日赛）3:1，2 岁调教驹 2:3。精饲料比例不宜过高，否则导致消化破坏和关节炎。粗饲料在日料中不应低于 25%，绝非越少越好，若每 100kg 活重低于 0.5kg，易发生结症，而以 0.75～1.0kg 为宜。某赛马场日料粗饲料曾低于 15%，以致消化疾病频繁，死亡率高，应以此为戒。

精饲料可配制成多种形式：粉料、颗粒化和块状等。如用粉料可采用我国的传统"拌草"的方法饲喂效果好，颗粒料使用便利，国外还制造全价饲料块、精饲料块和蛋白质饲料等。

3. 节律饲养　常年只用一个配方、一种混合料不好，一年中应按季节有规律变换 2～4 次，例如冷、暖季两种，或每季一种。

4. 多种料型　大规模饲养运动马，所有马都喂同一种精饲料不合理。不同生理状况需要不同：调教马与竞赛马不同，竞赛马竞赛期与休间期不同，正在生长的马与成年马不同，进口马与本国马也不同。

5. 维生素矿物质舔盐　任何日料都不能满足每匹马和每种情况下对维生素和矿物质的需要。个体的需要有很大差异，马对食盐的消耗个体差异可达 12 倍。应设计和配制钙、磷、食盐（含碘）和维生素、微量元素舔块。经常放在饲槽里，需要的马自行舔食。

6. 经济原则　尽量使用当地自产草料，少用远地运进，甚至进口饲料。配合日料不可贪大求洋，本国马耐粗饲性能极佳，不必用进口马标准，更不必给过多精饲料。运动用马需要丰富饲养，但各种营养供给都有限度，并非越多越好。日料水平过高，会导致能力下降，利用年限缩短，反而不经济。

（四）饲养方法

运动用马实行舍饲，精细管理，严格要求，坚持不懈，注意做到下几点。

1. 定时定量，少喂勤添　每次喂料时，应尽力在短时间内发到每匹马，勿使马急不可耐地烦躁等待。

2. 饲喂次数　多倾向于日喂精饲料 2 次，但若每次精饲料喂量超过 3.5kg 时，则应增为 3 次。每次喂量不宜过大，各次时间间隔均匀为好。

干草用多种方法喂，若用干草架则位置应与马肩同高，或用大孔网袋装干草吊于厩墙上由马扯着吃。若投于饲槽，则应加长饲槽，每次喂料前应当扫槽。干草投于厩床易遭践踏和粪尿污染，且抛撒浪费。

3. 喂量分配　赛前喂精饲料应减量，以日喂 3 次为例：若上午比赛则清晨喂 25%，中午 40%，傍晚 35%。若下午比赛则清晨 40%，中午 25%，傍晚 35%。赛前那次粗饲料减半，甚至完全不给。

4. 马的饮水　马每日饮水不少于 3 次，最好夜间加饮 1 次（水桶放于单间墙角）。水面低于马胸，水温不低于 6℃，勿饮冰水，先饮后喂精饲料。热马不饮水，即紧张剧烈运动后，当马体温升高，喘息未定时勿饮水，否则马患风湿性蹄叶炎。紧张调教和竞赛期间，饮水中最好每桶水加盐 3～4 匙，而长途运输时饮水中可加些糖。到新地方参赛，水味不同时，也可加糖或糖浆。赛前保持一段时间供水，剧烈运动前 1.5h 内不必停水，允许马饮足。而比赛间歇给马饮水，不宜超过 2kg，若过量，马就不适于继续参赛，用自动供水器最好，其次用桶，便于在必要场合控制饮水，且便于清刷及消毒。单间内不宜固定水槽和保持常有水，因为既不便控制，又不便清洗消毒，更常有灰尘、草垢乃至杂物及粪便落入，还会吸收空气中的氨气，水质污染，难保清新，且占据单间面积。

5. 个体喂养　每匹马在采食量、采食快慢、对日料成分和某种饲料的偏爱或反感，以及饲喂顺序等许多方面都有自己独特的要求，没有两匹马是完全相同的。当表现最大限度工作能力时，对饲料的要求水平有很大差异。赛跑马精饲料需要量可相差一倍。障碍马采食很挑剔，它们对变化了的日程和饲养员反应敏感。因此，运动用马需要分别对待，实行个体喂养。长期仔细观察，掌握每匹马的不同特点，从各方面投其所好，满足每匹马特别是高性能马的特殊需要。这虽难做到，却应尽力而为。

6. 饲养员作用　饲养员必须完成喂养任务，而养马的技能主要来自实践，实践经验是马匹饲养成功不可代替的要素。为了照顾高价值的马，最重要的是有经验的饲养员。诚实可靠、热爱马匹、沉着温和、富有经验、努力工作的人特别可贵。不负责任、不守纪律的人不能养高性能的马。新手必须跟随有经验的人学习才能获得知识。饲养员的优劣，表现在饲养效果上有明显差别。因此饲养员的本领和技能有极大作用，特别对养高性能马至关重要。

二、运动用马的管理

严格、严密的管理制度和工作日程是管理的首要条件。全天遵照工作日程按时、按顺序、按质完成各项操作，严格遵守，不得随意改变。实践中常见按人的方便随意改变，例如马匹午饲午休时骑乘或冲洗，不利于马的消化机能和休息。

（一）建立健全交接班制度

饲养员与骑手、值班人每上、下班时均需交接班。交接马匹状况、数量及其他情况，以便各尽其职，分清责任。马厩全昼夜任何时间均应有人，不允许空无一人。

（二）个体管理

马匹除饮食习性外，在气质、性格、生活习性和工作能力等各方面也各不相同。日常管理和护理也各不相同。日常管理和护理也必要根据个体特点分别对待。运动用马不仅要个体饲养，也要个体管理。因此应当实行"分人定马"制度，即把每匹马分配固定到饲养员个人，从饲喂、饮水、清厩、刷拭直到护蹄修饰等，一切饲养管理和护理工作，都固定给个人承担。这种制度有利于做到精细管理。适当减少每个饲养员管理马匹数，有利于饲养员研究马匹个性，完善工作。某些地方实行流水作业法，即一些人饲喂，另一些人除粪等，这样对马匹不利。

（三）厩舍管理

每日清晨清厩，清除单间内粪尿，清刷饲槽水桶，白天随时铲除粪便，保持厩内清洁。现代舍饲实行厚垫草管理，单间内全部厩床铺满15～20cm厚松散褥草。每日清厩时用木棍或叉将干净褥草挑起集中墙角，将马粪和湿污褥草清除并打扫厩床。清扫后或晚饲时将褥草摊开铺好，视需要及时补加新褥草。为节约可将湿褥草晒干再用1～2次。应训练马养成在单间内固定地点排粪尿的习惯，既保证清厩便利、马体清洁又节省褥草。褥草以吸湿性好、少尘土、无霉菌为好，稻草、锯末较好，刨花、麦秸、废报纸条、玉米秸、泥炭均可。

马厩内应保持干燥，以清扫为主，少用水冲洗。有些地方养马缺乏清扫和及时除粪习惯，动辄水冲，甚至在厩内洗马，导致厩内潮湿，违背马生物学特性，危害健康。湿热地区应限于炎热时节，每日铲除马粪后，只用水冲厩床1次。

创造安静舒适的环境便于马休息。防止厩舍近旁噪声污染，特别在采食和休息期间更要禁止。夜间厩内关灯，夏秋季安装灭蝇设备，减少蚊蝇、虻骚扰。马厩内禁止人员嬉戏喧哗。

（四）逍遥场和管理用房

运动用马厩也应像种马厩一样，每幢厩旁设一围栏场地（种马场称"逍遥运动场"），面积最好每马平均20m²，供马自由活动。白天除训练及饲喂时间外，马匹应在逍遥场散放活动，夜间进厩，既符合马生物学特性又便于管理；便于清厩等管理操作；利于干燥通风又减少粪尿污染。仅恶劣天气马留厩内，个别凶恶不合群马不可散放。每幢厩舍应有四个管理用房间：值班室供开会、学习、值班和小休息用，草料仓库供少量储备，鞍具室应通风良好，工具间保管饲养管理用具。每幢厩舍应设电闸水阀，但无需每单间设一水龙头。及时闭水关电，不允许长流水、长明灯现象发生。单间厩门应能关牢，马匹不便逃出。门的高度应只容马将头伸出，简陋马厩中马能将整个头颈部伸到走廊中，妨碍操作、管理不便、人马均不安全，单间面积不能充分利用，厩门附近厩床损坏加速，马匹形成各种恶癖，这种厩舍应加以改造。任何时间，如果饲养场内或马厩走廊中常有失控的马四处游荡、偷食草料、互相踢咬争斗，都说明设备简陋原始，制度不严，管理水平低下。

（五）用马卫生规则

用马应严格遵守卫生规则：饥饿的马不能进行训练；喂饱后1h内不能调教；每次训练开始必须先慢步10～15min，而后加快步伐，训练中慢、快步法交替进行；训练结束时，骑手下马稍松肚带活动鞍具，步行牵遛10min后才可回厩。热马不饮水不冲洗。训练后30min内不饲喂。过度疲劳者待生理恢复正常后饮食。参赛马应做准备活动；赛后应牵遛15～

20min。赛后或袭步调教后，牵遛 20～30min，次日应休息。有的主张竞赛时马胃应处于空虚状态，因此应在赛前 3～4h 喂完。

保持良好体况，传统的"膘度"观念对运动用马不适用，必须建立"体况"概念。运动用马应保持调教体况，竞技用马稍好，当自由活动时有"撒欢"表现，说明有适当能量储备。定期称重监督马体况变化，评膘没有意义。

严密防疫、检疫和消毒制度。养马区大门和各马厩门口均设消毒池，工作人员和车辆进出均应消毒。行政办公室、仓库及生活设施必须与生产区隔离。严格遵循生产区门卫制度，非工作人员严禁进入。严禁外来车辆人员等随意进入马厩和接触马匹。集约化养马机构尤需严密卫生防疫制度，每年定期进行主要传染病检疫和预防注射，定期驱虫和进行环境、马厩消毒。购入新马应在场外另设隔离场经例行检疫，查明健康者才转入生产区。预防工作虽然代价较高，但为安全和马匹健康实有必要。

（六）兽医工作

马术机构的兽医工作不能局限于单纯应付门诊。贯彻"防重于治"的方针，兽医是保健计划的执行者，有大量工作要做，如接种免疫、口腔和牙齿检查、药物试验和生化检测等。需要深入厩舍检查马匹健康和食欲，及时发现伤病及时治疗和处理。每半年做一次马匹口腔和牙齿状况检查。除消化道疾病外，需研究和学习有关呼吸疾病和跛瘸的知识及其治疗方法，采用现代兽医科学新成就，进行热（冷）处理、按摩、被动伸展和磁场疗法，学会使用激光疗法、肌肉刺激仪和超声波治疗马匹伤病。马术机构需要高层次的兽医人员，仅能应付一般疾病治疗已不符合要求。

因字数及篇幅的限制本教材把驮用、挽用、乘用马的马具、马车及挽力测验的有关内容安排在实习课当中（详见实习六）。

思考题

(1) 试述马匹饲养管理原则和技术。

(2) 如何做好非配种期与配种期种公马的饲养管理？

(3) 做好空怀母马的饲养管理对提高母马的受胎率有何意义？

(4) 如何做好妊娠母马的饲养管理？应注意的事项有哪些？

(5) 怎样接产？怎样做好哺乳母马护理？

(6) 如何做好哺乳驹的护理和断乳驹的驯致？

(7) 对 1～2 岁驹的饲养管理的培育重点工作是什么？

(8) 做好运动马的饲养、管理和使役，应注意哪些问题？

第七章　群牧马业

重点提示： 由于近年来我国天然草场退化严重，群牧马业的发展受到了极大限制。如何协调好保护天然草场和发展群牧马业的矛盾，如何改进群牧马业管理技术，如舍饲圈养和放牧相结合等关键技术及存在问题，都是今后发展我国群牧马业亟待解决的难题。本章从马的群体行为、群牧马业基本建筑设备、群牧马业的四季放牧管理以及群牧马业的日常管理技术四个方面详细介绍了我国群牧马业。认真学好以上内容，对今后开展群牧马业提供正确的决策是很有帮助的。

第一节　群牧马业的意义和发展方向

群牧马业是利用天然草地终年或一年大部分时间大群放牧的一种养马方式。其特点是有利于大规模生产，设备较简单，投资少，成本低，经济效益高，适合于马的生物学特性要求。

我国广大牧区和半农半牧区，如内蒙古、西北、东北和西南高原地区，有着广阔的草原，水草丰茂，很适于群牧马业，群牧马的数量占全国马匹总数的1/3。我国勤劳的各族人民在几千年的农牧业生产实践中，在群牧养马方面积累了丰富的经验，培育了蒙古马、伊犁马、三河马、哈萨克马、焉耆马、河曲马等优良品种，成为我国役马、产品马、军马和马术用马的重要来源。

群牧养马是最经济的马匹饲养方式。马驹培育到3岁时，所花费成本仅为舍饲马驹的1/2。其原因主要是群牧马直接利用天然草场进行放牧，一般不补饲，其次是实行大群经营管理。内蒙古、新疆、甘肃、青海等地一个群牧马场一般都饲养数以千计的马匹，一个马群几百匹，由2～3人管理，直接用于马匹生产的费用少，商品率高。

马性喜群居，有自然组合的特性，一个大群中的马匹，自然结合成几个或十几个小群，群众习惯称其"把子"，每个小群由公马带领，自然繁息。大群马走动时，有一部分马是经常走在马群前边的，这些马俗称"头梢马"。马的这种特性，便于放牧管理，提高生产率。群牧马主要靠采食天然牧草来获取营养物质。群牧马一昼夜内，一般要吃四个"饱"，休息四次。牧草的营养成分，随季节而有差异，马有四季膘情不同，夏秋季节，水草丰盛，马体蓄积脂肪，有利于安全过冬；冬春季节，天寒雪大，牧草枯黄，采食困难，马匹膘情下降。马长期适应这种环境的过程中，形成上膘快、掉膘慢、恋膘性强的特性。根据马膘情变化的规律，适时补饲，可防止自然条件的不良影响。群牧管理的马匹，受大自然的陶冶，形成了群牧马的许多宝贵品质，如体质结实，忍耐力、抗病力和持久力都强等。群牧养马可以生产出能力突出、有实用价值的马匹，可以培育成各种类型马的优良品种，因此发展牧区马业有重大意义。今后要逐步进行开拓、发展，使之由原始落后状态过渡为现代群牧马业的经营管理，这是我国改进群牧马业的努力方向。

现在我国牧区养马的主要问题是抗御自然灾害的物质基础十分薄弱，经营管理粗放，生产水平低。今后应做的工作是：改进群牧管理技术，设置必要的建筑和设备；建立稳固的饲料基地，生产足够的草料，有目的地进行育种工作，培育出优良品种马匹，以满足各方面的需要；大搞草原建设，有效发挥群牧马业的巨大潜力。让我们快马加鞭，与时俱进，借新时代兴马文化、促马产业的东风，再现万马驰骋、天马行空的壮观景现。

第二节　马的群体行为

家畜的群性结合是进化演变到高级阶段出现的行为。它可以使动物更好地利用环境并传给后代。在高等哺乳动物中，中枢神经有明显的调节作用。破坏中枢神经会导致群体行为反常或消失。马群体行为很多，主要有以下几种。

一、马群体组织和群体行为

群体组织总是和一定的交配形式密切联系的。群体行为亦是适应生存、维系一定交配形式的反映。最原始的群体行为是有亲缘关系的。有亲缘关系的马总是集合小群，相互依恋，共同活动。这是舍饲母马中常见的现象，几个亲缘关系群联系在一起，维系大群共同的活动，形成群体行为。只要有两个以上的个体，就会有群体行为，亦称合群性。合群性的强弱与品种、饲养管理条件有关，群牧马比舍饲马强，轻型马比重型马强。人可以利用马的合群性得到管理上的方便，例如利用经过调教的"头马"带群或装车，给马匹运输带来很大便利。放牧中只要控制群体中的"头马"便会收到事半功倍的效果。识别和运用"头马"是很重要的技术和经验。

图 7-1　公马争雄示意图

有公马的马群，群体行为又发生变化，有另外的分工和秩序，称群体组织。一匹公马带领固定的15～20匹母马，组成"家庭小群"，多个"家庭小群"又组成大群。开始组群时，公马之间有争雄斗争（图7-1），互相争夺母马，一旦固定小群以后，相安无事。全体公马自动保卫大群。每个公马很注意保卫自己的小群和母马繁殖，母马离群，公马则嘶叫寻找并逐回。有的公马，为逐回母马，甚至会愤怒地把母马咬伤。此种公马，多属繁殖力强、圈群能力优异者，不可轻易淘汰。自然群牧下，青年公母马性成熟时，常被公马逐出小群。骟马只能附于大群，不能在小群中固定。公马的圈群能力是群牧马选种标准之一。

二、马的优胜序列

优胜序列亦称排列次序或社群等级。马和其他动物一样，只要有两个以上的个体在一起，就出现优胜序列。优胜序列常反映在繁殖机会和采食上的优先次序。这种有等级的群体更有利于动物的进化和社群的组织。优胜是经过激烈斗争而得，优胜者总是群体中的最强者，可繁殖更多的后代，有利于种群的繁荣。弱者尽可能避开强者，减少争斗行为。马的优胜序列受很多因素影响。

（一）年龄

壮年马往往是群体中的优胜者。每年配种季节开始，公马总是以争夺优胜序列开始。自然形成优胜序列以后，一年中很少变更。中途在群内增加新的公马时，要经激烈争斗，偶尔有战死的危险。中途淘汰公马或公马死亡，应将母马分散到其他"小群"，最好不中途更换公马。

（二）经历

放入马群的先后有一定的影响。如将一匹新马放入群中，往往不易得胜。群内繁殖后代往往随母马排成序列。公马争斗的经历和强悍程度也有差异，如育成品种公马的强悍性不如地方品种公马。

（三）性别

公马较母马好斗，在母马群中是自然的序列优胜者。骟马总是序列的最后者，既怕公马又怕母马。马群中公马有优胜序列，母马亦有另外的序列。

（四）神经类型

神经类型属于平衡型的公母马，往往能取得优胜序列，这种类型的马一般对人表现温顺，易于调教，胆大而强悍好斗，是人的喜好者。而那些不易驯服，性情急暴，甚至对人很凶的个体，却往往在群体中表现怯懦，争斗能力不强，不能取得优胜。

序列的优胜者往往是马群中的"带头者"。好的头马对管理是有益的，可以解决不少困难，如带领全群涉水、登山、越冰，通过泥泞沼泽地等困难境地。

三、马的竞争行为

马有很强的竞争心理，这可能是由逃避敌害的安全感演变而来的。经过调教可以形成强烈的竞争行为，赛马就是利用马的竞争行为的活动。马的竞争行为反映强烈，竞赛中常可见到由于心跳、呼吸加快、换气困难以致张口呼吸、鼻孔喷出血沫，疲惫到难以支持的地步，仍不减速或停止奔跑；有时候竟至突然倒地死亡。并行的马总是越走越快，当其中一匹要越过其他马匹或马车时，总会引起对方的竞争行为。这时应向对方骑者或驭手打招呼，以提醒注意。

按一定行进序列调教赛马会降低马的竞争心理，而形成固定的行进序列。对于赛马这是要禁止的。对于骑兵乘马却是必要的调教。

四、马的争斗行为

争斗行为是许多动物都有的行为。配种季节主要和性行为有关，企图占有雌畜。母马产驹后，出于护驹，攻击性增强，很温顺的母马亦可变得凶猛。马争斗行为的主要表现如下。

（一）示威行为

耳后背，目光炯视，上脸收缩，眼神凶恶，竖颈举头，鬣毛竖立，点头吹气。有些马还表现皱唇，做扑咬的动作。攻击对象在后侧时，后肢做假踢动作，并回头示意。公马驱逐母马时亦有示威的表情，但低头示威。

人接近敌意示威的马，要胆大心细，用温和声音安慰或厉声训斥，从安全方向慢慢接近，握住缰绳或笼头，施以控制。走入马群内，遇有公马示威，应特别注意，警惕防护，但不可惊慌外逃，这会助长公马行凶。马饥饿时，食欲很高，采食时亦有示威表情，随着饱食而缓和。因此，根据马的示威表情可以判断马的心理活动，恰当处理。

（二）咬的行为

马首先有示威行为，然后猛扑过去。公马相互攻击时，有应急反应，前躯竖立相互扑咬颈部，落地时又互扑咬四肢、鼠蹊部。马很少像驴咬住不放。追咬时没有固定位置。对人的攻击很少有连续扑咬行为。对咬人的癖马，要经常戴上口笼，及时教育。多数咬人癖马和父母遗传有关，亦和幼龄随母马学习有关。老龄公马、公驴往往发展成为咬人的癖马。这种牲畜胆大，并非出于惧怕而反抗，常由于某些病痛不适，如蹄病、肢痛、口腔疾病造成急躁反感而咬人。要注意管理，针对原因加以校正。出于护驹、护槽而咬人的马，多数只有扑咬动作，不敢真正咬人。

（三）踢蹴行为

踢蹴和刨扒也是马争斗行为的表现。这种癖马多属性情强悍、兴奋性高、聪明灵活的马，多由于饲养管理不当、调教不良所致。踢、扒行为发生前，一般都有示威表情，然后低头，两后肢上踢。两肢同时后踢时，往往还发出咆哮的尖叫，准确程度不高，常不如一肢后踢准确。马对人很少有两肢后踢的行为。刨扒的行为是一前肢或两前肢交替突然动作，没有示威的表示。因此，对人有危害性。马的正前方是危险位置，任何操作和接近都应避开。幼驹阶段溺爱嬉弄，常打马"出气"，使马对人敌视；或者由于胆小恐惧，对待粗暴，都可发展成为攻击人的癖马。

马是温顺的动物，攻击人的马是极少数。癖马的校正方法，首先要了解马的行为特点，对待要有耐心，多安抚，少责罚，要经常刷拭，进行人马亲和的调教，减少马的兴奋；出现恶癖时，要及时制止，给予适当"惩戒"，但亦不可过分。那些有遗传"痼癖"的公马，不应作为种用。

五、马信息的传递

马接受传递的信息，已在介绍感受器时提到，主要靠嗅觉、听觉和视觉，即马的外激素、叫声和行为表情。马的外激素现已知为一种，即发情母马生殖道分泌有特殊气味的外激素，可招引公马，并引起性兴奋，借以传递母马发情状态的信息。马的嘶叫是传递信息的重要方式，常有下述五种情况：第一种，马对人常用声音传递要求，例如饥渴时向主人呼叫，发出低而短的鼻颤音。近距离内母仔间互相亦有类似的叫声。第二种叫声是长嘶。马呼叫同伴，母仔互相寻找、想念，都反映为长嘶。马被强迫离群，常发出长嘶，其他马常回以长嘶响应。母马、幼驹和骟马的长嘶是单音拉长的颤音，公马是短促而急的长嘶，因此从叫声可以辨别出性别来。第三种是示威攻击的吼叫声，发出尖而单一的声音，示意愤怒。第四种是烦躁不安的叫声，发出短而尖的鼻音，声音小，不连续。马驹初次哺乳、背鞍紧勒肚带、佩戴挽具等情况，常常有此种叫声，应注意这在有些马攻击前的信号。第五种是马痛呼救的叫声，多表现为急促而无节奏的乱嘶，此种叫声可以引起其他马的惊恐和逃避。

行为表情的信息很多，主要有以下几种：马警惕注意时，头颈高举，目光直视，耳向前竖立，转动频繁，用以捕捉声音的来源、方位，鼻翼扇动。马警惕注意的表情，可以传递给其他同类。看见马有这种表情时，应判断其起因，并采取措施，防止马惊怕乱跑。

马的身体语言也很丰富。马会灵活地运用它的身体和肌肉代替声音进行交流。比如，当它的尾巴高高举起，像一面旗帜时，表明此刻它十分热情，感情丰富。而当马抓找地面，将脑袋不耐烦地上下摆动，那么它可能是生气了，或是生病了。那么，马突然的跳跃表示什么意思呢？这种十分形象的身体语言，表明它觉得自己十分健康，精神抖擞，亦或是感到疼痛，还可能是马想将它的骑手甩下去。

第三节　现代群牧马业基本建筑和设备

现代群牧马业必须逐步改变落后的生产条件，克服靠天养畜的状态，不断设置应有的建筑和设备，以利于群牧养马生产。以下的项目是必不可少的。

一、马棚敞圈和避风所

马棚的建筑，以背风、向阳、宽敞、地面平坦干燥、经济耐久适用为宜，可采用三面围墙、一面敞开的单斜式，开的一面，与逍遥运动场相连。棚高 2.2～2.5m，棚宽 4～5m，棚长依马数多少而定，每匹马平均占用面积 3～4m²。逍遥运动场的面积不少于马棚的 4～5 倍。牧区地广，如有可能以大些为好。为了便于管理，应设在冬牧场或其他适宜的地方。马棚圈建筑见图 7-2。

马群要在冬季和早春免受寒风和暴风雪的侵袭，必须有自然的或人工的避风所。山谷低平处，两山之间向阳处，树林的边缘都可因地制宜选择避风处。

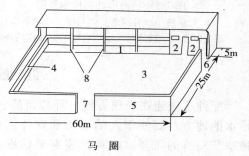

马　圈

图 7-2　群牧马的棚及敞圈平面示意图
1. 棚　2. 单间　3. 圈　4. 槽
5. 围墙　6. 小门　7. 圈门　8. 棚柱

人工防风设备，可栽植防风林、防风篱和防风墙。在缺少树的地区，可用土墙防风，筑成四面围墙或两面连角墙。风多的一面墙应高一些，墙角应顶向主风。

二、分群栏和鉴定场

群牧马的鉴定、整群、烙印、人工授精、驱虫、检疫、防疫注射及兽医治疗工作都需要在分群栏内进行。分群栏的形式很多，但应以结构坚固、简便实用、成本低、安全操作、提高工作效率为原则。

分群栏是由待检圈、压缩圈、保定栏和分群圈构成。

分群栏的保定栏可用直径 20cm 的木桩制成栅栏，可同时检查 10 匹马。在保定栏入口处设木栅门。分群栏待检圈和各个分马圈总面积大小，必须能容纳一个马群有余。在分群栏附近，应设鉴定场。在保定架内对马进行外貌鉴定。鉴定场包括马站立的平台和步样检查场。

三、补饲槽和饮水场

群牧马采用围绕草垛制成马蹄形补饲槽方便添草。饲槽本身可代替草圈的围栏，避免马匹进草圈吃踏饲草。马蹄形补饲槽式样如图7-3。

关于饮水设施，为了保护水源清洁，便于马群饮水，应在天然河流、小溪、泉水、湖泊附近设立固定饮水场，并铺设砂砾。饮水处要有足够的长度，避免饮水拥挤，若饮井水，要设水槽，槽的长度，按每百匹马不得少于25m。饮马时，如有拥挤，可分组饮。特别对怀孕马群更应如此。饮水设备见图7-4。

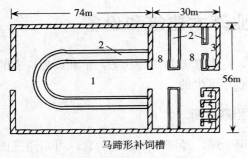

马蹄形补饲槽

图7-3　马蹄形补饲槽示意图

1. 贮草场　2. 补饲槽　3. 马棚　4. 值班室
5. 职工宿舍　6. 鞍具库　7. 饲料库　8. 病瘦马补饲圈

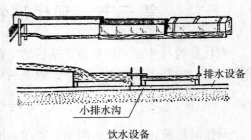

饮水设备

图7-4　饮水设备示意图

四、配种站和医疗室

配种站应建在交通方便、环境僻静、少受外界干扰、有清洁水源、地势较干燥、易于排水的地方，要便于人的生活和室外工作。附近有放牧地，牧草丰盛，能够供应整个配种季节马群的需要；配种站应有采精准备室、检验室、输精室或输精场等，还应有住房和库房。

医疗室设在马群集中的地方。包括的建筑有药房、诊断室、值班人员室、病马圈及料房和拴马场等。

第四节　群牧马的四季放牧管理

天然草场是群牧马赖以生存的物质基础，合理规划利用天然草场对养好马匹和保护草原都有重要意义。

群牧马管理常年的重点工作是抓膘、保膘、配种、保胎、产仔和育成。放牧管理的技术水平是群牧马能否达到稳产、优质、高产的关键所在。

一、春季放牧管理

应选择地面比较干燥平坦或坡缓、丘陵地带，冬季积雪不厚，开春融雪早，背风向阳，邻近水源，牧草萌发较早的草场作春季放牧，即所谓"春放滩"。春牧场利用时间一般从四月初进入，至六月中下旬转出。进入春牧场最适合的始牧期是：禾本科牧草处于旺盛分蘖至拔节阶段，豆科牧草及杂草在腋芽出现时，当时的草层高8～15cm。在早春充分利用枯黄牧草，即牧场积雪深，不能利用的地段放牧渡过早春，晚进春场，或者在春牧场上，逐年轮换早春始牧期，保证有一部分放牧场在早春休闲。春牧场应贯彻"晚进早出，早进夏场"的原则。群牧马在春季呈现乏瘦体弱状态，御寒、抗病力差。春季正是寒流暴风雪多、疫病易流行时期，对马匹安全度春威胁很大。

在春季放牧场上安排放牧时，应把繁殖母马群，断乳驹群和瘦弱马群安排在近处，2～3岁驹马安排在远处。一般要先在河滩融雪快、青草萌发的草场上放牧。在青草刚发芽时，不宜在松软的沙地放牧，因为啃吃青草芽、刨吃嫩草根，容易吃进细砂土，引起肠胃炎和砂石疝。

在牧区，如春秋两季或冬春两季共用一个放牧场地的，就应该注意在秋季和冬季轻牧，或者给春场控制一定面积的好草场，不然可因重牧、过牧而引起草场退化。

春季放牧应采取前挡、后推的放牧方法，控制马群采食的前进速度，严防马群"跑青"，以保证马匹充分采食，避免游走践踏草场。放牧本交母马时，要尽量使小群收拢、大群疏散，以利采食和产驹、配种。每天应饮水 2～3 次，要防止马喝消冰水而引起腹痛和流产。在青草季节，刚发芽的时候，要特别控制马群，防止"跑青"。这时应把马群赶到青黄相间的"夹青草"地放牧。

春季是母马产驹季节，对妊娠母马加强管理，缓行慢赶，进出圈门要防止拥挤，不要任意在马群里套马、捉马、惊动马群，以防引起流产。早春产驹的母马，应在临产前一周左右留圈补饲便于接产护驹。随气候转暖，群牧母马多随大群在草场上产驹。产驹时，只要无难产症状，不要惊动它，让其自然产下断脐。幼驹产后 30～60min，多能自行站立吮乳。初生驹走动慢，母马为护驹而离群，公马急于圈群而踢咬母马和小驹。因此，在产驹季节对小群的公母马不要轻易调动。初生驹容易睡觉，赶动马群时，注意观察和保护幼驹。

春季青草已长得茂盛，而且气温变暖，蚊虻不多，马采食时间长，每昼夜可达 15～16h，幼嫩青草营养价值高，马在短期内可增膘。除公马外，其他马不必补饲，应延长放牧时间，很快抓上春膘。

春季马易发病，应搞好卫生检疫、预防注射等工作，经常注意马匹健康状况，及时发现病马。在大群中观察识别病马的主要方法是：在马群吃草、喝水、补料时和马群休息后刚赶走的时候观察病马。按牧民的说法：春膘是底膘（也称水膘），春膘肉，秋膘油，没有春膘就难保住夏膘。

二、夏季放牧管理

选择夏季牧场，主要依地区而异，在干旱草场或半干旱地带，夏季雨量短缺，牧草枯黄，放牧困难，夏牧场应选在地势比较凹或河流两岸，牧草受旱较轻，生长较快，可得到较好的放牧效果。在山区，应选择高山草场，雨量较多，草长良好，饮水方便，放牧适宜，而且气候凉爽，蚊蝇很少，马群少受骚扰，利于抓膘，正符合"夏放坡"的牧民经验。

为减轻春牧场和冬牧场的压力，对夏牧场一般尽量早进晚出，适当延长利用时间，这是牧区平衡四季草场的一项重要措施。夏季放牧的主要任务是抓膘、保膘、配种和保胎，各地区应根据草场类型、气候条件等具体情况，采取相应的措施。首先要做好转场前的准备工作。夏草场一般距离驻地较远，放牧人员进驻夏草场，要独立生活和执行放牧任务，故应提前维修好夏季放牧点，准备帐篷、毡房和用具等，安排好生活；要详细勘察草场的草生情况，水源、牧道、地形、地势等。草好、水近、地势平坦的地方用以放牧带驹母马群，坡度较大、离水较近、但比较容易控制马群的草场放牧驹子群。

马群转入夏草场时间要适时。一般驹子群在春季检疫和预防注射等工作结束后，可适当提前进入夏草场。繁殖母马群应在产驹和配种基本结束后即转入夏草场放牧。

其次是掌握夏季放牧方法，管好马群。在夏草场放马，主要应让马群充分利用夜间放牧和早晚凉爽时吃饱；尽量避开炎热和蚊蝇的干扰，让马休息好；要充足饮水、补盐，使马群更好地抓膘保胎，以防早期流产。

在山区夏草场的放牧方法，应采用白天、晴天放高山，夜间、阴天放平坡的方法。放牧时要让马群适当地散开吃草；赶马群上坡或下坡时，要沿山坡盘旋赶动，不可直上直下追赶马群，避免马体力消耗过度，或因拥挤而滑跌失足。

马在夏季每天应饮水 2～3 次。在水源旁边设置盐槽或把盐撒在平坦的草地上，让马自由喝水舔盐，有利于抓膘。群众的经验是"盐、水、草是抓膘的主要条件"。

西北地区夏季放牧的经验是：多搬家，是自然轮牧的形式，驻地 70% 的草场被利用，就转移牧地；如在同一驻地放牧，也要经常换地段，这样可以吃到新鲜的牧草，并对牧草生长有利；白天应在虻较少的牧地或半山坡放牧；加强夜牧，夜间马匹吃草安定，应把马撒开放，即所谓满天星的放牧方法；夏天雷雨多，要防止"炸群"。

实行夜牧时，要掌握马匹在傍黑和凌晨时好游走的习性，注意将马群适当收拢。夜间放牧最好应转至与白天放牧不同的新放牧点，马群在一个新的环境里放牧，容易走失，值班放牧人员应随群监护马采食，严防狼害和惊群发生。

夏季除抓好夏膘和保胎外，还要进行小群交配母马的查胎，打贮冬草，维修棚圈，马群鉴定，幼驹烙号，以及对部分瘦弱母马断乳组群等工作，都应按计划进行。

三、秋季放牧管理

群牧马从 9 月份开始转入秋季草场放牧，主要任务是抓膘和保胎。秋天气候凉爽、蚊蝇渐少，牧草已结实，营养成分和干物质含量高，是群牧马抓膘最有利的时期，即所谓"秋高马肥"。秋季母马已妊娠四五个月，正是认真做好保胎防流产的时期。

秋天马膘好、体壮、好动爱跑，放牧时应稳住马群。"遛风"撒欢，狂奔消耗体力，影响保胎。夜间放牧时各马群之间，应保持一定的距离，防止混群，互相踢咬，造成流产。在移动马群时，可以稍快赶，但要防止猛赶急追，防出大汗，免消耗体内脂肪。防止马互相打架咬踢，以免造成流产和掉膘，随着气候逐渐变冷，以后较难抓膘。

晚秋常有霜冻，天亮以前，尤其是雨过天晴的凌晨易于结霜。这时气温最低，马易饥饿，很容易吃大量霜草。妊娠母马若在早晨空腹吃进大量霜草，容易引起流产。所以，在晚秋夜间放牧时，在后半夜要驱赶"打站"的妊娠马，让它采食，到黎明前，马已基本吃饱或吃上半饱，这样不致因空腹吃霜草。每天应选上午 9 点钟以后和下午 5 点钟以前饮马，做到不早饮，不晚饮，不空腹饮水。饮水时，防止马群奔跑后急饮水。赶马群到达饮水地点后，先挡住稍休息，再分批赶饮。饮完后，让马群在水边停留一会儿，以保证全群马饮足。

四、冬季放牧管理

马群进入冬牧场之前，应对各牧场进行一次实地调查，逐群落实冬季放牧地，做到牧工、畜群、草场、棚圈四固定。幼驹和怀孕马群，应安排在较好的冬牧场上，并留一定的后备草场，以备冬季大风雪天和早春时利用。马群进入冬牧场后，要根据草场地形积雪特点，以及距冬季宿营地远近等条件，做到分段放牧，计划使用。一般由远及近，先低地后丘陵，先阴坡后阳坡。冬季仍坚持放牧，并实行夜牧。

马刨雪觅食牧草的能力不一样，壮龄马最强，老龄马较差，当年断乳驹最差。所以应将积雪厚的草场分给壮龄马放牧，把积雪较薄的草场安排给幼驹群和老龄、瘦弱马群放牧。

马在冬场放牧有不爱活动的特点，这对马减少体力消耗和保膘是有利的，但要防止马"打站"或卧地休息时间过久，致使马体受寒。在放牧中注意观察马的寒冷状态，不时地赶动马群，让其走动采食。如果马群自行移动采食，这是马不觉得太寒冷的表现；如马拥挤成堆，背风站立，身体抖动，这是饥饿寒冷的表现，应及时把马群赶到避风处，比较暖和的草区放牧，或者适当补饲一些干草。马只要能吃饱，抗寒能力就强。马在-40～-30℃仍能正常放牧采食。

冬季补饲与否，效果大不一样。实行补饲，马群膘情稳定，流产死亡少，幼驹成活率高，不补饲的马群，冬春瘦弱，流产死亡多，幼驹生长发育严重受阻。为此，应强调冬季补饲工作的重要性，必须坚持。按照先补幼驹后补成年马，先补种马后补一般马，先公马后母马的原则进行。大群补饲应在大部分马掉膘时开始。一般断乳驹从断乳时开始即应进行补饲，补饲期为150～180d，每天补草4～5kg，适当补精饲料。

马驹在第一个冬季一定保证有棚圈和饲槽来补饲，每日喂给必要的干草和精饲料。大群马只在天气极端不良的情况下才在棚圈中补饲，平时在露天补饲，以防降低马对放牧管理的适应性。大群马补草，可在宽敞、干净的场地或雪地上喂。把草撒成相距五六米的"条带"或小堆，让马散开自由吃，不致拥挤、抢食、踢咬而发生事故。补草场要常打扫更换，保持清洁。精饲料应用饲槽喂，以防损失。

马在冬牧场上昼夜放牧不补饲时，应在早晨出牧前饮水；昼夜补饲不放牧时，一天应饮水两次。为了防止饮冷水，马体过于寒冷，应在饮水前喂些干草，这样可防止妊娠马流产。

群牧本交公马除随群补饲外，要根据公马膘情好坏、圈配母马多少和母马发情集中程度等情况，单独补料，以保证它有良好的膘度和充沛的精力。补料的方法有两种：一种是随群给公马带上料袋补料，主要通过简单的训练和诱导，使公马习惯带料袋吃料；另一种是把群内所有公马隔进圈里，通槽补料，这种方法比较容易训练，缺点是公马容易抢吃打架，且不容易掌握喂量。

群牧马应补喂矿物质饲料。要补饲盐，对马驹和妊娠母马还要注意补喂骨粉或石灰石粉，以利于幼驹和胎儿的发育。每匹马每天的食盐饲喂量，平均每100kg体重为5～8g，在盐碱地区补量可少些，在高山草原上放牧的马补量应稍多。骨粉每匹马每天10～20g即可。矿物质饲料可以和精饲料掺在一起喂，也可放在草地上或饮水处让马自由舔食。

群牧马的四季放牧管理方法虽在各个季节都有不同的特点。但也有共同遵循的放牧管理要点。广大牧工在长期的生产实践中，总结出了很多群牧马放牧管理经验，如内蒙古牧民中流行的"春放滩，夏放坡，秋放平滩，冬放边"的谚语；甘肃山丹马场总结出了"五勤""五要"，其内容是：

①五勤：脑勤：经常思考放牧中的问题，不断总结经验，提高放牧技术；眼勤：经常观察马匹采食动态和健康状况；嘴勤：经常呼喊，稳住马群，防止惊群和狼害；腿勤：经常走动，绕群巡视，及时发现问题，防止脱群丢失；耳勤：注意听各种动静，防止事故。

②五要：放牧要散开，防止拥挤、咬踢，以免造成受孕母马流产；吃草要吃饱，要勤赶动马，防止"打站"或卧地过久；饮水要足，特别注意挡住前头马，等马群饮足再走；赶路要慢，特别是母马临近产期，不能快赶；补饲要细，草料要净，补饲要有人照管，防止抢食、踢咬。

第五节　群牧马的日常管理技术

一、马匹鉴定和组群

群牧马应按时进行鉴定，选出优良个体进行繁殖，对不适合种用的，予以淘汰。

鉴定马的适应性，主要以马的膘度为主，其次还可依据马的健康状况、生长发育和繁殖能力等方面的表现。一般把膘度分为上、中、下、瘦弱四等。主要是以各部肌肉的多少和骨骼的显露程度作为依据。

关于工作能力和后裔测验，对少数优秀公母马应争取进行。对体尺类型和外貌体质必须取得应有的资料。依据各项鉴定材料，每年要对马群进行一番调整。马匹经过鉴定之后，重新组群，应尽可能地把同一类型的母马组成一群；如果同一类型的马不多，可以加入相近似的母马。编群时，应按品种、性别、年龄及种用品质等进行组群。马群可分为育种核心群、繁殖母马群、公驹群、各龄母驹群和骟马群等。

群牧本交的母马群，实行小群配种，由若干小群组成一个大群，每个大群编入300～360匹母马和10～12匹公马较为合适（每匹公马平均管30匹马，包括母马、骟马和小马）。

二、群牧马的配种方法

（一）小群交配

这是在自由交配的基础上改进的配种方法，采用此法可以进行育种工作。群牧马中，成年公马具有固群性，能把持和带领一定数量的母马，形成一个小群，不让母马走失，更不容其他公马侵犯。利用公马的这种特性进行繁育称为小群交配。马群可以经过选种选配，将母马分成15～20匹为一小群，并放入选定的公马。固定小群的时间，初配母马群，多在11～12月进行，把选定的公母马放进一个圈中，圈群固定。在固定小群前，要对选用的种公马进行精液品质检查，加强补饲和运动，以抓膘增壮。在放入小群前一周，适当减少草料喂量，以适应圈群时的剧烈活动。固群前，对母马进行鉴定、健康检查、测体尺、编号登记，淘汰不应保留的母马。对配种母马，做好选配计划。

固定小群的方法，要经过"分、圈、稳、合"四个步骤："分"就是根据选配计划，分给某一匹公马一定数量的母马，组成一个小群；"圈"即将小群关在一个圈里饲喂，使公、母马相认；"稳"是使小群的马合群稳定，出圈放牧时能在一起生活不散；"合"就将几个小群，经10～15d，使各自放牧的距离互相靠拢，最后合成一个大群。

在配种季节里，应进行妊娠检查，随时掌握母马的受胎情况和公马的配种能力。对久配不孕的母马和配种能力差的公马，要及时治疗或调换，以防空怀。核实公马的配种能力，对每匹公马设立小群交配记录卡片。登记配种季节公马配的母马数，填写受胎情况、产驹情况。做好小群交配记录是扩大优良公马的利用率、彻底搞清群牧养马的育种谱系登记的重要依据。

小群交配的公母马比例：若壮年公马，营养良好，体质结实，配种受胎率高，后代品质优良，这种公马可扩大到 1：25；一般壮年公马，1：20；3 岁初配母马小群，由于发情集中，持续时间长，在一个情期中公马交配次数多，公母马比例可降到 1：15；未在小群配过种的公马，公母比例 1：（12～13）；3 岁初配公马，公母比例 1：（8～10）。

小群交配应保持相对的稳定，对提高受胎率有利，过于频繁地变动小群不利于考核选配效果，还会造成大量空怀，给管理带来困难。保持小群稳定并不是不变动，如公马的配种能力低、疾病等都需要及时将小群的公马或母马调出和补充。应按 10% 的比例留后备公马。在配种季节开始前和配种季节内，应对公马进行补饲，以保持良好的膘度和旺盛的配种能力。

（二）人工授精

群牧马人工授精在内蒙古、东北、西北广泛开展过，获得了良好成绩。为了扩大优良种公马的作用，今后仍需推广应用。采用人工授精的母马群，在配种期内，为有利于抓膘、保胎、检查发情与配种，可对几个在同一人工授精站配种的母马群，统一调整，临时组成待产母马群、空怀母马群和新妊娠母马群，分开进行管理。

三、马群检查登记

为了查清马数，每天在放牧人员交接班时，要对马群进行一次马数检查；同时对于马的健康状况、母马发情、怀孕、产驹等情况一并有所交待，如有异常现象，随时报告。马数不足，由交班的放牧员负责立即寻找归群。牧长对马群的检查每周不少于一次，可利用分群栏进行。

繁殖母马产驹和配种要及时登记。产驹母马要记录其品种、烙号、分娩日期、幼驹性别、毛色、别征、体尺和体重等，以备以后整理入档。本交母马配种，由放牧员登记在配种记录簿上。配种结束时，进行配种统计，以便了解母马是否妊娠和计算预产期。

马驹的生长发育，从初生开始，定期进行检查，按性别分开登记在幼驹簿上。

四、烙印和去势

（一）烙印

在群牧马管理中，为了生产统计和育种工作的需要，对每匹马都应烙上烙印。

1. 烙印工具　烙印须有专用的烙铁，每个烙铁上铸有一个或两个阿拉伯数字的号码或各种各样图案，呈活字版式。字形长 7cm，宽 3.5cm。烙铁各字每画的烙面宽度为 0.5～0.7cm。每个烙铁固定在 50cm 长的铁柄上，末端安上木柄。

2. 烙前准备　烙前应多准备几副烙铁，以便连续工作，加快进度。烙印时要注意搞好马匹保定。实地进行烙印时，使马驹通过分群栏把它保定，用一根绳套在颈上紧拉在保定栏一侧，另将尾部握起也向同一侧拉紧。如无分群栏，也可在较平坦、干、松软的场地上，人工卧倒保定，进行烙印。

3. 烙印的时间　烙印必须在断乳前进行，马驹跟随母马容易查清血统。时间以秋末 10～11 月进行最好，另外，春末 4～5 月也可以。另外，这时气候不热，亦不很冷，昆虫绝迹，烙印处不至于发生感染；马驹营养良好，肌肉厚实，烙时可以忍受；而且这时长毛尚未长全，毛少光泽，烙印易清楚。

4. 烙印的位置　出生年号烙在左侧上膊部中央肌肉最丰满处；个体号烙在左股部中央，

即较膝盖骨水平稍高的地方；场号烙在左股部的个体号的下边。国外有将场号烙在马的颈部左侧中央的。

5. 烙印的方法 剪去烙部的被毛。把烙铁烧成暗红色，掌握端正，对平皮肤，先轻压，需3～6s，使烙后的皮肤呈焦黄色或黄褐色，在烙面涂上凡士林或其他植物油，以防干裂擦伤而引起化脓。烙后经过4～6周，痂皮脱落，烙处痊愈（图7-5）。

图7-5　烙印示意图

烙印也可采用液氮冻号办法，将烙铁在液氮中浸泡，压在规定的部位，接触20s，以后长出的新毛是白色的，字迹清楚。用液氮冻号的烙铁，最好用导热性好的铜或铝制品，字面要略大于一般烙铁。

（二）去势

凡无种用价值的公驹均应去势，因为去势能抑制公驹的性行为，便于管理。去势年龄不宜过早或过迟。过早会因缺乏雄激素的作用，使骟马体质单薄，影响其生长发育和将来的体力；过迟则手术困难，容易发生问题。根据群牧马生长成熟较迟的特性。一般以2～2.5周岁时去势为宜。应选在春秋天气暖、有青草、蚊蝇少的时候进行，有利于创口愈合。手术后仍回原群放牧，赶到牧草生长好而且洁净的草地上，防止卧地污染，或因运动不足而发生手术部水肿（图7-6）。

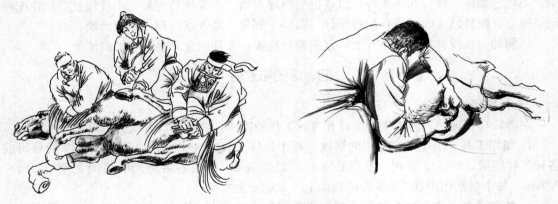

图7-6　马匹去势示意图

五、定期检疫和驱虫

（一）检疫

建立落实检疫制度，及时发现病马，对检出阳性马立即隔离，对病马进行治疗。

病马在外貌上往往和健康马有区别。健康马一般皮肤都较清洁，被毛光泽，有精神，能很好地采食。病马具有忧郁状态，不喜欢或完全拒绝采食，其被毛蓬起，缺少光泽。除根据外貌特征发现病马外，尚需测量马的体温，计算其呼吸频度，注意粪尿状况，检查粪尿，观察马的运动是否正常。健康马在安静的状况下，其体温在 37.5～38.5℃，呼吸次数为 8～16 次/min，脉搏跳动 24～40 次。

如发现马体温升高，呼吸频繁，表现不安，出现病状，应立即报告兽医，采取必要的治疗措施。

检疫主要针对传染病。群牧马的主要传染病有：马腺疫、马流行性乙型脑炎、马胸疫、马流感、马鼻疽、马传染性贫血、马媾疫等。每年制订兽医检疫计划，主要针对马鼻疽和马传染性贫血。

1. 马鼻疽检疫 建立与落实鼻疽检疫制度，每年春秋两季进行临床检查及两次鼻疽菌素点眼（两次应间隔 5～6d），以便及时检出病马。对检出的阳性马立即隔离，不与健康马接触。役马外出到疫区执行任务或丢失的马匹找回后，均应严格隔离检疫，确定无病者方可放回原群。对有临床病状的马应立即隔离。经综合判定，确定为开放性鼻疽病马的尸体，应深埋或焚烧。

2. 马传染性贫血检疫 坚持定期检疫。对阳性和可疑马立即隔离，并按马传贫防治措施处理。不能由疫区购进马属动物。新购入马匹要隔离检疫，临床检查和测体温，进行补体结合反应和琼脂扩散反应试验。应定期消毒和扑灭吸血昆虫。

（二）驱虫

马体内常见的寄生虫有马胃蝇、马圆虫、马蛲虫、马线虫及马蛔虫，对马危害大，影响抓膘及保膘，甚至能造成死亡。对群牧马多用敌百虫在自然饮水中驱虫的办法，它的优点是对马不抓，不灌，安全迅速，易于施行。进行时，要首先对马创造渴的条件，在驱虫前断水 24～36h。防止马群偷饮。这是为了达到驱虫所需的饮水量，保证驱虫效果。通过控水，成年马平均饮水量可达 20～30kg，这样就达到了饮水驱虫的要求，饮水不足影响驱虫效果。在驱虫前测少数成年马的饮水量，以便决定应当使用的浓度。成年马匹敌百虫的有效剂量为 10～18g。在计算剂量时，考虑马群组成，成年马群每头剂量为 15g。混合马群以 10～12g 为宜。通过饮水量的测验，调整浓度，使其所服的药量符合有效剂量。敌百虫自然饮水驱虫的有效浓度为 0.05%～0.08%。

$$剂量 = 饮水量 \times 浓度$$

驱虫注意事项：经常饮河水的马，要改用井水，先训练 3～5d，直到养成习惯为止。控水时，特别注意防止偷饮，将马群赶到离水源较远的地方放牧。驱虫后 3～6d 注意观察，如有腹痛反应表明发生中毒症状，可用 1% 的阿托品 5～10mL 注射解毒，驱虫后更换草场。还可用四咪唑（驱虫净）每千克体重 15～25mg，配成 2% 水溶液经胃管投服。驱虫不仅能治疗胃肠寄生虫，也是预防寄生虫病的有力措施。因此春秋两季都应定期驱虫，以减少危害。

六、生马捕捉和驯化

马匹在天然群牧情况下，大多未经驯致调教，性情生野，不服管理，给人工授精、配种、防病治病、调教使役等带来许多困难。所以，对群牧幼驹施行驯致调教是幼驹培育中的一项重要工作。

草原上对马驹的驯致工作多在 1.5 岁开始，有的幼驹在 2.5 岁时进行。在正规管理下，最好从幼小时开始。有分群栏的马场，从幼驹时起就让其通过分群栏进行驯服。主要用抚摸、刷拭和饲料诱导与奖励，使马不怕人、易于控制。生马受到捕捉，由于惊恐不安，具有顽抗表现。但草原上的马多半没有咬人刨人的恶癖，故实际上还是容易接近和驯服的。

在群牧马业生产中，由于人力、设备、时间等条件的限制不便于进行系统调教，只能在用马时，临时从群中套出"生马"进行驯致，强行装上鞍勒，由熟练骑手骑乘，任其奔驰蹦跳至疲劳。每天这样进行 1 次，一般经过 3～5 次就可以完成初步骑乘训练。用这种办法调教，要绝对禁止滥用粗暴手段对待马。

强行装鞍勒是由 3～4 个骑手在马上进行，1～2 个人扭住马耳保定马头，1 人抓住马尾，用大腿压在鞍上，1 人装鞍勒。有的地方也有用马绊保定马，强行装鞍的。刚提出的生马，性野暴躁，调教时要特别注意安全，并力争在第一、二次骑乘时，将马压服，但也不可使马过度劳累。驯服生马开始后，要连续进行，不可间断或半途而废，造成"夹生"现象。扶助动作的训练，应在马初步被压服后进行。训练转变时，应采用开缰、压缰等正规的扶助动作。在牧区也有用鞭杆批嚼环来指挥马转弯的。

牧民驯马及套马方式见图 7-7。

图 7-7　牧民驯马及套马示意图

思 考 题

（1）试阐述群牧养马的意义及其在我国的重要性。

（2）群牧马四季放牧管理的重点是什么？应怎样进行？

（3）详细说明采用小群配种的意义、方法、全部程序和注意的问题。

（4）群牧马场应有哪些主要建筑和设备？

（5）群牧养马主要的技术管理措施有哪些？

第八章 马的疾病防治学

> **重点提示：** 在本章内容学习过程中，应重点掌握各种疾病的临床表现及有效的防治措施。对传染性疾病和寄生虫，要以消灭传染源为主；而对内科病和外科病，在注重各种治疗措施的同时，进行科学的饲养管理也是防止这类疾病发生的有效途径。

在生命延续过程中，马的机体有可能受到各种病原微生物的侵袭而导致出现伤病。作为与马结盟的伙伴，也作为拥有马力量的受益者，人当然要尽自己所能去帮助马战胜伤病，保持健康的体魄。马的疾病和护理对马业来说极其重要，尤其是赛马，它从青年时期（4岁）就开始参赛，运动负荷极大，极易发生运动系统疾病、内科病和呼吸系统传染病。同时有的冠军赛马价值连城，这也促进了马兽医研究，特别是有关运动生理外伤骨折及繁殖的研究格外重要。因此，马兽医学研究已远远超过其他家畜。本章将介绍常见44种疾病的致病原因、临床表现、治疗措施和防治办法（参阅实习七）。

第一节 马解剖学

一、马体的基本结构和解剖学常用方位术语

（一）基本结构

为了描述方便，常以骨为基础，将马体从外表划分成以下部分。

1. 头部 包括颅部和面部。

（1）颅部：位于颅腔周围，可分为枕部（位于颅部后方，两耳根之间）、顶部（位于枕部的前方）、额部（在两眼眶之间）、颞部（在耳和眼之间）、耳部（指耳及耳根）和眼部（包括眼及眼睑）。

（2）面部：位于口腔和鼻腔周围，可分为眶下部（在眼眶前下方）、鼻部（包括鼻孔、鼻背和鼻侧）、咬肌部（为咬肌所在部位）、颊部（为颊肌所在部位）、唇部（包括上唇和下唇）、颏部（在下唇腹侧）和下颌间隙部（在下颌支之间）。

2. 躯干 分为颈部（包括颈背侧部、颈侧部和颈腹侧部）、胸背部［包括背部（分鬐甲部和背部）、胸侧部（肋部）和胸腹侧部（分胸前部和胸骨部）］、腰腹部（分为腰部和腹部）荐臀部（包括荐部和臀部）以及尾部。

3. 前肢部 包括肩部、臂部、前臂部和前脚部。前脚部又可分腕部、掌部和指部。

4. 后肢部 分为臀部、股部、膝部、小腿部和后脚部。后脚部又可分跗部、跖部和趾部。

（二）解剖学方位术语

1. 基本切面

（1）矢状面：与马体长轴平行而与地面垂直的切面。其中通过马体正中轴将马体分成左、右两等份的面称正中矢状面，其他与正中矢状面平行的矢状面称侧矢面。

（2）横断面：与马体的长轴或某一器官的长轴垂直的切面。

（3）额面（水平面）：与地面平行且与矢状面和横断面垂直的切面。

2. 用于躯干的术语

（1）前、后：是相对的两点，以某一横断面为参照面，近头侧的为前（亦称颅侧），近尾侧的为后（亦称尾侧）。

（2）背侧、腹侧：以某一额面为参照面，近地面者为腹侧，背离地面者为背侧。

（3）内侧、外侧：以正中矢状面为参照，近者为内侧，远者为外侧。

（4）内、外：以某一腔壁为参照，位于内部者为内，位于其外者为外。与内侧和外侧意义不同。

（5）浅、深：近体表者为浅，反之为深。

3. 用于四肢的术语

（1）近、远：对某一部而言，近躯干的一侧为近侧，近躯干的某一点为近端，反之称为远侧及远端。

（2）背侧、掌侧和跖侧：四肢的前面为背侧。前肢的后面称掌侧，后肢的后面称跖侧。此外，前肢的内侧为桡侧，外侧为尺侧；后肢的内侧为胫侧，外侧为腓侧。

二、被皮系统

1. 被皮系统包括皮肤及其附属器官　皮肤由表皮、真皮和皮下组织三层构成。表皮由复层扁平上皮构成，典型结构的表皮可分为四层：生发层、颗粒层、透明层和角质层。

真皮位于表皮的深层，由致密结缔组织构成，可分为乳头层和网状层两部分。

皮下组织位于皮肤的上深层，由疏松结缔组织和脂肪组织构成。它使皮肤具有保温和缓冲机械压力的作用。

附属器官由皮肤演变而来，包括毛、皮脂腺、汗腺、乳腺、蹄和枕等。

2. 毛区分为毛干和毛根两部分　露在皮肤外面游离的为毛干，埋在皮肤内的为毛根，毛根末端膨大部为毛球，毛球底部凹陷，内有结缔组织、毛细血管和神经，称为毛乳头。毛根的周围有一由表皮演变而成的上皮组织和真皮形成的结缔组织管状的鞘囊包围，称为毛囊。在毛囊的一侧有一束斜走的平滑肌，称为竖毛肌。在马的唇、眼睑、鼻孔的附近有一种长而粗的毛称为触毛。触毛没有竖毛肌。

3. 汗腺　多位于真皮的深部和皮下组织内。马的汗腺呈细管状，末端卷曲似小球状，能分泌蛋白样的汗腺，分解后有特殊的气味。

4. 皮脂腺　多位于毛的附近，在毛囊与竖毛肌之间，呈囊泡状。马的皮脂腺较大，常常是几个皮脂腺共同开口于一个毛囊。

5. 乳腺　为复管状腺，腺体被结缔组织、平滑肌纤维和脂肪组织分割为许多腺叶和小叶，结缔组织又伸入小叶内，包围着腺末房。

6. 蹄　分为蹄缘、蹄冠、蹄壁和蹄底四部分。蹄缘是蹄与皮肤相连的无毛部分。蹄冠位于蹄缘下方，蹄壁上方。蹄底位于白线内方，蹄叉的前方和侧方。

7. 枕　按其所在部位，区分为腕枕、掌枕和指枕。马的指枕较发达，而腕枕和掌枕则分别退化为蚨蝉和距。

三、运动系统

运动系统由骨、关节和肌肉组成。马体以骨骼为支架，借助关节、结缔组织和软骨等连接起来，在神经系统的调节下，通过肌肉的收缩和舒张，牵引骨及关节的活动就形成了运动。

1. 骨骼　马体全身骨骼共约210块，可分为主轴骨和四肢骨两大部分。主轴骨包括头骨、躯干骨、尾骨。四肢骨包括前肢骨和后肢骨（图8-1）。各骨之间借韧带、软骨相互连接形成骨骼。骨与骨之间的连接区分为可动连接、微动连接和不动连接三种。

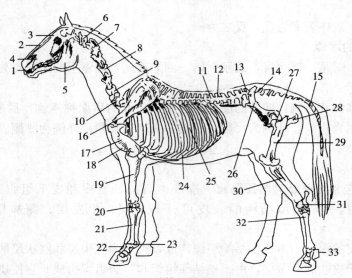

图 8-1　马体的骨骼示意图

1. 颌前骨　2. 鼻骨　3. 额骨　4. 上颌骨　5. 下颌骨　6. 环椎　7. 枢骨　8～9. 颈椎
10. 第七颈椎　11. 腰椎　12. 腰　13. 最末腰椎　14. 荐　15. 尾椎　16. 肩胛骨
17. 肱骨（臂骨）　18. 胸骨　19. 桡骨　20. 腕骨　21. 管骨　22. 冠骨　23. 近侧籽
骨　24. 肋软骨　25. 肋骨　26. 髂骨　27. 大转子　28. 坐骨　29. 股骨　30. 胫骨
31. 跗骨　32. 趾骨　33. 系骨＋冠骨

（1）头骨（颅部骨骼、面部骨骼）：

颅部骨骼：枕骨、蝶骨、颞骨、顶间骨、顶骨、额骨、筛骨。

脸部骨骼：鼻骨、泪骨、颧骨、上颌骨、颌前骨、腭骨、翼骨、梨骨、鼻甲骨、下颌骨、舌骨。

（2）躯干骨：

椎骨：7个颈椎、18个胸椎、6个腰椎、5个荐椎。

肋骨：8对真肋、10对假肋。

胸骨：1个。

（3）尾骨：由15～21个尾椎构成。

（4）四肢骨：

前肢骨：肩胛骨、臂骨、桡骨、尺骨、腕骨、掌骨、指骨、籽骨。

后肢骨：髂骨、耻骨、坐骨、股骨、膝盖骨、胫骨、腓骨、跗骨、跖骨、趾骨、籽骨。

2. 肌肉 肌肉主要由骨骼肌组织构成，骨骼肌与起支持作用的结缔组织连接成一个整体，血管、淋巴管和神经沿结缔组织延伸而共同构成肌器官。在肌肉的收缩和舒张活动中，有筋膜、黏液囊、腱鞘等辅助肌肉的活动，这些结构称为肌肉的辅助器官。马的全身骨骼肌可分为头部肌、躯干肌和四肢肌（图8-2），每部分的肌肉又可详细地分为以下部分。

图 8-2 马体肌肉示意图

（1）头部肌：

颜面肌：口轮匝肌、鼻唇提肌、犬齿肌、上唇固有提肌、下唇降肌、颊肌、颧肌、切齿肌、唇皮肌、鼻横肌、鼻开肌、眼睑匝肌、下睑降肌。

咀嚼肌：咬肌、翼肌、颞肌、二腹肌、颈颌肌。

（2）躯干肌：

脊柱背侧肌：背最长肌、髂肋肌、背颈棘肌、夹肌、颈最长肌、头寰最长肌、棘间肌、头后斜肌、头半棘肌、背多裂肌、颈多裂肌、头前斜肌、头背侧大直肌、头背侧小直肌、横突间肌、荐尾上外侧肌、荐尾上内侧肌。

脊柱腹侧肌：胸头肌、颈长肌、头腹侧直肌、头外侧直肌、肩胛舌骨肌、胸骨甲状舌骨肌、腰方肌、腰小肌、荐尾下外侧肌、荐尾下内侧肌、尾肌。

（3）呼吸肌：

吸气肌：膈、肋间外肌、吸气上锯肌、肋提肌、斜角肌、胸直肌。

呼气肌：呼气上锯肌、肋间内肌、腰肋肌、胸横肌。

（4）腹壁肌：腹外斜肌、腹内斜肌、腹直肌、腹横肌。

（5）四肢肌：

前肢肌：前肢与躯干连接肌，包括斜方肌、菱形肌、臂头肌、背阔肌、下锯肌、胸肌。

前肢固有肌：冈上肌、喙壁肌、冈下肌、三角肌、大圆肌、小圆肌、囊肌、肩胛下肌、臂三头肌、肘肌、臂二头肌、前臂筋膜张肌、臂肌、腕桡侧伸肌、腕尺侧伸肌、腕尺侧屈肌、拇长展肌、指总伸肌、指外侧伸肌、指浅屈肌、指深屈肌。

后肢肌：臀浅肌、臀中肌、臀深肌、股二头肌、半腱肌、半膜肌、股方肌、骨阔筋膜张肌、髂腰肌、缝匠肌、耻骨肌、囊肌、骨薄肌、内收肌、闭孔内肌、闭孔外肌、孖肌、股四头肌、腘肌、腓肠肌、比目鱼肌、颈前肌、第三腓骨肌、趾长伸肌、趾外侧伸肌、趾浅屈肌、趾深屈肌、趾短伸肌。

四、消化系统

消化系统包括消化腺和消化管两部分。消化管（消化道）由口腔、咽、食管、胃、肠和肛门等器官组成。消化腺包括壁内腺和壁外腺，壁内腺位于消化管壁内，如胃腺和肠腺等。壁外腺位于消化管壁之外，以导管开口于消化管壁上，如肝和胰。

1. 口腔 由唇、颊、硬腭、软腭、舌、齿和唾液腺等组成。唇分为上唇和下唇，构成口腔的前壁。颊以颊肌为基础，形成口腔的侧壁，硬腭和软腭构成口腔的上壁和后壁。马的软腭较发达，其游离缘与舌根之间形成狭小的咽峡，只有咽下食团时开大，所以马不能经口腔呼吸。马的舌比较灵活，分为舌尖、舌体和舌根三部分。齿排成上下两个齿弓，分别固定在上颌骨、下颌骨和颌前骨的齿槽内。齿分为切齿、犬齿、前臼齿和后臼齿。唾液腺除唇腺和颊腺外，还有三对大的唾液腺，即腮腺、唾液腺及舌下腺。

2. 食道 起源于咽的后部，止于胃的贲门，分为颈、胸和腹三部分。胃呈弯曲的囊状，以贲门连于食管，而与幽门接于十二指肠。上方凹缘称小弯，下方凸缘称大弯。左部较高，呈圆形，称为胃盲囊。右部较低，靠近幽门处有幽门窦。

3. 小肠 可分为十二指肠、空肠、回肠及壁外腺——肝和胰。十二指肠大部分位于右季肋部，起始于幽门，后方接于空肠。空肠有多个肠祥，系于前肠系膜上。大部分位于左髂部，并与小结肠混在一起，大部分在腹前部和腹后部。回肠管壁较厚以回肠系膜连于盲肠。肝呈红褐色，马肝的特征是外形分页较为明显，没有胆囊，胰是一个淡红黄色器官，呈不规则的扁三角形。

4. 大肠 可分为盲肠、结肠、直肠和肛门。盲肠分为盲肠底、盲肠体和盲肠尖三部分。其壁上有纵带和肠袋。盲肠底后缘隆凸称大弯，前缘凹陷称小弯。在小弯处有回盲口和盲结口。结肠包括大结肠和小结肠。大结肠形成上层和下层大结肠；下层包括右下大结肠、胸骨曲、左下大结肠和骨盆曲；上层包括左上大结肠、膈曲、右上大结肠。右上大结肠的后段内径很大，又称为胃状膨大部。下层大结肠有 4 条纵带和四列肠袋。上层大结肠有 1～3 条纵带，肠袋不明显。小结肠有明显的两条纵带和两列肠袋。直肠前端狭窄，称为直肠狭窄部，连于小结肠，后端接于肛门。

五、呼吸系统

呼吸系统由鼻腔、咽、喉、气管和肺等器官组成。呼吸体统的特点是由骨和软骨作为支架，构成中空的管道，以便空气顺利通过。临床上通常把鼻腔、咽、喉及气管称为上呼吸道。

1. 鼻腔 以面部骨骼为支架，前端以鼻孔与外界相通；后端以鼻后孔与咽相同，内面被覆盖鼻腔黏膜。鼻腔由鼻中隔分为左、右两半。每侧鼻腔以上下鼻甲分为上、中、下三个鼻道。鼻中隔与鼻甲之间的空隙又称为总鼻道。鼻孔的内侧壁成为鼻内翼，外侧壁称为鼻外翼，鼻翼以翼状软骨为基础。

2. 咽 以咽肌为基础，内被覆黏膜，外包以结缔组织。咽位于鼻腔及口腔的后方，喉口及食道口的前方。在咽的后上方，马驴的耳咽管中部膨大，形成黏膜囊，称为喉囊。喉囊左右各一。

3. 喉 位于咽的后下方，下颌间隙的后部，前通咽腔，喉接气管。喉以喉软骨作为支架，借韧带互相连接，并有喉的肌肉进行运动。喉的内腔被覆黏膜。喉腔的中部有 V 形的声门裂，声门裂下部的黏膜形成褶皱，称为声带。声带是发声器官，声带的前方为喉前庭，后方为喉后腔。

4. 气管　为圆筒状管道，长约 1m，由 50～60 个 U 形软骨环作为支架，以气管环状韧带连接起来。气管由喉起始，沿颈部颈长肌的腹侧入胸腔到心基的上方第六肋骨平位处，分为左右支气管。左右支气管的结构与气管基本相似，只是管腔较细小。左右支气管入肺以后，反复分支形成支气管树。

5. 肺　分为左右两叶，占据胸腔的大部分。左右两肺的形状基本相同，右肺大于左肺。左右都有 1 个心切迹，心切迹的前叶为尖叶，后部为心隔叶。右肺在心隔叶的内侧还有 1 个小的副叶。

六、泌尿生殖系统

泌尿器官与生殖器官在位置关系、构造和胚胎发生都有非常密切的关系，故通常将泌尿器官和生殖器官总称为泌尿生殖器官，但泌尿器官和生殖器官的机能是两个独立的系统。

1. 公马的泌尿生殖器官　包括肾、输尿管、膀胱、尿道、睾丸、附睾、输精管、精索、阴囊、副性腺、阴茎、包皮和尿生殖道。

（1）肾：有左右两个。左肾呈蚕豆形，位于最后肋骨上端与前 3 个腰椎横突的下方。右肾似三角形，位于最后 2～3 个肋骨上端和第一腰椎横突的下方。

（2）输尿管：是一对细长的管道，起始于肾盂，下方接于膀胱，其管壁有厚的平滑肌层。膀胱呈囊状，分为膀胱顶、膀胱体和膀胱颈三部分。膀胱颈与尿道相连接。

（3）睾丸：呈椭圆形，位于阴囊内，能生成精子和雄性激素。附睾位于睾丸的背侧缘，是精子的输送管道和储存场所。

（4）输精管：为一细长管道，在附睾尾部起自附睾管，经鞘管进入腹腔，开口于尿道起始部的背侧。精索自腹股沟管内口向下至附睾，呈扁圆锥形，内含输精管和精索内动脉、静脉、神经以及睾内提肌，外包总鞘膜。

（5）阴囊：位于耻骨前方，两股之间。呈袋状，由皮肤、肉膜、睾外提肌和鞘膜组成。阴囊内含有睾丸、附睾和一部分精索。

（6）副性腺：包括精囊腺、前列腺和尿道球腺。这些腺体均能分泌液体，以营养精子，增强精子的活力，并形成精液。

（7）阴茎：分为阴茎脚、阴茎体和龟头三部分。阴茎脚是阴茎的后端，龟头是阴茎的前端膨大部，二者之间为阴茎体。包皮是阴茎前部外面的两层皮肤套，分为外包皮和内包皮。

公马的尿道既能排尿又能排出精液，故称为尿生殖道。尿生殖道起于膀胱，止于龟头，分为骨盆部和阴茎部。两部在坐骨弓的地方交界，也正是尿生殖道转弯的地方。

2. 母马的泌尿生殖器官　包括肾、输尿管、膀胱、尿道、卵巢、输卵管、子宫、阴道、尿生殖前庭和阴门。

（1）肾、输尿管和膀胱：形态结构与公马的相同。

（2）卵巢：呈蚕豆形，背内侧缘隆凸，有卵巢系膜附着，血管神经就由系膜附着部进入卵巢，称为卵巢门。卵巢系膜与子宫阔韧带的前部相连。在卵巢的外缘有一凹陷称为排卵窝，排卵窝是马卵巢的特殊结构。卵巢后部的浆膜延伸到子宫角，称为卵巢固有韧带，卵巢固有韧带内含有平滑肌。浆膜自卵巢前端延伸到子宫角前端，内面包有输卵管，这部分浆膜称为输卵管系膜。输卵管系膜与卵巢固有韧带之间，形成一个囊，称为卵巢囊。卵巢囊向腹侧开口，卵巢的游离缘即突入于卵巢囊内。

（3）输卵管：呈螺旋状弯曲，被包于输卵管系膜内。输卵管的前部较宽呈输卵管的壶腹，输卵管的卵巢端稍膨大，呈漏斗状，漏斗的边缘为不规则的突起，称为输卵管的伞部。伞的一部分附着早卵巢的前端，一部分游离。在输卵管漏斗的深处，有细小的输卵管腹腔口。输卵管的子宫端在子宫角内腔形成一小乳头，乳头上有一小孔，称为输卵管子宫口。

（4）马的子宫：为双角子宫，子宫角和子宫体都很明显。子宫体比子宫角稍短，呈圆筒状。子宫体前端两侧子宫角相结合处，又称为子宫底；子宫体的后部朝向阴道，内含括约肌，形成子宫颈。每侧的子宫角都呈弓形向前延伸，其凸缘游离，朝向前下方，又称为大弯，剖腹取胎时，常在妊娠子宫角的大弯处切开。子宫角的凹缘，朝向后上方，有子宫阔韧带附着。子宫阔韧带又称子宫系膜，自子宫角的凹缘和子宫体两侧缘分出，向背外侧延伸，附着于第三、四腰椎及第四荐椎之间的腰肌上。

（5）阴道：内衬黏膜，中间为肌层，外面的前部为浆膜被覆，后部为结缔组织。阴道部大部分为子宫颈所占据，此外的阴道腔仅余一环形的隐窝，称为阴道穹窿。阴道后部以阴瓣与尿生殖前庭为界。

（6）尿生殖前庭：位于直肠下方，黏膜呈粉红色，有皱褶，其前方有一横走的黏膜褶，称为阴瓣。在阴瓣的后下方，有尿道的开口。

（7）阴门：位于肛门的下面，与肛门之间以短的会阴分开，阴门两侧称为阴唇，阴唇内面的黏膜呈粉红色。阴门的腹侧角内有阴蒂。

七、血液循环系统

血液循环系统由心脏、动脉、毛细血管、静脉和血液组成。心脏是血液循环的主要动力器官。血管是输送血液的管道。将血液由心脏运送至躯体各个部分的血管称为动脉，将血液由躯体各个部分运回心脏的血管称为静脉。血液从心脏出来，经动脉到达毛细血管，然后再经静脉返回心脏，血液的这一运行过程称为血液循环。

哺乳动物在胎儿时期，由于肺脏不执行呼吸机能，因此血液由胎盘经脐静脉运送到胎儿，再由胎儿的脐动脉把血液送回胎盘。胎儿出生后脐静脉变为肝圆韧带，脐动脉变为膀胱圆韧带。

血液循环是以心脏为中心，包括小循环和大循环，这两种循环同时进行，形成一个完整的血液循环。在小循环当中血液由右心室出来，进入肺动脉，肺动脉在肺脏内反复分支，形成肺的毛细血管网，进行气体交换，然后汇合成小静脉，小静脉再汇合成7～8条大的肺静脉，流入左心房。在大循环中血液从左心室出来后，进入主动脉，主动脉再分为小动脉，走向躯体各部，分为毛细血管，交换气体及营养物质，由毛细血管集合成小静脉，小静脉最后汇合成2条大的前、后腔静脉，再流回右心房。

心脏是一个具有内腔的肌质器官，呈圆锥形，锥底称为心基，锥尖称为心尖。在靠近心基的地方，有1条环绕心脏的沟，称为冠状沟。冠状沟把心脏分为上下两部分，上部为心房，下部为心室。在心脏的左面，自冠状沟向下，伸向心脏的前下缘，有1条纵走的沟，称为左纵沟。在心脏的右面，自冠状沟伸向心尖，也有1条纵走的沟，称为右纵沟。左右纵沟前方的心室部分为右心室。左右纵沟后方的心室部分为左心室。从心室分支出大动脉，供机体所需要的血液流动。大动脉通常是指接近心脏的动脉，如主动脉、臂头动脉总干等。大动脉的构造特点是管壁的弹性纤维很发达，所以又称为弹性动脉。血液由心脏经大动脉到达中动脉、小动脉、毛细血管，进行气体交换，再到达静脉，在体内某些部位的静脉，特别是四肢静脉管壁上有一个特殊结构的组织称为静脉瓣，是血管壁内膜所形成的双层皱褶，呈半月形袋状，袋口朝向心脏方向，以防止血液内流。血液是液体状态的结缔组织，由血浆、血细胞和血小板构成。血浆大部分是水分，还有纤维蛋白原和血清构成。血细胞分为红细胞和白细胞，白细胞又可分为有粒白细胞和无粒白细胞。无粒白细胞是指淋巴细胞和单核细胞。有粒白细胞是指嗜中性粒细胞，嗜酸性粒细胞和嗜碱性粒细胞。

八、淋巴循环系统

淋巴循环系统由淋巴、淋巴管和淋巴结所构成。淋巴循环系统不断地把组织液、淋巴细胞和小肠吸收的脂肪微粒送入血液。因此，可以把淋巴循环系统看成是血液循环系统的一个分支。淋巴管可分为毛细淋巴管、集合淋巴管和淋巴导管。通常所说的淋巴管是指集合淋巴管。集合淋巴管在延伸的途中都要通过淋巴结。淋巴管的分布很广，但在上皮组织、软骨组织、角膜和晶状体内没有淋巴管。淋巴导管是由淋巴管汇合而成的大淋巴管，全身的淋巴管最后汇合成两条大淋巴导管，即胸导管和右淋巴干，都通过前腔静脉。马的体表淋巴结主要有下颌淋巴结、肩前淋巴结、腹股沟浅淋巴结，母马还有乳房上淋巴结和膝上淋巴结。

九、造血器官

脾、淋巴结、骨髓等都属于造血器官。脾产生单核细胞和淋巴细胞。淋巴结产生淋巴细胞。骨髓产生红细胞、白细胞和血小板。在胚胎的早期肝脏也具有造血机能，能制造红细胞、有粒白细胞和巨核细胞。但在胚胎后期，肝脏的造血机能即减退以至停止。脾脏在胚胎的早期也积极参加产生红细胞和白细胞，但到出生后，制造红细胞和有粒白细胞的机能停止，而只产生无粒白细胞。

十、神经系统

神经系统包括中枢神经系统和外周神经系统两部分，这两部分在机能上是不可分割的一个整体。中枢神经系统包括脑和脊髓。脑位于颅腔内，脊髓位于椎管内，脑与脊髓在椎骨大孔平位处相连。外周神经连于脑和脊髓，从脑和脊髓出现分支出现于身体各个部分。外周神经系统包括脑神经和脊神经组成的体神经、植物性神经和内脏感觉神经组成的内脏神经，植物性神经又可分为交感神经和副交感神经。

神经系统的主要功能有两个：一是调节机体与外界环境之间的统一；二是调节机体各个器官的活动，保持各器官之间的平衡。有机体体内各器官的活动，有的是相互协调的，又有的是相互颉颃的。因此需要神经系统不断地对各个器官进行调节，使矛盾得到暂时的相对的统一。神经系统活动的基本方式就是反射活动。反射活动就是机体在感受内外环境的刺激时，通过神经细胞的活动所产生的一种相应的反应。

马体的反射活动有的复杂，有的简单，最简单的反射活动必须具备感受器、感觉神经元、神经中枢、运动神经元和效应器官五个部分。

临床诊断上常把反射活动情况作为判断神经系统疾病的重要依据。

十一、内分泌器官

内分泌器官是分散在马体一些部位的特殊腺体的总称。这种腺体的共同特点是没有导管，它们所分泌的分泌物直接进入血液，被运送到机体各部，调节各组织、器官的正常活动。内分泌器官包括：脑垂体、甲状腺、甲状旁腺、肾上腺、胸腺、松果体、胰岛。此外，睾丸的间质细胞，卵巢的间质细胞、黄体和胎盘也具有分泌激素的作用。

十二、感觉器官

感觉器官是指机体与外界环境相联系的器官，能将外界的一切刺激传导到中枢神经，发生适应反应。感觉器官包括触觉、嗅觉、味觉、视觉、听觉及平衡觉器官等。触觉、嗅觉和味觉分别位于皮肤、鼻腔和舌。

眼由眼球壁、眼球内容物、眼球的保护器、眼肌和眼球的血管组成。眼球壁由纤维膜、血管膜和视网膜组成。纤维膜由角膜和巩膜组成。血管膜由脉络膜、睫状体、睫状肌、睫状突、巩膜、瞳孔和巩膜粒组成。视网膜分为视部和盲部。眼球内容物由晶状体、玻璃室和眼房液组成。眼球的保护器由眼睑（上眼睑、下眼睑和第三眼睑），泪器官（泪腺、泪管、泪囊、鼻泪管）和眶骨膜组成。眼肌由眼球退缩肌，眼球直肌（眼球上直肌、眼球下直肌、眼球外侧直肌、眼球内侧直肌），眼球斜肌（眼球上斜肌、眼球下斜肌）组成。眼球的血管由眼外动脉和眼外静脉组成。

耳是听觉和平衡觉器官，分为外耳、中耳和内耳三部分。外耳搜集音波，中耳传达音波，内耳有听觉和平衡觉感受器。

第二节　传　染　病

（一）马传染性贫血

1. 致病原因　马传贫病毒经由吸血昆虫在病马和健康马之间传播感染。

2. 临床表现　发热（40～41℃），伴有贫血、出血、黄疸、心脏衰竭、皮下水肿和消瘦等症状。

3. 治疗措施　根据本病流行特点进行补体结合试验或琼脂扩散反应检验，确诊后应报有关部门批准捕杀，同时进行疫区（点）封锁，对区（点）内马匹按规定做检疫普查。对健康马使用马传贫疫苗，做好预防接种工作。

4. 防治办法　定期检疫。有关部门对于各地区的马匹要切实做好检疫后核发运输检疫合格症。

（二）马流行性感冒

1. 致病原因　接触性传染病。流感病毒经空气飞沫直接传播，流行速度快，传播面广。

2. 临床表现　马匹突然发病、体温升高、眼结膜潮红，颌下淋巴结轻度肿胀，可出现流泪、流水样鼻液及喉头敏感、咳嗽等症状。多数马病症较轻，通常在1周后自行康复。少数病例可见剧烈咳嗽、脓性鼻液、食欲减退、全身无力，如转为支气管炎、肺炎，可导致死亡。

3. 治疗措施　精心护理，可用药物解热、止咳、通便，并防止继发感染或并发症。

4. 防治办法　加强对人马流动的管理，搞好环境卫生、厩舍消毒工作。

（三）马腺疫

1. 致病原因　马链球菌马亚种经上呼吸道黏膜或消化道感染。

2. 临床表现　病初体温升高至 40～41℃，下颌淋巴结肿大，热而疼痛。

3. 治疗措施　肿胀部涂 10％碘酊、20％鱼石脂软膏，并切开排脓。

4. 防治办法　加强 3 岁以下幼驹的饲养管理，搞好环境卫生。

（四）马鼻疽

1. 致病原因　患病马特别是开放性鼻疽病马通过共用的厩舍、饲养用具等将其携带的鼻疽杆菌传染给健康马。

2. 临床表现　马的肺部、鼻腔黏膜以及四肢、胸侧、腹下等部位出现结节、溃疡和脓性分泌物等病变。

3. 治疗措施　药物治疗或捕杀处理。

4. 防治办法　定期检疫，按规定处置病马，做好卫生消毒工作。

（五）马破伤风

1. 致病原因　破伤风梭菌经外伤伤口进入马体内引起急性传染病。

2. 临床表现　初时马咀嚼和吞咽缓慢，随后发生全身僵直。病马开口困难、牙关紧闭、两耳竖立，眼半闭、瞬膜外露、瞳孔散大、鼻孔开张。颈部、背部肌肉强直，痉挛出汗，尾根抬起，腹部蜷缩。四肢关节屈曲困难，僵直如木马。

3. 治疗措施　药物治疗中和毒素，解除痉挛，同时处理感染创面。

4. 防治办法　对外伤的处理要得当及时，注射抗破伤风血清。

（六）马日本乙型脑炎

1. 致病原因　病原为日本脑炎病毒，蚊子为本病的传播媒介，3 岁以下的幼驹最易受害。

2. 临床表现　病马体温升高、食欲废绝，或狂躁兴奋或精神沉郁，运动共济失调。可因全身衰竭、卧地不起而死亡。

3. 治疗措施　药物治疗，精心护理、饲养。

4. 防治办法　使用弱毒疫苗进行预防注射。搞好环境卫生，消灭蚊虫滋生地。

（七）脱毛癣

1. 致病原因　由真菌感染引起，主要由于健康畜与病畜直接接触，经皮肤传染。

2. 临床表现　潜伏期的长短，依据真菌的种类，特别是马匹机体的抵抗力不同而异，一般为 8～30d，本病通常被分为四个型：斑状脱毛癣，轮状脱毛癣，水疱性和结痂性脱毛癣，深在性脱毛癣。

3. 治疗措施　首先将马隔离，并注意护理。在治疗时先在患部剪毛，然后用肥皂水洗涤患部，再用温的 3％～5％克辽林液洗涂患部并除去软化的结痂。

4. 防治办法　对新购入的马匹，需要隔离检疫 30d，经详细观察及触摸皮肤确认健康者，方可与原马匹合群。当发生本病时，应将病马群中所有马匹进行临床检查，全面触诊皮肤，如果发现病马时，立即隔离进行治疗。

第三节 寄生虫病

（一）马裸头绦虫病

1. 致病原因 裸头绦虫虫卵被土壤螨吞食后，在螨体内发育成具感染性的似囊尾蚴。马属动物在吃草时吞食了含似囊尾蚴的土壤螨而遭感染。

2. 临床表现 两岁以下幼驹最易发病。出现消化不良、间歇性疝痛和腹泻。病马消瘦贫血，粪便表面常带有血样黏液。

3. 治疗措施 药物驱虫。

4. 防治办法 进行预防性驱虫后将马排出的粪便堆集发酵，以杀灭虫卵。不在土壤螨滋生的草场上放马，可减少感染机会。

（二）马副蛔虫病

1. 致病原因 寄生于马小肠中的成虫产出的虫卵随粪便排出马体外，虫卵内发育出具感染性的幼虫后又被马吞食进入马体内。

2. 临床表现 本病主要危害幼驹，症状为消化不良、腹痛，严重者出现肠堵塞或肠穿孔。病马精神迟钝、易疲劳、毛粗干、发育停滞，红细胞数量和血红蛋白含量下降、白细胞数量增多。

3. 治疗措施 药物驱虫。

4. 防治办法 定期驱虫，搞好厩舍卫生，及时清理粪便并堆积发酵。

（三）马蛲虫病（马尖尾线虫病）

1. 致病原因 寄生于马大肠内的马尖尾线虫在马肛门部位排卵，引起马剧痒。具感染性的虫卵经患马摩擦肛门或干燥脱落，散布于饲草、饮水饲槽及厩舍各处，被马吞食重新进入马体内。

2. 临床表现 患病马肛门剧痒，难以休息，健康状况下降并常以臀部抵在各种物体上摩擦，引起尾根部和坐骨部脱毛。

3. 治疗措施 药物驱虫。

4. 防治办法 厩舍内外及各种用具应当经常消毒。

（四）马圆线虫病

1. 致病原因 在马属动物盲肠、大结肠—饲草、地面—马吞食的循环过程中感染。

2. 临床表现 多发于秋冬季。急性症状的大肠的卡他性炎症，排出的粪球表面带汤，贫血和进行性消瘦。病马易于疲劳，精神、食欲皆不振。进而出现腹泻、腹痛、粪恶臭，有时粪便中可见虫体。慢性症状为食欲减退、下痢、轻度腹痛、贫血、精神不佳，幼驹则发育不良、生长停滞。

3. 治疗措施 药物驱虫。

4. 防治办法 每年春秋两次驱虫。驱虫后的粪便堆积发酵灭卵，平时做好环境卫生工作。

（五）马副丝虫病（血汗症）

1. 致病原因 丝状科的多乳突副丝虫寄生于马皮下组织和肌间结缔组织中间，成熟的雌虫用其头端穿破马皮肤并损伤微血管，造成出血并将卵产于血滴之中。卵经数十分钟孵化出微丝蚴，蝇类吸血昆虫叮咬马匹时随血液吸入微丝蚴，微丝蚴在蝇体内发育成幼虫。当含有幼虫的吸血蝇再去叮咬马匹时，就将幼虫注入马体内，幼虫到达寄生部位后经 1 年左右发育为成虫。

2. 临床表现　患马颈部、肩部、身体两侧各处皮下可能触摸到蚕豆大小的扁圆硬结。当马匹运动以及气温、光照等综合因素造成马体表温度升高至某一数值时（通常也是吸血蝇活动季节），成熟的雌虫开始排卵并引发马皮肤硬结部破溃出血。如果此时与普通汗液混合，则如同血汗。出血停止后，出血点部有血痂凝结。当各种综合因素无法使马体表温度达到某一数值时（通常也是吸血蝇停止活动季节）产卵—出血停止。如此反复，可持续数年。

3. 治疗措施　药物治疗。

4. 防治办法　防避、消灭蝇类吸血昆虫，或将含有微丝蚴的出血及时清除，切断传染环节。

（六）马胃蝇（蛆）病

1. 致病原因　狂蝇科胃蝇属的各种马胃蝇幼虫（马胃蝇蛆）寄生于马属动物的胃肠道内，造成病畜的中毒和慢性消瘦，故又称瘦虫病。马胃蝇将卵产于马体被毛上，卵孵化成幼虫，并在马体表爬行引起痒觉。马啃咬皮肤的发痒部位，幼虫即经马口腔进入体内，然后伴随发育长大逐步移向排泄端，排出并钻入土壤化为蛹，蛹化为成蝇后交配产卵。

2. 临床表现　早期出现口炎、咽头炎、吞咽困难、咳嗽甚至舌麻痹。当幼虫寄生胃和十二指肠时，常引起胃炎和胃溃疡。由于幼虫分泌毒素造成营养障碍，导致患马食欲减退、贫血、消瘦，周期性疝痛、多汗、能力下降，有的因渐进性衰竭而死亡。

3. 治疗措施　每年秋冬两季药物驱虫。

4. 防治办法　在马胃蝇产卵季节，用药物喷涂马体。

（七）弓形虫病

1. 致病原因　此病的传染来源是感染了弓形虫的猫、弓形虫病患畜及带虫动物。主要经口、胎盘和皮肤黏膜感染，该病的发生没有严格的季节性。

2. 临床表现　主要表现体温升高，呼吸、脉搏加快，精神沉郁，拒食，结膜发炎，流泪，后躯萎弱。

3. 治疗措施　该病的治疗主要用磺胺嘧啶钠加增效剂（TMP）。

4. 防治办法　主要防止饲料、饮水被猫粪污染，消灭老鼠，保持厩舍干燥清洁。

第四节　内　科　病

（一）马胃肠炎

1. 致病原因　突然变换草科种类或饮喂习惯，让马食入过多不易消化的草料，饲草饲料品质低劣，腐败发霉，可造成本病原发性出现。此外，马的急性胃扩张、肠便秘、肠变位及某些心、肾、产科疾病都可能继发胃肠炎。

2. 临床表现　病马早期表现精神沉郁、体温升高、食欲减退或废绝，口干贪饮、多伴有腹泻，粪便呈稀糊状，味腥臭。晚期脉搏快而细弱，机体脱水，有的出现腹痛。严重者肌肉痉挛、呼吸困难、周身冷汗甚至休克。

3. 治疗措施　尽快查明和去除病因，清理胃肠抑菌消炎。补液强心，纠正酸中毒。

4. 防治办法 建立良好的饲养制度，做好草科品质管理工作。

（二）马肠阻塞（结症）

1. 致病原因 由于肠蠕动和分泌机能出现紊乱，导致一段或几段肠管被食物或粪便阻塞所发生的真性腹痛性疾病，欲称结症，是马常见多发且病死率较高的疾病。

2. 临床表现 腹痛。病的初中期呈中度疼痛，后期并发肠臌气或肠变位时腹痛剧烈。口腔发黏发干，色泽变红或暗红色。病初期肠音频繁而偏强，后期则听不到肠音。病初期马的体温、呼吸和脉搏多无明显变化，后期或继发肠炎、蹄叶炎和自体中毒时有明显的全身反应。

3. 治疗措施 依据特有症状和直肠检查判断确认阻塞部位和性质。药物疏通肠道、软化泻下阻塞物，手法破结、手术破结取结等各种方法可单一采用，也可综合采用。

4. 防治办法 提高饲养管理水平，强化草料品质管理。

（三）马肠痉挛

1. 致病原因 饲养管理不良，让马重役后暴饮冷水、采食霜冻、结冰、霉变草料以及寒冷刺激等。

2. 临床表现 患马出现有明显间歇期的阵发性腹痛。常见蹴踢腹部和打滚翻转。诊断可见口腔湿润、色淡、耳、鼻、口部位发凉。肠音增强，出现金属音。若数小时后全身症状未能减轻反而加重，则注意继发便秘或肠变位的可能。

3. 治疗措施 针灸或用药镇痛、解痉。牵行运动、防止打滚。

4. 防治办法 改善饲养管理。

（四）马肠膨气

1. 致病原因 原发性肠膨气由食入大量豆类精料、易发酵或腐败草料引起。继发性肠膨气起于其他腹痛病过程中。

2. 临床表现 病马右肷部和腹围明显急剧膨大，腹痛，呼吸困难，常在数小时内有死于窒息或肠、膈破裂的危险。

3. 治疗措施 找出原发性或继发性病因。尽快采用排气减压、镇痛解痉、清肠制酵等综合疗法。

4. 防治办法 消除上述致病因素。

（五）马肠变位

1. 致病原因 马因腹痛而长时间打滚翻转或因故被迫处于非正常体位或受到突然刺激、用力不当等均可使肠管自然位置发生改变。导致肠闭塞的重剧性腹病，可归纳为肠扭转、肠缠结、肠箝闭、肠套叠等。

2. 临床表现 持续而剧烈的腹痛、大汗淋漓、肌肉震颤，体温、呼吸、脉搏均出现异常。腹腔穿刺有血样液体。

3. 治疗措施 确诊属于何种肠变位，对症治疗。

4. 防治办法 对马的非正常滚转或非正常体位等问题必须及早发现并采取对应措施。

（六）马肌红蛋白尿

1. 致病原因 营养良好、较为肥胖的马从休闲状态突然转入大运动量工作，致使糖代谢紊乱，体内乳酸大量蓄积。

2. 临床表现 后躯股部肌肉麻痹，僵硬和肌变性，后肢运动障碍，尿中排出肌红蛋白，尿液呈红葡萄酒色。重点出现酸中毒。

3. 治疗措施　药物镇痛，强心，纠正酸中毒。精心饮喂、护理。

4. 防治办法　根据马匹个体的膘情和运动量加减草料饲喂量。运动、役用工作量不可突然超负荷加大。

（七）心肌炎

1. 致病原因　感染和过敏是引起马心肌炎最常见的原因。认为比较普遍的过敏原是链球菌性感染。

2. 临床表现　心肌炎单独发生的较少，故其临床症状常被原发病的症状所掩盖，必须仔细检查心脏血管系统才能发现。病初心搏动和两心音增强，脉搏急速而充实，血压升高。心率失常是心肌炎的主要症状。

3. 治疗措施　治疗心肌炎的基本原则是减轻心脏负担，及时治疗原发病和增强心肌营养。

4. 防治办法　预防心肌炎，主要是防止传染病和中毒。及时治疗链球菌感染等化脓性疾病。

（八）感冒

1. 致病原因　最常见的是寒冷的作用，使机体抵抗力降低引起感冒；或在盛夏马匹大汗后遭受风雨淋袭也能引起感冒。

2. 临床表现　多突然发病，病马精神沉郁，头低耳聋，眼半闭，食欲减退或废绝。皮温不整，多数病马耳尖，鼻端发凉。结膜潮红，如继发结膜炎时，则有轻度肿胀或流泪。脉搏增数，体温升高至 39.5～40℃以上。

3. 治疗措施　病初可用 30％的安乃近液 10～40mL，或复方氨基比林 20～40mL 肌内注射，每日一次。为了防止继发感染，可配合应用磺胺制剂或抗生素类。

4. 防治办法　避免使马受到寒冷的攻击和大汗后遭受风雨的淋袭。

（九）肾病

1. 致病原因　肾病的病因多种多样，但主要由传染和中毒引起。

2. 临床表现　轻症病马主要呈现引起本病的原发病的固有症状，尿中可见有少量蛋白质和肾上皮细胞。当尿呈酸性反应时，亦可见有少量管型，但尿量无明显变化。重症病马，呈现不同程度的消化功能紊乱，病马逐渐消瘦，衰弱或贫血，并出现水肿。尿量减少，比重增高，蛋白增量，尿沉渣中见有大量肾上皮细胞，透明管型，但无红细胞。

3. 治疗措施　本病的治疗原则是消除病因，改善饲养管理条件，促进利尿，防止水肿。

4. 防治办法　防止造成中毒。

（十）中暑

1. 致病原因　气温高，湿度大，风速小是发生中暑的重要外部条件。骑乘过快，驮载过重，肌肉活动剧烈，产热激增，散热困难是发生中暑的重要内部原因。

2. 临床表现　临床上主要表现体温显著增高，循环衰竭及一定的中枢神经症状。

3. 治疗措施　对中暑的急救治疗应当加强护理促进降温，维护心肺功能，纠正酸中毒，治疗脑水肿，预防感染和其他对症疗法。

4. 防治办法　在夏季使役时应注意增加饮水次数，饮水宜在稍休息后行之，以防出汗过多。还应增加休息次数，休息时牵至阴凉处，避免烈日直晒。

（十一）贫血

1. 致病原因　引起马贫血的原因多种多样，如大的外伤、肝脾破裂等可引起急性失血性贫血。胃肠寄生虫和某些肿瘤可引起慢性失血性贫血。

2. 临床表现　贫血的共同表现是可视黏膜苍白，肌肉无力，精神不振和食欲减退，心率加快，心音显著增加。

3. 治疗措施　贫血的治疗必须根据不同病因，采取相应的措施，才能提高治疗效果。对急性失血性贫血，主要制止继续出血，解除循环障碍。对于急性溶血性贫血，着重消除感染，排除毒物。对于造血不良性贫血，应在查明病因后，对症下药，方易收效。

4. 防治办法　对急性、慢性失血，要迅速查明原因，及时处理。对胃肠道寄生虫要定期驱虫。对容易引起溶血的各种感染和中毒，要加强防治工作，在反复多次输血时，特别要注意输血反应，采取急救措施。

（十二）荨麻疹

1. 致病原因　原发性荨麻疹，多发于被昆虫刺螫，接触荨麻疹或其他有毒植物，采食了发霉饲料，皮肤上涂擦某些药物，如松节油、石炭酸等。继发性荨麻疹，发生于某些传染病或寄生虫病和血清病的经过中。另外，胃肠功能紊乱时，胃肠内腐败分解的有毒产物被吸收，亦可继发荨麻疹。

2. 临床表现　本病多突发而迅速发生。常见体表出现球形或扁平形疹块。由昆虫咬螫和毒草所致者，多伴有剧痒，病马站立不安，常使劲在墙壁上或桩上磨蹭。在本病出现时多伴有精神沉郁，食欲减退，消化不良和黄疸症状，有时体温轻微升高。血液检查，嗜酸性粒细胞可一时性增加。

3. 治疗措施

除去病因：病因调查清楚后，尽力排除之。如为霉败饲料或有毒饲料所致，或继发于胃肠道功能紊乱时，应停止喂该种饲料，并内服泻剂、制酵剂。

抗过敏疗法：用10％氯化钙或10％葡萄糖酸钙液100～150mL，一次静脉注射。2％盐酸苯海拉明10～20mL，一次肌内注射。0.5％奴夫卡因液100～150mL，一次静脉注射。为使血管收缩，改变其通透性，可应用0.1％盐酸肾上腺素液3～5mL，一次皮下注射。

根据体格大小胖瘦，放血1 000～2 000mL，效果良好。

对反复发作，病程较长又顽固的荨麻疹，可应用0.675％氢化可的松50mL，溶于5％葡萄糖液1 000mL内，缓慢静脉注射，可收到较好效果。

对症疗法：病马剧痒不安时，可内服溴化钠或溴化钾15～20g，或用石炭酸2g，水合氯醛5g，酒精200mL，混合后涂擦皮肤，或静脉注射溴化钙液。

4. 防治办法　严格控制病因的发生。

（十三）发霉饲料中毒

1. 致病原因　饲草收割时遭受雨淋，饲料保管不当，由于湿度大温度又合适，故霉菌容易滋生发育。饲料被霉菌感染后，由于霉菌分泌的毒素对饲料的污染，可引起蛋白质、糖和纤维素的分解，而形成特殊的有毒物质。霉菌孢子可通过消化道、呼吸道，或经破损的皮肤和黏膜而侵入动物机体，固着在一定的部位，再从这些部位侵入深层组织，直到进入机体其他各组织。

2. 临床表现　发霉饲料中毒的症状多种多样，概括起来，可分为胃肠炎型、肺炎型、神经型和皮肤型四种类型。有时以一个类型症状为主，同时兼有其他类型的一些症状。

3. 治疗措施　首先应停止饲喂发霉饲料，给予优质干草或青草。为了保护肠黏膜，减少毒物的吸收，可灌服黏浆剂。为了促进毒物排除，可内服缓泻剂，加强集体解毒功能，病马兴奋不安时用镇静剂。

4. 防治办法　根本的预防措施是防止饲料发霉变质，即收割的饲草和粮食应晒干，使含水量降至15%以下，并妥善保管。

第五节　外　科　病

（一）马牙齿异常

1. 致病原因　由于先天遗传、后天生活环境和食物种类等因素影响，马的牙齿可出现生齿数量、形状、大小排列和生长磨灭等方面的异常。

2. 临床表现　患马咀嚼缓慢，流涎口臭，喜食脆嫩的鲜草，有的舍饲马将干草叼入水中浸软后吃。口腔检查可见残留的食团，牙齿松动，排列不正，咬合不齐，颊部或舌面损伤。患马消瘦，易疲劳，被毛粗乱无光泽，排出的粪便粗纤维多或混有未嚼碎的籽实颗粒。

3. 治疗措施　使用马牙齿器械对患齿进行修整。

4. 防治办法　定期对马做口腔检查，发现问题及早治疗。

（二）马骨关节病

1. 致病原因　内分泌紊乱引起磷、钙代谢失调，饲料中缺乏钙和维生素，肢势不正造成负重不平衡等均有可能引起骨关节的慢性变形性疾病。

2. 临床表现　关节变形、机能障碍、跛行。

3. 治疗措施　药物治疗、热疗、理疗。

4. 防治办法　消除上述致病因素。对病患早发现、早治疗。

（三）马风湿病

1. 致病原因　病因至今尚未完全查明。一般认为是一种变态反应性疾病，与某些细菌、病毒、抗原引起神经营养紊乱、代谢障碍有关。此外，动物过度劳累、受寒受潮、受冷风、贼风侵袭也是病因。

2. 临床表现　游走性肌肉疼痛、跛行。黏膜潮红、呼吸、心跳加快，体温升高1℃左右。常见有风湿性肌炎、风湿性关节炎、风湿性蹄炎和风湿性心肌炎。

3. 治疗措施　对症药物治疗、针灸、光电疗法。

4. 防治办法　日常饲养、役用管理中要避免马过劳、受寒、受潮、受风。

（四）马屈腱炎

1. 致病原因　屈腱炎是赛马的职业病之一，临床上多为非化脓性无菌性炎症。多由竞赛、骑乘和使役不当引起。如剧烈训练，奔跑过急，跳越障碍，蹄嵌入洞穴或在不平，泥泞路上重役奔驰以及久不训练，长期休息后，突然重役高强度训练。腱质发育不良和肢势蹄形不正，如卧系，延蹄，蹄前壁过长，蹄铁尾过短或管理不善，如长时间超长训练，踏着不正负重不稳等，均易使腱超出生理活动范围，引起其剧伸或部分纤维断裂而发病。屈腱炎可分为趾深屈肌腱炎、趾浅屈肌腱炎和悬韧带炎。

2. 临床表现　趾深屈肌腱炎多发于掌部上1/3处的下翼状韧带处。患部被毛逆立，可呈"鱼肚样"突出。站立时以蹄尖着地，球节屈曲。运步呈支跛，快步时常猝跌。趾浅屈肌腱炎多发于掌中部后上 1/3 处的下翼状韧带以及掌中部和系骨后面。站立时患肢前伸，运步呈重度支跛。因瘢痕化使腱缩短，呈腱性突球。悬韧带炎主要发生在籽骨上方的分叉处。病初球节上方两侧出现肿胀、严重时大面积肿胀、温热疼痛、指压留痕。站立时半屈曲腕关节和膝关节，患肢前伸，系骨直立。运步呈支跛，可出现猝跌。

3. 治疗措施

（1）急性期：祛瘀消肿止痛。外治为主，辅以内治，休养与治疗结合。

①血针：膝脉、缠腕放血 400～500mL。

②外治方药：西医方药如下。

a. 酒精鱼石脂热绷带：酒精 100mL 加鱼石脂 10～20mL，放入铝饭盒内，充分溶解后，放入脱脂棉浸透，加盒盖，放火上加热（不会引起酒精燃烧）掌握好温度，取出热脱脂棉块敷患部，塑料布、棉花、绷带包扎固定。必要时，每日 2 次向内注入热酒精 50～80mL/次。

b. 局部注射：考的松 5mL，与普鲁卡因青霉素注射液 3～5mL，混合摇匀，在患腱两侧皮下分点注射，每点间隔 2～3cm。也可以先用消毒针管抽吸出患腱肿胀液后，1 次注入。每 5～6 日注射 1 次。

（2）慢性期：烧烙，巧治，辅以药物治疗。虽有效但难完全治愈。

①四生期（经验方）：生半夏，生草乌，生南皂各等份，共为细末，用 95％酒精调匀敷患部，塑料布、棉花、绷带包扎固定。加强护理和运动。

②红色碘化汞软膏（处方：红色碘化汞 1g，凡士林 5g）：为了保护系凹部，用药同时涂凡士林，再包扎保温绷带。勿使咬舐患部。5～10d 更换绷带。也可患部涂擦碘化汞软膏（处方：汞软膏 30g，纯碘 4g）包扎厚绷带。

4. 防治办法 综合考虑体能、年龄、道路条件等多项因素，合理安排马匹的役用工作量或训练运动量。

（五）马球节扭伤

1. 致病原因 急停、急转、跌倒、踏空、扭、崴、跳跃等机械性外力均可造成马关节韧带，特别是侧韧带、关节囊及周围筋腱的剧烈抻拉、断裂甚至骨损伤。

2. 临床表现 运步突发支跛、球节肿胀升温。站立时以蹄尖壁着地。

3. 治疗措施 初期冷疗并装压迫绷带。急性炎症渗出减轻后用温热疗法。药物涂敷结合各种物理疗法。

4. 防治办法 尽量避免可造成马扭伤的各种不良因素。

（六）马飞节内肿

1. 致病原因 马肢势不正、削蹄装蹄不当造成负重不平衡。摄入营养不均衡、运动、役用损伤等均可引起本病。

2. 临床表现 跗关节内侧、中央跗骨和第三跗骨的骨位有大小不等、形状不定的骨赘明显突出、跗关节以下外展。运步时呈跛行、跛行随运动时间延长而减轻。

3. 治疗措施 早期以温热疗法为主，涂擦药物镇痛，晚期可考虑手术。

4. 防治办法 正确削蹄装蹄并防止其他可能导致本病的不良因素。

（七）马蹄叶炎

1. 致病原因 劳役出汗后暴饮冷水、受风受凉、突然食入大量高蛋白精饲料或霉变饲料，过劳、四肢负重异常，蹄肌出问题等都有可能诱发本病。此外，蹄叶炎也常继发于疝痛、肠炎以及妊娠和分娩过程中。

2. 临床表现　突发跛行，紧张步样。运步时步幅短、体躯摇摆，病马卧下后不愿起立。病蹄蹄温明显升高，有疼痛反应。体温高，呼吸急促。

3. 治疗措施　及早治疗效果好。病马停喂精饲料，蹄部穴位放血，厩舍内铺厚褥草，并牵至软地上运动。对于产生的各类症状可对症用药。慢性蹄叶炎治疗应限制日粮，适当运动并通过修整矫治病蹄。

4. 防治办法　根据马匹个体的具体情况搭配饲料成分，加减饲喂分量，役用运动强度适当并坚持做好日常护理工作。

（八）马蹄叉腐烂

1. 致病原因　蹄叉角质不良、削蹄装蹄不当，以及养马地面环境失宜是诱发本病的主要原因。

2. 临床表现　患病初期，马蹄叉侧沟角质腐烂碎裂并有恶臭，继而发展形成空洞，内部充满恶臭的分解物，重症时蹄叉角质消失而露出肉叉。患肢呈支跛。病变可以扩展到蹄球或蹄冠，形成化脓性蹄真皮炎以及不正蹄轮。蹄肌异常。

3. 治疗措施　削刮、清除腐烂坏死的角质，清洗消毒后，将消炎药用于患部并包扎绷带。

4. 防治办法　正确合理的削蹄装蹄。

（九）鞘膜积水

1. 致病原因　本病因精索挫伤，精索静脉曲张或鞘膜、睾丸的慢性炎症而引起，当鞘膜内有寄生虫和腹水时，也可出现鞘膜积水。

2. 临床表现　患病的阴囊变大以呈现无热无痛，柔软且有波动性的肿胀为特征。肿胀位于睾丸的前侧，而睾丸则被固定于后面的总鞘膜处。一侧或两侧阴囊膨大，皮肤褶皱展平，触诊时阴囊底部稍冷感而无疼痛，并可感知鞘膜腔内有波动。阴囊显著增大时，两后肢运步不灵活并外展，若病程经久，有的可见睾丸萎缩。穿刺时可流出大量的淡黄色透明液体，若将病畜仰卧时，积水经鞘膜管流入腹腔而使膨大的阴囊变小。

3. 治疗措施　局部可用复方醋酸铅散、雄黄散外敷，或用 20％高渗盐类溶液湿敷，或涂布樟脑软膏等，并装以提举绷带。也可用 2％盐酸普鲁卡因液 20～30mL 加入青霉素 40万～80 万 U，注入鞘膜腔内。

4. 防治办法　在采精过程中要求操作标准，并在平时的饲养管理中防止寄生虫的感染。

（十）直肠脱

1. 致病原因　肛门括约肌的弛缓；腹内压增高；慢性便秘，下痢及剧烈努责；病理性分泌，应用刺激性药灌肠造成直肠炎时，可见到本病的发生。

2. 临床表现　当发生肛脱时直肠后端黏膜脱出于肛门外，在肛门后面出现暗红色半球状突出物，黏膜常呈轮状皱襞，初期能自行缩回。当发生直肠脱时肛门内突出圆柱状肿胀物，脱出的肛管被肛门括约肌嵌压而发生循环障碍，水肿更严重。有时前段直肠连同小结肠套入脱出的肠腔内，此时在肛门后面形成圆柱状肿胀，比单纯的直肠脱硬而厚，手指伸入脱出的肠腔内，可摸到嵌入的肠管。有时套入的肠管突出于脱出的直肠外。

3. 治疗措施　药物治疗对本病效果不确实或无效，手术疗法对本病有较高的疗效。有时脱出部分虽然很大，水肿部分也有坏死，但施行手术以后，常能治愈。

4. 防治办法　注意平时的合理饲养，防止出现肠道疾病，加强运动防止出现难产。

（十一）背、腰椎骨骨折与骨裂

1. 致病原因　本病的主要发生原因为马匹摔倒，背腰部遭受强烈打击。另外，倒马时，由于脊柱过度弯曲所致的背最长肌强力收缩，或者由于对头、颈、臀部保定不确实，马匹挣扎企图起立也可引起本病。临床上常因保定不确实引起腰椎骨折。骨软症病马易发生本病。

2. 临床表现　椎骨骨折的临床症状决定于骨折的部位和性质。在椎骨棘突骨裂时，局部呈现小范围的疼痛性小肿胀，腰背运动不灵活和后躯摇晃。抚摸和触诊患部时，病畜呈现不安，在椎骨棘突骨折时，症状较为明显，特别是触诊检查时病畜呈现疼痛。当椎体骨裂时，晚期通常可转成椎体骨折，其临床症状就根据这种情况而发生变化。当椎体全骨折时，不论其种类如何，只要是发生脊髓损伤，就会出现后躯麻痹，病畜不能站立而倒下，呈现高度不安，有的呻吟发汗，损伤处以后的部位感觉丧失，对针刺无反应。病畜的全身症状严重，呼吸和脉搏频率高，伴有直肠和膀胱麻痹，粪便蓄积，尿失禁，并能导致死亡。直肠检查有助于确诊。

3. 治疗措施　在棘突骨折与骨裂而没有麻痹症状时，将病畜置于吊支器上。除保持病畜安静外，还要给予药物治疗。当发生化脓性感染时，可切开组织，除去坏死部分，而后按化脓感染创治疗。

4. 防治办法　防止马滑倒，在进行保定时要确实。

（十二）颈静脉炎

1. 致病原因　多由于颈静脉注入有刺激性的化学药物。

2. 临床表现　单纯的颈静脉炎，静脉管壁增厚、硬固而有疼痛，病畜嫌忌人接触患部。

3. 治疗措施　病畜停止使役，安静修养，以防止炎症扩散或避免血栓破碎。

4. 防治办法　严格遵守颈静脉注射和采血的操作规程。

第六节　产　科　病

（一）流产

1. 致病原因　引起流产的原因很多，除传染性流产外，普通流产的原因包括脐带、胎膜及胎盘异常胚胎发育异常，双胎，内分泌失调，生殖器官炎症，全身性疾病等内在原因和营养因素，饲料中毒，机械损伤，使役不当，医疗错误，妊娠后误配等外在原因。

2. 临床表现　由于引起流产的原因、发生时间及母马机体反应能力不同，流产所表现的症状及结局也不一样。母马的早期胚胎吸收多发生在妊娠后 30～60d。在临床上该期见不到流产预兆或症状，但间隔一段时间做直肠检查时，原已肯定的妊娠现象消失，不久又会出现发情征候。排出不足月的胎儿的前兆和过程与正常的分娩相似，所以亦称早产。在妊娠末期胎儿死亡而未排出时，可根据乳房增大，能挤出初乳，看不到胎动所引起的腹壁颤动，直肠检查时感觉不到胎动，阴道检查时，发现子宫颈稍微开张，子宫颈黏液塞发生溶解等综合症状进行判断。

3. 治疗措施　一般性流产不需要特殊处理，主要应加强护理，消毒流产母马的外阴部及厩栏，给予营养丰富易消化的饲料，并令其休息。出现流产先兆，应尽量避免引起子宫收缩的因素发生，宜将妊娠母马放于较安静的厩舍，设专人看护；最好不做或少做阴道及直肠检查，必要时使用镇静剂和子宫收缩抑制剂。对死胎的处理原则是迅速排空子宫，促使死胎自动排出或用手或借助器械取出，并控制感染的扩散。

4. 防治办法　必须坚持预防为主，切实做好保胎防流工作，把预防措施落到养、管、用几个方面，以最大限度降低流产率。

（二）子宫扭转

1. 致病原因　妊娠后，子宫角尤其是妊角逐渐增大并向腹腔的前下方垂降，相当于一部分子宫呈游离状态，母马急剧起卧转动身体时，由于胎儿的质量很大，保持静置惯性而不随腹部转动，就可以使子宫向一侧发生扭转。此外，本病可能与母体衰弱或运动不足引起的子宫阔韧带松弛有关。

2. 临床表现　根据妊娠时期及扭转的程度、部位不同，其临床症状亦不同。子宫扭转发生在妊娠后期时，可见腹痛现象反复发作。腹痛间歇期仍然有食欲，粪便正常，随病程延长和扭转部位血液循环受阻，腹痛逐渐剧烈，间歇期缩短。母马可能出现呼吸、脉搏增快，食欲废绝。子宫扭转发生在分娩开始时，母马虽出现阵缩及努责，但经久不见胎囊外露及胎水排出。

3. 治疗措施　对子宫扭转的治疗方法，一为固定母体旋转胎儿，二为固定胎儿旋转母体，也可采取剖腹矫正手术。

4. 防治办法　保证科学饲养怀孕母马，加强运动，在产后进行科学护理。

（三）胎衣不下

1. 致病原因　胎衣不下的原因虽然很多，但主要可分两大类。首先是产后子宫收缩无力，其次是胎儿胎盘与母体胎盘粘连。

2. 临床表现　当发生全部胎衣不下时，大部分的胎膜滞留在子宫内，只有一部分从阴门呈带状下垂。部分胎衣不下通常是一部分尿膜、绒毛膜残留在子宫内，故不易被发现。

3. 治疗措施　促使胎衣排出的方法，可分为药物疗法和手术疗法两类。在胎衣不下的初期，因剥离较困难和易出血，可注射子宫收缩剂，但同时必须向子宫内投入抗生素，以防胎衣腐败和受感染。当药物疗法无效或胎衣不下较久可采用手术剥离法。

4. 防治办法　怀孕期间要加强饲养管理，特别要补喂富含维生素的饲料和骨粉等矿物质。分娩后让母马舔干幼驹身上的黏液，并尽早让幼驹吮乳或挤乳。有条件时，应注射马传染性流产疫苗，预防马传染性流产的发生。

（四）持久黄体

1. 致病原因　饲料不足，饲料单纯，缺乏青草饲料，缺乏矿物质及维生素，因舍饲缺乏运动等，容易引起持久黄体。

2. 临床表现　持久黄体的主要症状是母马发情周期中断，母马不出现发情现象。

3. 治疗措施　首先改善饲养管理，特别是适当加强运动或放牧是促使持久黄体退化的重要措施。当有子宫疾病时，应进行治疗，如子宫疾病治愈后，持久黄体则能自行消失。

4. 防治办法　饲喂全价饲料，运动要合理，消除炎症。

（五）胎粪停滞

1. 致病原因　初乳中含有较多的镁盐、钠盐及钾盐，具有轻泻作用。因此，母畜营养不良所引起的初乳分泌不足、初乳品质不佳，或幼驹吃不上初乳，可诱发此病。

2. 临床表现 幼驹生后 1d 内未排胎粪，精神逐渐不振，吃奶次数减少，肠音减弱。主要表现不安。以后精神沉郁不吃奶。结膜潮红带黄，呼吸及心跳加快，肠音消失。全身无力，经常卧地及至卧地不起，逐渐陷于自体中毒状态。

3. 治疗措施 采用灌肠、内服泻剂等，常可收效。也可投给轻泻剂。如上述方法无效可用铁丝制的钝钩或套将胎粪掏出。若上述方法无效可施行剖腹术，排出粪块。若幼驹有自体中毒现象，必须及时采取补液、强心、解毒及抗感染等治疗措施。

4. 防治办法 母马在怀孕的后半期要加强饲养管理，补喂富含蛋白质、维生素及矿物质的饲料，适当加强运动，生后必须保证幼驹能吃够初乳，并应随时注意观察幼驹的表现及排粪状况，以便早期发现，及时治疗。

思考题

（1）谈谈如何有效防治马的传染病。

（2）本章介绍的几种常见马的寄生虫病的临床表现有何异同？如何有效地防治寄生虫病？

（3）马常见内科病的病因有哪些？从病因角度考虑如何防治内科病？

（4）常见的运动系统疾病有哪些？

（5）谈谈屈腱炎（攒筋病）的防治措施。

第九章 产品马学

> **重点提示**：在本章内容中，应重点掌握马肉、马乳的营养价值和特点以及对它们的加工技术与方法。另外，作为产品马业中一个新兴的分支——观赏用马，近年来发展迅速，日益引起国外广大群众的关注。所以，对这一节内容也应有初步了解。

第一节 产品养马业简史、地位和现状

产品养马业一般分肉用养马业和乳用养马业两大部分，但多为二者兼用。从广义来讲，它还包括皮、毛、血、脂、骨、蹄、脏器等副产品的综合利用，以及用孕马尿、马血清和孕马血清（PMSG）、胃液等生产医疗和生物制品，这就扩大了食品、饲料、制革、医药和生物工业的原料，增加了产品养马业整体的经济效益。

一、产品马业的历史及概况

纵观马业的历史，可以看到马的用途是由社会需要而决定的。远古时代，马肉、马乳是人类的重要食品，马匹是作为肉畜而驯养的；当发现了马的役用价值之后，马的生产方向主要转向了军事、农业和交通运输，从此马的其他用途很少得以发挥。随着科学技术的发展，农业机械化的实现，马匹的利用性质受到了时代的冲击，促使马匹生产再次发生方向性的改变，即由单纯的役用转为产品生产和综合利用，产品马业将逐渐成为马业的一个新的分支和重要组成部分。

现在世界上有许多国家（如日本、法国、意大利、奥地利、荷兰、菲律宾、俄罗斯等）和有许多民族（如蒙古族、哈萨克族、柯尔克孜族、俄罗斯族等民族）至今仍保留着吃马肉、喝马乳的习惯。近几十年来，随着人们对马乳、马肉的优异理化特性和营养价值以及医疗保健价值进一步认识，逐渐明确了马乳、马肉所具有的特殊作用，所以对马乳、马肉的利用提到了一个新的水平，对它们的需求量大大增加，出现了乳肉马业大发展的好势头。

目前，国际市场对马肉的需要量在逐年增加，呈现旺销势态。法国每年进口马肉供应居民食用；意大利、奥地利、荷兰、瑞士、瑞典每年也进口大批马肉；日本、菲律宾是亚洲的马肉进口国，销售量有增无减。

二、我国发展产品马业的潜力

我国草原辽阔，马匹众多，数量居世界前列。牧区许多地方品种产乳产肉性能较好，生产成本较低，在这种条件下，发展乳肉马业存在着很大的潜力。特别是内蒙古和新疆是我国马业主产区，马业发达，又是多民族地区，当地人民历来就有吃马肉、喝马乳的习惯，故比较容易开拓乳肉马业生产。

随着人民生活的逐步提高，农牧民奔小康的步伐的加快，人们对食物结构的要求也越来越高，对于高蛋白、低脂肪、营养丰富、具有医疗价值的食品特别需要，而马乳、马肉正好具备这些条件，是鲜食和加工的极好原料，如果投入批量生产，在国内外销售，其经济效益和发展前途是不可限量的。

三、在牧区开创产品马业的前景

目前我国牧区马业仍处于停顿和衰落状态，暂时还见不到繁荣发达的景象。究其原因，主要是因为马的销路不畅，马价太低，马业无利可得。为了扭转这一被动局面，必须对单纯生产役马的经营方式进行改革，大力发展产品马业和综合利用，做到在供应役马的同时，进行马产品生产和马匹的综合利用，在牧区开创产品马业的新局面。

我国的牧区现有马匹，体格较小，质量较差，产乳产肉能力均较低，经过育肥的马，活重在 400kg 左右，屠宰率为 48%～55%，多为二三级肉；产乳量每年只有 500kg 左右。而国外肉乳兼用马，活重在 1 000kg 左右，屠宰率达 54%～62%，多为特级肉；每年产乳量在 6 000kg 以上。根据国外的经验，必须抓好以下四个方面的工作：第一，首先抓好群牧马生产方向的转变，逐步向乳肉专门化品种过渡，使现有品种改造成为肉用品种、乳用品种或乳肉兼用（肉乳兼用）品种；第二，用重挽品种杂交改良草原地方品种，加速培育生长快、产肉多的新品种；第三，根据市场需要，研制新产品，抓好产品马业的综合利用，提高经济效益，带动产品马业的发展；第四，培育中国特色的竞技马新品种。

总之，产品马业在我国尚属起步阶段，必须有计划、有组织地进行，不断提高经济效益，使我国马业重现繁荣的新局面。

第二节　产品用马品种

产品用马长期以来都是在群牧或舍饲马中挑选体型偏重的个体，进行乳肉生产，进而引入较重的马种低代杂交，效果良好。最终在本品种选育和杂交利用的基础上，分别育成了以哈萨克马扎贝型（木廓达雅尔马）和库素木马为代表的产品用马专用品种。

一、哈萨克马扎贝型马（木廓达雅尔马）

原为哈萨克马的一个类型，现已成为独立的品种。该马形成于哈萨克斯坦中部地区，是由哈萨克马长期本品种选育而成的乳肉兼用新品种。

扎贝型马头较粗重，下颌凹宽，牙齿咀嚼肌发育强大，能很好地咀嚼粗料和采食灌木丛的幼芽。颈短肉厚，公马有脂肪颈，适于储存特殊的营养物质。体躯长、深，消化器官发达。四肢骨骼粗大、结实，距毛短密。

在良好放牧条件下，内部器官附近可储积 30～50kg 脂肪，有利于越冬和度过植物干枯的夏季。在整个哈萨克马扎贝型马中公马的平均体重为 480kg，母马平均体重为 440kg，优秀品系的公马平均体重为 569kg，母马平均为 487kg。据测定，其一级膘度的马屠宰率可达52%～62%。背最长肌蛋白质质量指标，7～19 月龄为 7.1～6.9，25～37 月龄为 6.5～5.0。泌乳期泌乳 2 500～3 000kg，高产母马昼夜泌乳 14～16kg，个别达 20kg。

二、库素木马

库素木马是世界上第一个乳肉兼用新马种，育成于哈萨克斯坦的乌拉尔和阿克丘比地区。是以地方哈萨克马作为基础母马，从 1930 年起与奥尔洛夫速步马、俄罗斯快步马、纯血马和顿河马等育成品种进行杂交，对外貌和适应性进行严格的选择，留其重型杂种。从 1950 年起，对这些杂种马进行横交固定、自群繁育，固定其遗传性，于 1976 年宣布育成新品种。库素木马在品种育成中，采用全年群牧管理，仅在个别冬季雪地放牧很困难时才补饲干草，现有纯种 4 000 余匹。

库素木马的头匀称适中，颈中等长，体躯深广，尻部发育良好，四肢干燥结实。毛色以栗毛、骝毛为主。库素木马有高度的繁殖力，对当地的雪地放牧有良好的适应性，对血液寄生虫和坏死杆菌抗性也较强。

该品种分为 3 个类型：基本型（50％），肉用型（40％），骑乘型（10％）。现有 10 个品系，12 个品族。在群牧的管理下，其一级屠宰率为 52％～56％。5 个泌乳月的泌乳量可达 2 310kg。

三、巴什基尔马

其中有乳肉兼用类型。巴什基尔马在俄罗斯巴什基尔、南乌拉尔及其附近地区形成，起源于古代游牧人饲养的长得很低的马和地方森林型马。该马体型不大，对当地自然条件适应性强，泌乳力良好，产乳的饲料报酬高。

新型的巴什基尔马类型较多，乳肉兼用型的马头重，额宽，下颌凹宽，颈较长，胸深而宽，尻稍斜，四肢短，骨骼粗大，同时也可以看到体型轻的马。

巴什基尔马用途广泛，不仅可以乘、挽，而且泌乳力突出，泌乳期 7～8 个月，母马泌乳 1 500～1 600kg，优良母马可达 2 500～2 700kg。该品种的马在牧地管理，冬季补饲。挤乳母马冬季圈养，夏季结合放牧。

四、雅库特马

重型的雅库特马为肉用型，产于俄罗斯雅库特自治共和国，该地区气候寒冷，但不影响雅库特马的雪地放牧，它仅在最冷的寒冬进行补饲。

雅库特马的基本特征为：鬃、尾长，毛浓密，头重，颈长直，鬐甲低，背宽而长，尻短斜，胸廓宽深，具有结实的蹄和短粗的四肢，毛色主要有骝毛、青毛、兔褐毛、淡栗毛。体躯覆盖浓密的被毛，对雅库特马越冬十分重要。

重型的雅库特马秋后增膘，成年母马平均体重 400～420kg，公马为 450kg。成年马屠宰率 58％～63％，平均昼夜产乳量 6～8kg。

五、新吉尔吉斯马

重型的新吉尔吉斯马为乳肉兼用型。该马本为吉尔吉斯斯坦地方品种，后与顿河马、纯血马等品种杂交，理想型后代在改良的有群牧条件的山区牧场自群繁育，1954 年批准为品种。

公马平均体高—体长—胸围—管围为 155.3—158.3—185.5—20.6cm；母马平均体高—

体长—胸围—管围为 149.5—154.4—181.0—19.1cm。新吉尔吉斯马有 3 个类型：基本型、骑乘型和重型。重型公马平均体重 540kg，母马为 490kg，对乳、肉养马业最有价值的为新吉尔吉斯马的重型。

此外，布里亚特马、顿河马重型等，乳肉生产性能也较好。舍饲的阿尔登马、俄罗斯挽马、苏维埃重挽马等，乳肉生产潜力也很大。2000 年，俄罗斯培育出产品用新阿尔泰马。

第三节　乳用马业

一、马乳的化学成分及营养特点

(一) 马乳的化学成分

马乳是由蛋白质、乳糖、乳脂、矿物质、维生素、酶和水分等物质组成的，是这些物质的混合体，是一种复杂的胶体溶液，呈白色或乳白色。组成马乳的各种成分，具有不同的分散度，蛋白质是胶体分散，乳糖是细分散，乳脂是粗分散。通常把除水以外的成分称为干物质。

1. 水分　水分占马乳重量的 89% 左右。马乳中水分是以游离状态存在的，是乳汁的分散相，乳的其他成分以各种分散相分散于水中；另一少部分（2%～3%）以氢键和蛋白的亲水基结合，成为结合水，这部分水已失去了溶解其他物质的特点，只能在较高的温度下蒸发。

2. 蛋白质　马乳中蛋白质含量较低，平均只有 1.9%～2.8%。但是蛋白质的质量较高，可溶性蛋白含量高，白蛋白和球蛋白占的比重较大，约占蛋白质总量的 1/2；马乳酪蛋白沉降为细小絮状，几乎不改变马乳的浓度，而牛乳的酪蛋白遇胃酸时可成浓稠的凝块。马乳酪蛋白水中溶解度好，这是马乳容易被人消化吸收的重要原因。而白蛋白和球蛋白容易消化吸收，所以马乳是可溶性白蛋白乳，而牛乳是酪蛋白乳。马乳乳清蛋白可分馏成 α-乳白蛋白（40%～60%）和 β-乳球蛋白（35%～50%），它们的特性与马乳的食品性和食疗性有密切关系，经对氨基酸分析，证实了马乳中游离氨基酸含量比牛乳、羊乳高，而且种类齐全，易被机体利用。

3. 乳糖　马乳中乳糖含量较高，达 6.7% 以上，接近于人乳乳糖的含量，是牛乳的 1.5 倍以上，因而马乳具有甜味。乳糖在化学组成上是双糖，水解时产生一分子葡萄糖和一分子半乳糖。在肠道中，半乳糖可以促进乳酵母的发育，从而能抑制对人体有害的腐败过程（即腐败细菌的活动）。马乳的乳糖是加工酸马乳的能源，易分解发酵，可保证高水平的乳酸发酵和酒精发酵。

4. 乳脂　马乳中脂肪含量为 2%，比牛乳少，脂肪球小，易于吸收，是由三元甘油醇和三分子脂肪酸结合而成的三酰甘油混合物，以脂肪球状态分散于乳汁之中，成为乳浊液或悬浊液。乳脂肪中不饱和脂肪酸、低分子脂肪酸和磷脂含量较高，所以马乳脂肪的质地柔软，熔点较低，易于消化吸收，但因而也容易酸败，并在任何时候都不能脱脂、凝聚，制作乳油。

5. 矿物质　马乳总的矿物质含量不高，初乳中的矿物质含量与其他乳类一样也高于常乳。西北农林科技大学测定，马乳中矿物质含量特点是，几种主要元素的生物学活性均较高，如钙磷比、钾钠比、铜锌比更有利于成年人和婴儿的代谢吸收。在矿物质中，马乳含量最多的是钙和磷，比例约为 2∶1，大部分常量元素是以无机盐形式存在于乳中。微量元素有钴、铜、碘、锰、锌、钛、铝、硅、铁、铬等。

6. 维生素　马乳中含有多种维生素，其中有维生素 A、维生素 C、维生素 E、维生素 F 和 B 族维生素等。维生素 A 和维生素 E 溶于脂肪或脂肪溶剂，称为脂溶性维生素，马体不能合成，来源于饲料之中，每千克马乳含维生素 A 0.24～0.32mg，每毫升马乳平均含维生素 C 8.7mg，维生素 E 0.65～1.05mg；维生素 C、维生素 F 和 B 族维生素等溶于水，称为水溶性维生素，马体可以合成，也可以从饲料中获得，特别是维生素 C，马乳中含量较高，是牛乳的 7 倍。乳中维生素主要来源于血液，受饲料和外界条件影响较大，测定值常在一定范围内变动，据资料介绍，维生素 A 夏季含量比较高，而维生素 E 则反之。

7. 酶　马乳中含有多种酶，它的来源有两种，一种是由乳腺分泌，另一种是乳中微生物繁殖时所产生的。近些年，马乳中相继发现了过氧化氢酶、过氧化物酶、淀粉酶、乳酸脱氢酶、溶菌酶、转乳酶和酯酶等。利用无害添加剂，激活"乳中过氧化物酶系统"可以有效地延长鲜马乳保鲜期。

（二）马乳的营养特点

马乳营养丰富，营养价值全面，含有婴幼儿生长发育所需的全部营养物质，是人类理想的食品之一，它具有以下营养特点。

（1）马乳的化学成分与人乳接近，是最容易消化的乳类，非常稀薄的胃液及少量的胰液即可将其消化，被人体吸收利用，特别适合婴幼儿和老弱病人饮用。马乳与其他主要乳类的比较见表 9-1。

表 9-1　马乳与其他主要乳类比较表（%）

乳　类	干物质	蛋白质	乳　糖	乳　脂	无机盐
马　乳	11.0	2.0	6.7	2.0	0.40
驴　乳	9.8	1.9	6.2	1.4	—
人　乳	12.4	1.2	7.0	3.8	0.21
牛　乳	12.5	3.3	4.7	3.8	0.70
山羊乳	13.4	3.8	4.6	4.1	0.85
绵羊乳	17.9	5.8	4.6	6.7	0.82
骆驼乳	14.6	3.5	4.9	5.5	0.70

（2）马乳的乳糖含量较高，是牛乳的 1.5 倍以上，而且是属于易消化吸收的糖类，在乳糖酶的作用下，可分解为葡萄糖和半乳糖，消化吸收率达 98% 以上。

（3）马乳的蛋白质含量低于牛乳，但质量较好。牛乳中酪蛋白含量多达 2.9%，可溶性蛋白仅有 0.4%，酪蛋白与可溶性蛋白成 7∶1 的关系，为酪蛋白乳类；而马乳中酪蛋白仅有 1.05%，可溶性蛋白却占到 1.03%，成 1∶1 的关系，被称为白蛋白乳类。酪蛋白乳不易消化，白蛋白乳容易消化吸收。

（4）马乳比牛乳乳脂含量少，但乳脂中不饱和脂肪酸和低分子脂肪酸比牛乳高 4～5 倍；马乳乳脂碘价高达 80～108，而牛乳才 25～40；马乳乳脂溶点也比牛乳低 5～10℃。马乳乳脂的这些优点，除人乳外，是其他乳类不能相比的。

（5）马乳中无机盐的种类多，其中微量元素钴、铜、锌含量比牛乳高。维生素含量丰富，特别是维生素 C，其含量高于其他任何动物乳。

二、乳用马的生产性能（详见实习八）

（一）母马乳房的构造

母马乳房是由左右两个漏斗状半球组成，只有两个乳头（teat），每个乳头有两个乳头孔。乳房基部平坦处围度54～78cm，高度10～18cm，侧线长度26～30cm，中线长度23～29cm。母马乳头长度3～7cm，乳头基部围度9～12cm，乳头间距3～9cm。哺乳母马乳房质量1 300～3 000g，干乳时重300～500g。据西北农业大学（1986）对关中母马乳头长、乳头基部椭圆面的围度、长径和短径的测量，挤乳前分别为3～5cm，8～13cm，3.5～5.5cm，2.0～3.5cm；挤乳后分别为3～3.7cm，6～10cm，2.5～4.0cm，1.5～2.7cm。

乳房内部主要由腺体组织和结缔组织构成，中间由悬韧带将乳房分成左右两部分。腺体组织是乳汁的分泌部位，主要由乳腺细胞、乳腺泡和输乳导管组成。乳腺细胞构成乳腺泡，有一条末梢细管与乳腺小管相连，形成葡萄串状的乳腺小叶；乳腺小叶再集合而成乳腺叶；乳腺叶由无数小管连接，汇集成许多较大的乳导管，最后通向乳池。乳房的结缔组织，起支撑和固定作用，其中布满血管、淋巴和神经。乳房的乳池很小，输乳小管很多，输乳小管和腺泡的容积为乳池的9～10倍，90％的乳汁存放于输乳小管和乳腺泡之中（图9-1）。

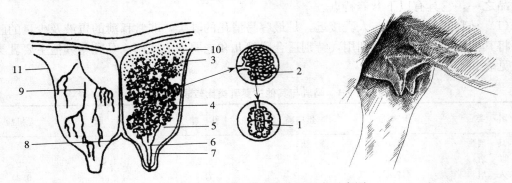

图9-1 母马乳房结构模式及形态示意图
1. 乳腺泡　2. 乳腺小叶　3. 乳腺叶　4. 乳腺小管　5. 乳导管
6. 乳池　7. 乳头管（teat canal）　8. 悬韧带　9. 乳静脉　10. 结缔组织　11. 皮肤

马的乳房虽不大，但腺体组织相当发达，产奶量可以和乳房大数倍的牛相媲美。理想的乳房不仅腺体发达，乳房内部无硬节，两个乳区发育良好，大小接近一致，有适量的容积，而且皮薄柔软，毛细短，具有良好的弹性，乳静脉明显，粗大弯曲，乳头大小适中，两乳头之间有一定的距离。

（二）母马的泌乳生理和挤乳特点

1. 母马的泌乳生理　乳汁的生成是乳腺上皮细胞进行选择性吸收和生物合成的结果。乳汁在乳腺上皮细胞内形成后，连续地分泌入腺泡腔中，当乳汁充满腺胞腔和输乳小管时，腺胞周围的肌上皮和输乳小管的平滑肌就产生反射性收缩，将乳汁周期性地转移到乳导管和乳池中。乳腺的全部腺泡、导管和乳池构成了蓄积乳汁的容纳系统。当乳腺容纳系统被乳汁充满时，乳房内压力升高，以致压迫乳腺中毛细血管和淋巴管，阻碍乳腺的血液供应，使泌乳显著减弱直至停止，及时地将乳排空，可以增强乳的分泌。

2. 母马的挤乳特点　乳汁充满乳房，应及时挤出，以免引起抑制反射，影响正常泌乳。

母马一昼夜泌乳量相当大，但乳房的容积较小，必须多次及时地挤乳，才能充分发挥其泌乳效能。

整个泌乳期，各阶段的泌乳量不同。在泌乳前半期，泌乳旺盛，1h应挤乳一次；泌乳后期，泌乳量下降，每2～3h挤乳一次；马乳昼夜分泌，夜里可让幼驹哺乳，白天挤乳，这种挤乳和哺乳相结合的办法是马乳生产的主要方式。

挤乳方法分手工挤乳和机械挤乳两种，手工挤乳又分为滑榨法和拳握法。机械挤乳，以三拍节挤乳机的效果最好，其动作可分为吸乳、压榨、休息三个拍节，机械挤乳可大大提高劳动生产率。挤乳后，必须就地尽快过滤，尽快冷却，以延长保存时间，防止酸变。

（三）母马的产乳性能

产乳力是乳用马主要的生产力之一。产奶量的高低，直接关系到乳用养马业的经济效益。根据产奶量，可以计算出饲料报酬率，算出生产成本和利润，作为育种和生产经营的依据。

衡量母马的泌乳力的方法有两种：一种是测定整个泌乳期的产奶量（以300d产奶量为标准），用整个泌乳期的产奶量，来判断母马的产乳能力。另一种是测定前5个月的产奶量，用前5个月产奶量来表示母马的产奶性能。不同类型、不同品种前5个月产奶量不同，一般说来，重挽马产量较高，轻挽马次之，乘用马产量最低。不同品种母马5个月泌乳量见表9-2。

表9-2　不同品种母马5个月泌乳量统计表（kg）

品　　种	5个月泌乳量	一昼夜平均泌乳量	昼夜泌乳量范围
哈·扎贝型	2 173	14.2	8～18
库素木马	2 310	15.4	14～22
新吉尔吉斯马	2 586	16.9	15～21
奥尔洛夫马	1 847	10.3	—
纯血马	1 117	7.7	5～10

注：引自《马匹生产学》，赵天佐，1997年。

（四）马乳生产

1. 群牧季节性生产　这种方法是利用群牧马现有条件，进行季节性生产，每年在5～9月挤乳，一天挤4～5次，每次间隔2h。方法是选择产乳性能较好的母马，组成独雌乳马群在优质草场上放牧，白天将马驹拴起来，使马驹与母马分离进行挤乳，下午6点到第二天早晨8点，将幼驹放开，随同母马一起吃奶、吃草，这种方法55%～60%的马乳被幼驹吃掉，只有40%～45%的马乳供商品用，基本上能保证幼驹的正常发育。如果条件具备，可对母马和幼驹进行适当的补饲，这样既可提高产奶量，也可以保证幼驹发育得更好。总之，季节性生产马乳，设备简单，成本较低，但由于挤乳时间短，幼驹又吃掉一部分，因而商品乳不多，每匹母马年产乳量只有300～500kg，是一种副业性生产。

2. 舍饲常年性生产　这种方式是组织母马均衡生产，常年挤乳，防止产驹时间过于集中，所以商品乳产量较高，每匹母马年产奶量可达3 000kg以上。但这种方式需要一定的建筑和设备，需要大量的饲草和精料，所以生产成本较高。

常年性生产马乳应采取以下措施：第一，要选用专门化高产的乳用品种，淘汰产量低的马匹；第二，搞好厩舍建筑，生产优质饲料，进行科学的饲养管理；第三，生产过程逐步实现机械化，提高劳动生产率；第四，对幼驹进行早期补饲，实行撤驹挤乳。专门化乳用品种幼驹，最少培育到 5 个月龄，此间要供应 700kg 母乳，300kg 脱脂牛奶，250kg 精饲料。总之，要想办法增加商品乳产量，提高经济效益。

三、乳用马的选择和饲养管理

(一) 乳用马的选择

母马的产奶水平很不一致，品种间和品种内都有较大的差别，为了提高产奶量，对产奶母马应进行科学的选择。选择乳用马，首先要注意品种性，要选择产乳水平高，不过高苛求饲养管理条件的品种。

其次要注意母马的外形结构和个体产奶量。产奶量不仅与品种有关，而且和母马个体有密切关系。体质结实，结构宽深，腹部充实，尻部宽广，乳房发育良好，两侧乳房对称，有强大乳动脉和乳静脉，每一个乳头有两个乳头孔的个体，产奶量一般都比较高。在选择乳用马个体时，不仅要注意昼夜平均产奶量，还要看泌乳期的长短和相对产奶量的多少（每100kg 体重平均产奶量），因为泌乳期长，相对产奶量高的个体，总的产奶量亦高。

乳用马业是一项比较年轻的产业，所以目前国内外还没有一个理想的专门化品种，重挽马一个泌乳期产奶量虽高，但相对产奶量低，饲料报酬率低，今后必须利用现有品种，加以改造，创造乳用马新品种，才能适应乳用马业发展的需要。

(二) 乳用马的饲养管理

科学的饲养管理是保证母马健壮，发挥产乳效能的关键环节。要做到科学的饲养管理，必须根据母马的特点和营养需要，实行标准化饲养。母马泌乳量大，乳汁营养价值高，对营养物质需要量较大，因此供给母马的饲料，营养要完善，数量要保证，特别是蛋白质、维生素和矿物质的含量要满足需要。要喂优质干草和青绿饲料，豆科牧草应占到 1/2；精饲料的种类要多样化，精饲料中配合适量的油饼和麸皮，有提高泌乳量的效果；每天喂些胡萝卜和饲用甜菜等多汁饲料，对泌乳亦有良好效果。挤乳母马的日料，营养价值要全面，每个饲料单位中应含有可消化蛋白 100～110g、钙 7g、磷 5g、胡萝卜素 22mg。

日料的体积和干物质给量必须和母马的消化道相适应。日料体积过大，会造成消化道负担过重，影响消化和吸收；体积过小，则缺乏饱感，亦不能满足需要。一般情况下，每100kg 体重供给 2.2～2.5kg 粗饲料为宜。泌乳马日料参考值见表 9-3。

表 9-3　泌乳马日料参考表

昼夜产奶量（kg）	饲料单位需要量（kg）			
	泌乳母马体重（kg）			
	350	400	450	500
10	7.8	8.1	8.5	8.8
12	8.5	8.8	9.2	9.5
14	9.1	9.4	9.8	10.1
16	9.8	10.1	10.5	10.8
18	10.5	10.8	11.2	11.5
20	11.1	14.1	11.8	12.1
22	11.8	12.1	12.5	12.8
24	12.4	12.7	13.1	13.4

要严格遵守"定时定量，少给勤添，先饮后喂，先粗后精"的饲喂原则。饲养管理程序要保持相对的稳定，必须改变时，也应逐渐地过渡，饮水要卫生充足，要经常补饲食盐和钙质。

要加强母马的日常管理，保持厩舍和马体卫生，保证母马有充足的休息和运动。要经常观察母马的粪便情况，稀粪和恶臭，表示消化不良。要重视母马的健康状况，发现疾病及时治疗，保证泌乳正常进行。

四、影响母马泌乳力的因素

（一）体质外貌

在半放牧半舍饲的条件下，酸马奶场多选用地方改良马和重型低代杂种。要求母马体质结实，体格不过大，结构良好，体躯舒展，胸深而宽，臀部宽长，腹部容量很大，繁殖性能好，泌乳力高，有大的碗状乳房和大的乳头，乳静脉弯曲明显。这些母马具有鲜明的消化类型体格，能利用大量的粗饲料，饲料报酬很高。

（二）品种

母马挤乳一般从产后 20d 开始，由于品种不同，早熟重型品种绝对泌乳力高，而地方品种则相对泌乳力和饲料报酬高，与重型品种杂交是提高地方马种泌乳力的重要方法。

（三）年龄

一般母马泌乳力最高年龄阶段为 7～12 岁，有的可能到 14 岁，15 岁以后泌乳力逐渐降低。

（四）饲养条件

母马摄入氮的增加对泌乳有良好的影响。丰富全价的营养可延长泌乳期，但要防止泌乳高峰下降过快的现象。一般舍饲比放牧母马泌乳力高，如若舍饲为不全价的干草型，改为良好的牧地放牧管理，因增加青绿饲料和运动，泌乳力一般可提高 17%。不同体重泌乳母马的产奶量与饲料需要量见表 9-4。

表 9-4　不同体重泌乳母马的产奶量与饲料需要量

昼夜产奶量（kg）	饲料单位需要量（kg）			
	泌乳母马体重（kg）			
	350	400	450	500
10	7.8	8.1	8.5	8.8

（五）系统选择

同一品种个体间泌乳能力有差异，采用综合评定，系统选择体质外貌良好、有挤乳习惯、泌乳力高的母马，建立品族或品系，可使群体的泌乳能力提高。

（六）挤乳技术

人工挤乳，技术高者挤乳量高，机器挤乳比手工挤乳最高可提高乳量 25%。

（七）挤乳次数

母马乳腺活动频繁，泌乳时间均衡，乳池很小，乳汁不断地生成和排出。据测定幼驹每天吃奶 50～60 次以上，每次约 1min，因此，挤乳次数过少会严重地影响泌乳量。

（八）适度运动

对舍饲母马很重要，可提高奶量 3%～4%，增加奶中维生素 A 含量 12%～13%。

（九）其他

泌乳力与体尺、体重和一些生理指标有关。

五、马乳的综合加工

鲜马乳经过工业加工，可以提高利用价值和经济效益。目前鲜马乳加工项目有酸马乳、马乳露、马乳粉等产品。

（一）酸马乳

1. 产品介绍 酸马乳是以鲜马乳为原料，经微生物发酵，不进行蒸馏而酿造出来的医疗保健饮料。马乳和酸马乳的化学成分，蛋白质、脂肪、灰分相同，最大差异在于乳糖的含量，马乳为 6%～7%，酸马乳为 0%～4.4%。该产品营养丰富，每千克含可消化蛋白 20g，钙 70～150mg，酵母 50g，可产热 1 200～1 700kJ，另外还含有乳糖、乳脂、乳酸、乙醇、维生素和芳香物质等，而且清凉爽口，醇厚浓郁，去暑解渴，具有较高的医疗价值，对呼吸系统疾病（肺结核、慢性支气管炎）、消化系统疾病（胃溃疡、黏膜炎、消化不良）和心血管系统疾病（高血压、冠心病、贫血症、高血脂）疗效显著，是蒙古族、哈萨克族、维吾尔族等少数民族的上等传统饮料。

2. 加工工艺

马乳验收 → 净乳 → 调配 → 均质 → 杀菌 → 冷却 → 接种 → 分装 → 杀菌

菌种 → 扩培 → 母发酵剂 → 工业发酵剂 → 接种

杀菌 → 检验 → 成品

（二）马乳粉

1. 产品介绍 鲜马乳经过喷雾干燥，可制成马乳粉。这种乳粉湿度不超过 3%，细菌培养率不高于一级，可溶性 99%～99.5%，基本上保持了马乳的营养价值，保存期可达一年之久，是婴幼儿理想的乳制品。马乳粉的生产，解决了牧区交通不便，运输困难和季节性生产等难题。

2. 加工方法 马乳粉生产，采用的是塔式喷雾干燥法，干燥塔入口处温度应控制在 125～135℃，出口处也要保持在 65～70℃，乳粉干燥期间温度为 60℃，相对密度要达到 1.13～1.15。每 100kg 鲜马乳原料可出马乳粉 9.07kg。

（三）马乳露

马乳露是以鲜马乳为主要原料，另外添加甜味剂、乳化剂、增稠剂、稳定剂和调整液等配料，经微生物发酵而酿造出来的保健饮料，是马乳加工系列的新产品。它营养丰富、酸甜可口、风味芳香、去暑解渴，很适合广大消费者，尤其是妇女、儿童的口味。该产品含有乳糖、蛋白质、乳脂、乳酸、乙醇、钙、磷、锌、铁、铜和芳香物质等，是白色悬浮状的液体。

（四）马乳啤酒

马乳啤酒是一种新型的生物饮料，具有清凉爽口，乳味清香泡沫丰富的特点，有很高的营养价值和医疗价值。其制作方法为：选用新鲜马乳，经勾兑后，添加 8% 左右的蔗糖，以促进酵母菌的发酵。在 100℃，5min 消毒处理后，冷却到 35～40℃，添加乳酸菌和酵母菌混合发酵剂，搅拌均匀，然后在 37℃ 下发酵 1～1.5d，酸度可达 65～70°T 时，再进行室温发酵 1～2d，当酸度达到 70～90°T 时，最后在 0～5℃ 条件下再进行后发酵 2～3d，这时酒精含量可达 1%～3%。

第四节　肉用马业

一、马肉的生物学特性和食品价值

由于马肉所具有的独特生化特性，很多国家将其作为高级滋补营养品，不但利用鲜肉和加工成的各类肉制品，而且马肉也成为其他肉类加工品的必需添加料。

（一）马肉的主要营养成分特点

同牛、羊、猪肉相比，马肉具有高蛋白、低脂肪的特点，因此深受广大消费者的青睐。马肉及其他肉类主要化学成分见表 9-5。

表 9-5　主要畜肉化学成分（%）

肉　　类	水分	蛋白质	脂　肪	灰分
马肉（上等膘）	65.23	18.48	14.64	0.88
马肉（中上等膘）	70.00	24.60	4.70	0.93
驴肉	69.30	18.40	3.16	—
牛肉	56.74	18.33	21.40	0.97
羊肉	51.19	16.36	31.07	0.93
猪肉	47.40	24.54	37.34	0.72
兔肉	73.47	24.25	1.91	1.53
狗肉	71.00	22.50	5.20	1.02
鸡肉	71.80	19.50	7.80	0.96

（1）马肉中脂肪的不饱和脂肪酸含量高，可达 61%～65.5%；胆固醇低；马肉含有相当数量的维生素 A（脂肪中高达 20IU/100g），维生素 B_1 0.07mg/100g，维生素 B_2 0.1mg/100g，尼克酰胺 4.2mg/100g，其他维生素含量与牛、羊肉相当；马肉中各种必需氨基酸的含量也很丰富，全价性高。现代医学证明，不饱和脂肪酸，尤其是亚油酸、亚麻酸，在胆固醇代谢中可溶解胆固醇，避免其在血管壁沉积，对于预防动脉粥样硬化、高血压等具有良好作用。由于不饱和程度高，所以其熔点较猪、牛、羊脂低，更容易被人体所消化、吸收和利用。因此，马脂肪具有较高的医疗保健作用。另外，用马脂肪还可以生产面油等化妆品。

（2）马肉营养价值全面，易消化吸收。脂肪具有碘价高（71.2%～95.1%），熔点低（30.2～32.1℃），可中和结核杆菌毒素和防止血管硬化的生物学价值。

（3）马肉有机物质的含量、感官指标（含色、香、味）和脂肪成分等，均随年龄、性别、膘度、饲养方式、品种和所在胴体部位有所变化。一般重型马、原始的地方品种马，肉中脂肪含量较轻型马高，蛋白质含量低；采用舍饲精饲料育肥的马比完全放牧马脂肪含量高，蛋白质含量低；随年龄增长，脂肪含量增加，蛋白质降低。不同部位间，依肩胛部、后肢部、背部、肋腹部顺序，蛋白质含量逐渐降低，脂肪含量逐渐升高。马的年龄和采食饲料对马脂的成分有一定的影响。伊吾马肉脂肪分析表明，不同年龄马脂中必需脂肪酸和胆固醇含量为：3.5 岁是 19.96%、2.48%、6 岁是 18.16%、2.60%，12 岁以上是 14.06%、5.70%。随年龄的增大，马脂中必需脂肪酸含量下降，而胆固醇含量上升。以采食牧草为主的马，其马脂中必需脂肪酸含量高于以采食精料为主的马，而且胆固醇含量降低。

二、肉用马体型外貌和膘度等级

(一) 体型外貌

肉用马要选择体质结实、适应性强、体格重大的马匹。外貌要求头匀称适中，颌凹宽，牙齿咀嚼有力，颈中等长富于肌肉，体躯长（体长指数大于 100%），呈桶形，胸部宽深且肌肉丰满突出，消化器官发达，鬐甲低，背宽，腰直，尻长圆，复尻富有肌肉，骨量适度，肌肉轮廓明显。衡量肉用马的品质，除体质外貌外，还应从血统类型、体尺体重、泌乳能力、适应性和后裔品质等方面综合评定。

(二) 膘度等级

无论是肉马和马肉，它的膘度和胴体等级都分为一级和二级。属于一级膘度的胴体，有着不明显的脂肪沉积，发育良好的肌肉组织。任何等级胴体的鬐甲部脊椎棘突均会突出。一级肉马的膘度形态，肌肉发育良好，体躯形态完整，胸、肩、腰、尻，股充实饱满，背、腰椎棘突不突出。肋骨看不见，探查时隐约可知，在颈峰和尾根探查脂肪良好。我们国家也应着手拟定肉用马的国家标准。

三、马的产肉力及影响马肉产量和品质的因素

(一) 衡量马的产肉力的指标

衡量马的产肉力高低，多用屠宰率、净肉率，此外，还有肉骨比、特一级肉比例、含脂率等指标。

1. 屠宰率 是指胴体重（即屠宰的马匹除去头、四肢下部、皮、尾、血和全部内脏，保留肾和其周围脂肪的重量）占宰前活重的比率。

2. 净肉率 是指净肉重（胴体剔骨后肉和脂肪的重量）占宰前活重的比率。

(二) 影响马肉产量和品质的因素

(1) 由于品种、膘情、年龄、饲养方式等的不同，马的产肉力也有一定差异。一般重型种或其杂种优于轻型种；经选育的肉用马优于未经选育的。例如，苏联的测定结果表明：重挽马屠宰率为 54%～62%，重挽马与哈萨克马的杂交后代为 51%～56%；选育的哈萨克马扎贝型为 52%～58%，而未经选育的哈萨克马仅为 43%～48%。哈萨克马及其一代杂种马的产肉力见表 9-6。

表 9-6　哈萨克马及其一代杂种马的产肉力

马匹种类	膘度	屠宰前绝食一昼夜的体重（kg）	胴体及脂肪重（kg）	屠宰率（%）
优秀的哈萨克马	上	340.6	248.0	57.7
顿河马一代杂种	上	446.0	245.5	55.0
快步马一代杂种	上	428.0	243.0	56.8
苏纯血马一代杂种	上	412.0	230.6	56.0
重挽马一代杂种	上	506.5	267.0	52.7

（2）膘度对马的产肉力有明显影响。对哈萨克马的屠宰试验表明，上等膘屠宰率为55％，中上等膘为52.8％，中等膘为47.4％，中下等膘为42.8％。膘度对含脂率更有显著影响：中下等膘含脂率为1％，中等膘为2％～3％，中上等膘为3％～6％，上等膘为8％以上。

（3）随年龄的增长，屠宰率、净肉率、肉骨比差异不明显，而含脂率却明显升高，特一级肉比例下降（表9-7）。

（4）舍饲高强度育肥可大大提高马的产肉力，幼驹尤为显著，对成年马这种影响降低，但却对改善肉品质大有益处。

表 9-7　不同年龄伊吾马屠宰测定结果（％）

年龄	屠宰率	净肉率	肉骨比	特一级肉比例	含脂率
3 岁	52.05	37.74	2.65∶1	61.60	1.83
6 岁	52.73	38.65	2.79∶1	59.27	2.32
12 岁以上	52.26	38.14	2.80∶1	57.93	4.14

注：引自《马匹生产学》，赵天佐，1997 年。

四、肉马育肥和生产组织

（一）肉马的育肥

1. 放牧育肥　作为草食动物，尽管马对粗纤维的消化利用率不如反刍家畜牛羊，但马可采食更矮小的牧草，利用草的种类广泛，对青草和优质干草的消化利用率与牛羊接近，且可远距离放牧，冬季还能刨雪采食，对于干旱草原的利用更具有特殊意义。由于放牧育肥生产马肉成本低，故许多草原丰富的国家和地区均利用天然草场放牧育肥肉马。

在我国，北方牧区的马大致从五六月开始迅速增膘增重，到 6 月下旬告一段落。9 月开始抓秋膘，一直到 11 月严寒到来为止。由于春季放牧育肥前，马的底膘差，在相当程度上是恢复肌肉，故增重较慢。而秋季放牧则底膘好，增重快，在很大程度上是沉积脂肪，成年马尤为明显，因此，故有"春抓肉、秋抓油"之说。经过这二季的放牧育肥，每匹马可增加60～100kg 优质肉。幼驹由于具有较强的生长势，哺乳时只采食牧草就可达到较好的增重效果。有的品种六七月龄时体重就可达 230～250kg，有的早熟品种 8 月龄时就可达到 300kg。

2. 舍饲育肥　适用于农区的马和淘汰肉用需短期育肥的马。在舍饲条件下，以精饲料为主进行育肥，此法特别重视提高饲料的利用率。马的品种、年龄、育肥季节、育肥方法、饲养水平、日料组成等对育肥效果都有一定的影响。

据测定，当培育 5～8 月龄的快步马时，每增重 1kg 需 8.4 个饲料单位；而 2.5 岁驹每增重 1kg，需要 9.7 个饲料单位。年龄愈小，生长发育强度愈大，饲料利用率愈高，增重效果愈好。重挽马或专门的肉用品种育肥增重效果较一般品种好。

采用短期强度育肥效果较好，一般强度育肥时，每 100kg 体重应有 2.5～2.7 个饲料单位，日料中可消化蛋白每个饲料单位 70～100kg，日增重可达 1～1.2kg。资料表明，采用"精饲料-干草型"的日料效果较好，日料中精饲料占总营养价值的 70％。主要的饲草料有：大麦、燕麦、麸皮、玉米粒、酒糟、甜菜渣、糖浆及干草、青贮料等。

3. 半舍饲-半放牧育肥　牧地不足，可采取短期的放牧育肥和补饲相结合的办法育肥马匹。

（1）计划外幼驹：由于幼驹有着良好的饲料报酬和很高的生长发育速度，我们要求对所有母马都进行配种，利用计划外幼驹进行马肉的生产。此外正因为有了数量，便于选择和改进马群的质量，同时泌乳母马的增加也有利于酸马奶生产计划的完成。

（2）淘汰肉用而缺乏膘度的马，可采取放牧育肥和舍饲育肥相结合的方法来提高它的膘度等级：可先放牧增膘，再强度育肥，也可仅强度育肥或放牧育肥。马场牧地少，可采取放牧育肥和补饲育肥相结合的方法。

（二）肉马的生产组织

对于放牧育肥的马，多从每年 5 月开始，集中马群，挑选水草丰美、气候凉爽、蚊蝇较少的草场放牧。为提高育肥效果，尤其是在草场或马匹条件不好时，多采用短期放牧育肥和补饲精饲料、青绿料相结合的方法。马匹从早 6 点至 11 点放牧，中午补饲当日精饲料的一半，并在中午气候炎热期间饮水休息。从 17 点到 21 点重新放牧，晚上饮水后补饲另一半精饲料。夜间给马刈割大量青草饲喂。如条件许可，夜牧更理想。在马进入正式育肥期前，应有 10d 左右的育肥准备期。在此期间使马对新的环境、新的日料等有个适应过程，日料构成应逐步地调整改变，最终达到育肥日料，以防止突变造成不适应，而发生消化道等疾病。在育肥前，对所有马都应进行驱虫和兽医检查。

五、肉用马的选育

根据国外发展肉用马的经验，首先是抓群牧马的转向，将草原品种经定向选育后培育成肉乳兼用类型。其次，是将重挽品种直接转为肉用，并用它们与草原品种杂交，加速培育出早熟性好、产肉量多的新品种。

我国发展肉用马应根据国情和实际情况开展。从目前我国草原品种马的产肉性能看，与国外肉马相比差距很大。我们亦应有目的、方向明确地在群牧马中选育肉用马类群，利用现有重挽马进行杂交，加强向肉用型方向发展，提高其早熟性和产肉性，迅速培育出我国的肉用马品种。我国部分马品种肉用性能见表 9-8。

表 9-8　我国部分马品种肉用性能

品　　种	体重（kg）	屠宰率（%）	净肉率（%）
伊犁马	449.2	55.3	47.1
锡林郭勒马	453.7	54.4	46.1
锡尼河马	401.9	55.9	44.5
山丹马	343.9	57.0	44.0
河曲马	332.8	52.0	39.4
焉耆马	327.7	48.5	35.2
乌珠穆沁马	305.0	55.4	46.7
伊吾马	335.5	53.1	38.5

六、马肉和其他产品的综合利用

（一）马肉

马肉除鲜肉食用外，还可制成各类马肉制品，如马肉干、马肉松、熏马肉、香肠、灌肠、腊肠、罐头等，它们是我国牧区蒙古族、哈萨克族等民族在冬季主要的肉食来源之一。

辽宁大连食品公司育马场采用舍饲育肥方法育肥生产马肉向日本出口，每年为国家创收大量外汇，取得了很好的经济效益。

1. 马肉的分类　马肉的分类方法概括起来有两种：一是按年龄分为马驹肉与成年马肉；二是按膘度分为上、中、下等膘的肉和瘦马肉。胴体肌肉发育良好，脂肪均匀分布于肌肉组织间隙为上等膘；肌肉发育一般，骨骼突出不明显，主要存脂部位不太肥厚的为中等膘；肌肉发育不太理想，第1～12对肋和背椎棘突外露明显，皮上脂肪及内脂均呈不连接的小块，为下等膘；肌肉发育不佳，骨骼突出尖锐，没有存脂的为瘦马肉。

2. 马肉的分割及加工　胴体上不同的部位，肉的品质不同，表现在形态上和化学成分上有差别，因而其加工制品的质量也不同。如烤肉、香肠、灌肠、熏肉、罐头等都是由胴体的不同部位制成的。国外商业系统中马胴体分割法见图9-2。

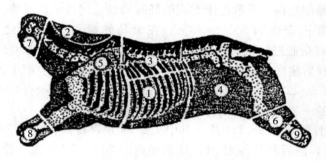

图9-2　国外商业系统中马胴体分割法模式图

1. 肋腹肉：第6、7对肋之间的上下线为前线；第17、18对肋之间的上下线为后线；肋部上1/3前后线之间连线为上线　2. 鬐床肉；颈脂肪嵴带一小部分肌肉（不超过脂肪重的30%）　3. 脊部肉（背部肉）：即肋腹肉上线以上部分　4. 后躯肉：肋腹肉、背部肉的后线为前线，膝关节切线为后线　5. 颈肩臂肉：第2、3颈椎之间的上下线为前线，上接鬐床肉；肋腹肉、背部肉之前线为后线，前肢桡骨中间切线为下线　6. 肘子肉：以后躯肉后线为上线，胫骨中间在跟腱以上2cm处切线为下线　7. 脖子肉：第1、2颈椎　8. 半臂肉：以颈肩臂肉下线为上线，前膝（腕关节）为下线　9. 半胫肉：以肘子肉的下线为上线，飞节（跗关节）为下线

（其中1、2为特等肉；3、4为一等肉；5、6为二等肉；7、8、9为三等肉）

（二）马的其他产品

1. 皮毛及马皮　一匹成年马的皮经加工可获得服装革约2.2m²，可制皮衣、皮帽、皮手套等。马皮是马匹屠宰后以体躯上剥脱下来的皮。内蒙古年产马皮10万～11万张，它是制革工业的主要原料之一。经制后的马皮是制作皮椅面、皮箱面的上等材料，也可以制作皮带、皮包、皮鞋、皮夹克等。马皮的表层薄，粒面较细，真皮层的纤维束密度因部位不同而异，前半身的组织松散，后半身靠近背部两侧特别紧密，质量最好，是制作皮件的理想材料。内蒙古牧区生产的马皮，其质量随屠宰季节而变化。以秋季生产的最好，冬季次之，夏季又次之，以春季生产的最差。马皮、骡皮的加工要求宰剥适当，皮形完整，晾晒平展。马鬃、马尾的尺码长，拉力强，弹性好，耐磨，耐热，耐寒，具有抗酸磨蚀的特性。它的主要用途是制作刷子，工业滤布，高级服装的衬布，以及各种弦乐的弓弦，化妆用品等。马鬃的剪取时间，以每年春季天气暖时为宜。马鬃、马尾的质量是根据其长度、颜色、光泽、弹性和含杂质的多少加以评定。等级规格，特等长度在73cm以上；一等长度在47cm以上；二等长度在33cm以上；三等长度在10cm以上；不足10cm的列为渣子毛。颜色划分，以白色

为上等，黑色次之，杂色最次。马毛是工业原料及出口物资，可制作乐器弓弦、化妆假发、刷子、网子等。

2. 马血　一般的乘用马的血液占活重的 6％～8％，但纯血马血液约占体重的 11％，可制食品添加剂、血红蛋白粉、脱色血红蛋白粉、止血粉及其他医药用品。如马血清是珍贵的医药原料；母马妊娠 55～100d 内采血制作血清。血清中含有一种糖蛋白激素，学名称孕马血清促性腺激素（PMSG），它具有促卵泡素（FSH）和促黄体素（LH）的双重作用，既可诱发卵泡发育，又可刺激排卵，而且半衰期长，作用效果没有种间特异性。家畜、经济动物、珍禽异兽均可使用，促进发情、排卵、超排卵、防治不育。它不仅用于家畜的繁殖，也可用于治疗人的性机能不全、性器官发育不全等。因此，孕马血清已被美、英、日、德等国列入国家药典，这是马属动物特有的生殖生理特性。孕马血清的制作方法并不复杂，采取严格的消毒措施，按操作规程，采取健康无病的妊娠马血，均可析出血清。马驴的血液量约占其体重的 7％，血浆占全血的 50％～69％，在母马妊娠 75～100d 之内采两次血，每次 2 000～2 760mL，对全血进行离心，使血清和血浆分离，血清作为生产 PMSG 的原材料，血浆用生理盐水稀释后输回母马体内，对于母马和马驹的健康不会产生影响。每毫升血清以 0.1 元计算可产生 200～276 元的收入，如能精加工，生产出 PMSG 的纯品，产值更客观。孕马血清是内蒙古的一项很有前途的开发资源。

3. 马骨　马体骨骼共 212～215 块，其中头骨 34 块，脊椎骨 51～54 块，胸骨 1 块，肋骨 36 块，宽骨 6 块，前后肢骨各 42 块。约占活重的 20％，可制成马骨泥、骨粉、骨胶等。马蹄壳可加工制成蹄壳粒出口。

4. 马内脏　如心、肝、肾、肠等是其他轻工制品所需要的，如马肠可加工制成肠衣，用于灌制肠类制品。马肺、气管等脏器可制成饲料用粉。马胃液也是提取生物活性物的理想原材料之一。

5. 马尿　如今对马尿的利用主要是利用其中的马尿酸成分。马尿酸又名苯甲酰甘氨酸、苯甲酰氨基乙酸，主要用于有机合成，医药及染料［如荧光黄 H8GL，分散荧光黄（FEL）］中间体是合成医药马尿酸美赛那明的主要原料。

第五节　观赏用马

我国草原辽阔，马匹数多，种类和数量居世界首位。随着社会的发展，马匹的众多用途得到开发，除前面讲的乳用和肉用外，马匹的另一用途——观赏用马（宠物马）近年也得到广泛开发。其中名贵的中国矮马（pony）就属于观赏用马的一种。

矮马的利用方法，随着社会发展，在不断变化。矮马于汉代曾被用于宫廷娱乐，历代作为少数富有者的宠物。很长时期内，又作为西南山地家庭役马。20 世纪 80 年代初，又重新用于游乐。新的需求，促进了矮马的发展。

对矮马的观赏游乐用途开发，主要可分以下几类。

1. 游乐场　许多动物园、大型游乐场内设有矮马游乐场。城市儿童很多未见过矮马，骑马有利于子女身心发育。胆大儿童可以乘马，胆小的可以乘车。当你见到儿童排队着急等待乘马喜悦的样子，可以预见这项事业是大有发展前途的。

2. 矮马旅游　相距不远的两个游乐点之间，乘矮马车旅游是很适宜的交通工具，乘矮马车的人比乘大马车的多，因为矮马更有吸引力。

3. 照相陪伴　人到名胜地旅游，往往愿意拍照留念。矮马及骆驼都是很好的陪伴、照相用马。

4. 动物展示　有些动物园，把矮马当成稀有动物展示，以供观赏之用。有的同反刍动物并列，有的同斑马同栏。许多游人都是头一次见到矮马，观赏效果很好。

5. 马戏用矮马　矮马比其他动物易于训练，可做各种表演，用儿童演员表演是很有吸引力的。中国大马戏团曾在暑假为儿童做过米尼矮马表演，很受欢迎。

此外，这种矮马也可作为矮化基因资源的研究对象及实验动物等。在国外除矮马品种外，还有专门的观赏品种，如美国的帕路斯（Appaloosa）和夸特马（Quarter horse）。

在现代社会里，人们同马的接触已经向体育竞技、休闲娱乐领域集中。这种变化充分证明开发中国矮马的观赏用途是大有市场前景的。目前开发表现在矮马走出原产地，在大城市游乐场上被利用；未来的科技开发将是培养比现有矮马更矮小、美丽、温驯的微型马。

在国外发达国家人们的心目中，马是男女老幼最心爱的宠物。他们将对马的喜爱程度和占有世上最优秀马匹视为人们文化艺术修养水平和社会地位高低的象征。因此，他们不惜用昂贵的价格设法占有世界优秀马匹。例如，1996 年日本花 4 000 万美元（相当于 3.2 亿人民币，约等于 43 亿日元）从英国引进一匹名叫 lamtara（拉牧塔拉）的种公马。这说明日本希望借助这一公马培育日本国产世界冠军马。

另外，在发达国家，马文化实体也发展很快，如马文化品商店、马文化品工厂、马公园、马博物馆、马美术馆、马美术学院和马图书馆等。

思 考 题

（1）阐述马肉的化学成分及生物学营养特点。

（2）结合我国牧区实际，谈谈采用何种方法进行马肉的生产和组织。

（3）马乳的营养特点是什么？

（4）马乳的加工产品——酸马乳和马乳露具有哪些开发价值？

第十章　竞技马学

重点提示：近年来马术运动在我国发展很快，一些有益于我们身心健康的运动项目已悄然走进我们的生活。作为现代马业发展的又一个新的增长点——马术运动，它的发展与普及将真正关系到我国马业的发展。本章在介绍当今马术运动种类的同时也进一步介绍了一些马术运动管理机构及运动马培育的内容。在系统学习本章内容的过程中同学们应重点掌握运动用马培育的一些内容，从而为将来开展运动马业各项工作打下扎实的基础。

第一节　马术运动的意义和任务以及相关的机构

一、马术运动的意义和任务

所谓马术，简单地讲，是指人与马之间形成特定的驾驭关系。马术是世界各地人民共同喜爱的一项体育运动。在很长一段历史时期内，马作为人类的忠实伴侣，在军事、生产和生活中担当了非常重要的角色。从中发展演变而来的马术运动历史悠久，种类繁多。马术运动可以锻炼身体，增加毅力，培养坚定勇敢，不怕劳苦的意志，以惊险、优美、刺激性强而引人入胜，是一种有益于人体身心健康的体育运动；同时还能有目的地与马匹育种相结合，并促进社会生产和经济繁荣。所以在世界各地比较普遍，被视为一种高尚的活动和贵族文化。通常把以马为主体或主要工具的运动、娱乐、游戏、表演统称马术。

马术运动是一项人马结合的体育运动，也是奥运会的正式比赛项目之一，也是在奥运会所有规定项目中唯一的人和动物共同配合完成的项目。它不但要求运动员有良好的素质、勇敢顽强的性格和科学调教技术，而且要求马匹具有体力充沛、气质优雅、驯从、反应灵敏的品质，同时，人马要协调配合，准确完成每一个动作。所以，体育运动中马术最难掌握。它不但能培养骑手勇敢、顽强、敏捷、灵巧和在复杂环境下迅速判断方位的能力，而且能培养骑手善良、潇洒、温文尔雅的性格和风度。

马术运动在我国有着悠久的历史。尤其是中华人民共和国成立初期，政府开始重视马术运动，1959年第一届全运会在呼和浩特市举行了盛大的马术比赛，参赛队有10多个。改革开放以来，马术队逐步增加，继内蒙古之后，新疆、西藏、山东、广东、青海、河南、上海、北京等省、市、自治区也先后成立了马术队。1984年以来，每年都举行全国马术锦标赛，从第六届全国运动会开始都进行了马术比赛项目。全国少数民族传统体育运动会中的马术是重要项目之一，1990年全国马术锦标赛上按奥运会规则举行了场地障碍赛、盛装舞步赛和三日赛，这标志着我国的马术运动开始向奥运会迈进。我国已于1982年加入了国际马术联合会，成为该会的正式会员国，并于1985年开始参加国际马联的C组通讯赛。但是由于国内缺乏高质量的竞赛用马，马术水平多年来徘徊不前，与国际水平相比尚有很大差距。

20世纪90年代以来，我国经济迅速发展，停顿多年的赛马开始复苏，多点并进，反映了体育及文化娱乐的要求。现有赛马场及建设中赛马场已达几百所。现代赛马是一大产业，是综合性产业，需要掌握很多专业知识，应当好好学习，全面认识其产业特征。总之，现代赛马创收高，是拳头产业，但认识上不能简单化。办赛马场不是短期行为，而是长效带有文化性质的投入。创办者应掌握信息动态，多方联合，目光长远，即使成功的赛马场，也要改革和创新，重视各种人才的培养。

宣传马术运动对人民生活和健康的意义，是当前重要任务之一。现代运动用马是指用于盛装舞步赛、超越障碍赛和三日赛的马匹。它具有骑乘型的结构气质，兼用型的体质，力速兼备，工作效率高。引进国外优秀运动用马在我国纯种繁育，或者引进少量优良种公马，杂交改良培育运动用马；或者走中国自己的路，从本国优良马中进行选育，这也是今后培育现代运动用马的主要途径。除此之外，还应培养马术运动人才和建设赛马场。这都是当前和今后应当积极进行的重要工作。

二、相关马术管理机构

（一）国际马术联合会

国际马术联合会（International Equestrian Federation，FEI），简称国际马联，1921 年 11 月 24 日在巴黎成立，是国际单项体育联合会总会成员，工作用语是法语和英语，总部设在瑞士的洛桑，所辖项目包括盛装舞步、骑术、超越障碍赛、三日赛、马车赛、耐力赛和跳跃等。创始国有比利时、丹麦、意大利、挪威、美国、法国、瑞典和日本。国际马联是领导国际马术运动唯一的国际组织，开放接纳的对象是已被奥委会承认的各国政府马术管理机构，目前，已有会员 130 个，中国马术协会于 1983 年 6 月加入国际马联，成为国际马联的第 80 个成员。

国际马术联合会的任务是举办国际比赛；确定、统一和公布比赛规则；确定和批准世界锦标赛、奥运会和地区性比赛的规程和项目；促进各会员国之间的接触；维护和加强各会员国的权威与威望，本着所有会员国平等和相互尊重的原则，反对种族、政治和宗教歧视。

（二）国际赛马联盟

1961 年，美国、法国、英国和爱尔兰等国家在巴黎发起的国际赛马业协商会议，促成了国际赛马联盟（International Federation of Horseracing Authorities，IFHA）的成立，正式命名于 1993 年，现已拥有 50 多个成员，其中包括了世界主要赛马国家和地区。国际赛马联盟成立以来在协调统一成员国育种、赛事及博彩的规则、制定和完善国际赛马协议等方面发挥了重要作用，促进了赛马业国际间的交流和合作，有力推动了世界赛马业的发展。

（三）中国马术协会

中国马术协会（Chinese Equestrian Association，CEA），成立于 1979 年。中国马术协会自成立伊始，就陆续通过开办培训班聘请外国专家来华讲学指导等方式，为尽快改变中国马术水平落后的局面做了大量建设性工作。

从 20 世纪 70 年代末到 90 年代初，中国马术运动跟随改革开放进程一同进步发展。进入 20 世纪 90 年代以后，中国马术协会与国际马术界的交流日益频繁。各省区马术队纷纷"请进来""派出去"，技术水平迅速提高。与此同时，休闲娱乐马术在中国开始起步，与体育竞技马术互相呼应，为扩大现代马文化在社会上的影响起到了推动作用。

目前中国马术协会的主要工作是：继续完善竞赛的行业管理和组织指导；积极培养优秀骑手，培训裁判和工作人员，支持国内马匹育种改良、调教，争取在奥运会马术项目上取得历史性突破。

三、国内外马术运动概况

(一) 国外的马术运动

马术运动源远流长。古希腊时便有赛马的记录，古罗马人也以赛马为乐。公元 1000 年马术运动在希腊得到发展，14～17 世纪运动用养马业转移到意大利、法国和西班牙，在那里建立起马术学校。16 世纪马术运动兴盛，欧洲开始出现现代马术，其后奥地利、法国、意大利、瑞典等国家成立了专门的马术训练学校，传授马术技艺。英国则育成了纯血马。18 世纪末马术运动从军事上的骑兵训练分离出来，形成独立的体育项目。1896 年奥运会有了古典的马术运动项目。近 30 年国外马术学校和俱乐部发展很快，从事马术运动的人也迅速增加，马术运动得到了广泛普及。

从第 5 届奥运会开始，马术成为正式比赛项目。1921 年国际马术联合会（FEI）在巴黎成立，并得到国际奥委会的承认。竞技马术作为马术运动的高级形式，成为世界性的比赛项目。在不断的发展中，欧洲的竞技马术具备了很高的水平，并形成各自不同的风格和流派，如德国和法国代表的古典派，重视马匹的心理，加强人与马的协调；英国派依赖马匹的优良素质；意大利派则重视马匹的跳越能力。近年来马术运动风靡世界，它的迅速发展具有多样化、大众化和科学化三大特点。一些发达国家里马术俱乐部林立，例如英国就有 2 800 所、法国 1 500 所、日本 500 所。到俱乐部学骑马的人，除了部分人只是娱乐骑乘外，有不少人是潜心学习骑术的，由此培养了不少马术家和爱马者。

马术运动开展的广泛与否以及水平高低，直接反映了一个国家经济实力和科学文化发展程度，如美国、英国、法国、德国一直在马术领域处于世界领先地位，亚洲的日本和伊朗也名列前茅。这些国家的马术俱乐部遍布世界各地，马术协会会员数以万计。世界上不论大小国家和旅游城市都有马术俱乐部，就连人口不足 1 000 万的瑞典，全国也有骑术学校 90 多所。不仅王室成员，就连城市居民和矿工也要领略一下策马扬鞭的乐趣。

1945 年以后，各国军队都实现了机械化，马术比赛也已平民化。20 世纪 50 年代后期，随着和平与发展成为世界主流，科学技术的日新月异，商品经济法则的不断充实，奥运会的马术比赛也开始了必然的演变，这一趋势至今还在继续。20 世纪 50 年代以前，马术比赛主要由拉丁语国家领先，法国、意大利、西班牙也曾经是顶尖国家。现在出现了一支相当庞大的日耳曼骑手队伍。大不列颠、美国、苏联也有所进步。意大利可视为代表掌握骑术的一个伟大民族，个体化、个人英雄主义成为时代的产物。德国队是赢得奥运会马术金牌最多的国家，竞技水平最高，特别是二次大战后，从 1956 年斯德哥尔摩奥运会开始，德国队在盛装舞步赛和跳越障碍赛两个项目上一直处于垄断地位。德国现有马术俱乐部 7 351 家，会员 85 万名，其中 76 万经过德国马术协会正式认证，民族马术运动爱好者 1 000 万人。注册马术运动员 75 000 名，业余爱好者超过 200 万。世界马术比赛中，三日赛却是南半球统治的世界，澳大利亚和新西兰多年垄断着奥运会三日赛的金牌。

妇女参加奥运会比赛是一大突破，马术成为男女同场竞技，公平竞争的典范。从 1988 年开始，奥运会盛装舞步的金牌从未被男选手获得过。女骑手不仅在舞步赛场上独占鳌头，在跳越障碍赛和三项赛方面也取得一定成绩。英国的安妮公主曾经参加了 1972 年慕尼黑奥运会，是三日赛团体冠军队的主要成员。

（二）世界各地的赛马与世界主要赛事介绍

据国际赛马联盟（IFHA）2009 年的统计，世界平地赛马场次数约为 15 万场，障碍赛的场次为 8 139 场，近 10 年内世界主要赛马国家总体上赛马业呈下降趋势。在一些占世界赛马业总规模比重很大的国家，如美国、日本、英国、澳大利亚等，赛马业经过几个世纪的发展已成为成熟的产业，在现有经济和社会环境下已进入饱和状态。另一方面社会经济因素也是造成赛马业下滑的一个重要因素，2008 年的经济危机对赛马业造成了巨大冲击。在主要赛马国家和地区中，与总体的下降趋势相反，有些国家在过去 10 年里实现了赛马业的显著增长，其中包括爱尔兰、法国、土耳其、韩国、新加坡等。

英国对赛马的贡献是培育出了纯血马，其速力为世界之最。此外英国制订了完善的赛马规程，制订了赛马的系谱管理和速力公开制度。英国有赛马场 59 个，几乎全是商业性的，仅场外投注站就有 8 600 多个。爱尔兰出产的纯血马享誉国际马坛，其雄厚的竞赛能力已囊括多项国际大奖。法国是全面发展，经常举办平底赛马、轻驾车速步赛。法国人引以为荣的是"凯旋门大奖赛"，是欧洲奖金最高的国际比赛。法国流行速步赛，巴黎的轻驾车速步赛最负盛名，特别重视速步马背部肌肉的增强，纯血马和速步马主要用于商业赛马，占总量的44％。瑞士最吸引人的是冰上赛马，除了传统的赛马外，还举行表演赛。德国的赛马已达到国际一流水平，在长距离的赛事中占有很大的优势。美国的赛马业是综合经营的经济实体，资金雄厚，收益可观。美国赛马场大多建在交通方便、场地开阔、绿草如茵的郊区，是休闲的理想去处。美国每年举行 103 000 多场赛马，观众达 8 000 万人次，提供工作岗位数千个，创造价值 150 亿美元。澳大利亚的赛马，以"墨尔本杯"为世界之最，据 1988—1999 年的资料，共有 425 所赛马俱乐部，运作 380 个赛马场，每年有 3 110 个赛事日，22 108 场比赛，对 GDP 的贡献为 7.6 亿澳元。

（三）我国马术运动

我国是一个多民族的国家，各民族都有自己独特的马术运动。当他们庆祝宗教和喜庆节日时都举行马术活动。在我国西南的苗、白、水、彝、纳西族，青藏高原的藏族，西北地区的裕固、塔吉克和哈萨克族，北方的蒙古族、达斡尔、鄂伦春，赛马是很普遍的活动。另外有蒙古族的长距离赛马、走马比赛，哈萨克和塔吉克族的"叼羊"，哈萨克和柯尔克孜族的"姑娘追"，哈萨克人还有"马上角力"，柯尔克孜的"马上拾银"，藏族的"马上拾哈达"以及"骑射"，这些传统的马术活动一直盛行多年，特别是改革开放以来更是空前繁荣，各地民间马术活动异常活跃。

国家主办的马术运动，建国初期是作为军事体育项目受到关怀和培植的，中国人民解放军曾多年认真地进行军马调教工作，骑兵马和驮、挽马训练也取得可喜的成果，骑兵素质有显著提高。20 世纪 50 年代末，出现了中国马术运动的第一个高潮，后来沉寂了十余年之久。改革开放以来又得以复兴。在北京、深圳、广州、上海、西安、武汉等大城市已经和正在组建起一批私人办的马术俱乐部。我国马术已逐步和国际接轨。

2008 年，我国选手首次参加奥运会赛马项目，实现了我国运动员在奥运会 28 个大项都能全部参赛的梦想，其中刘丽娜成为第一个拿到奥运会入场券的中国马术运动员。

关于我国的商业赛马，只在 1949 年前繁盛过，之后政府认为商业赛马属于"赌博"性质而加以禁止。为了恢复和发展经济，养马业以生产役马为目标，从而商业赛马走入低谷，停滞了 40 多年。开办商业赛马场，应以深圳香蜜湖赛马场首开先例。1992 年广州市成立赛马会、建起赛马场，几乎同时北京顺义县建立起"北京乡村赛马场"，四川省成都市金马旅游区也建起赛马场。但因国策所限，1993—1999 年及 2003 年中央前后多次下令勒令停止商业赛马。

第二节　马术运动的种类

按照体现技艺为主和体现体能为主的项目来划分，马术运动分为以人的技能为主和以马的体能为主的项目两大类，并分为以下几个小类。

一、以人的技能为主的项目

体现人驾驭马的技能的马术运动项目有：奥运项目、驾车赛、马上体操赛、西部骑术赛、民族民间马术、马上技巧、医疗马术、表演马术和军事马术。这些项目也称为"竞技马术"项目。

（一）奥运项目

1. 盛装舞步赛　在一个 20m×60m，周围围以 30cm 高的低栏的场地里比赛。参赛选手先后单独上场，按照各级别规定的动作、顺序和路线进行表演。规定动作有：立定，后退，慢、快、跑步，每一种步法又分为缩短、中间和伸长三种步调，慢步里还有一种"自由慢"必须准确做到。高级动作有横向运动，帕萨知和皮埃夫，旋转等，路线上有变换里怀，圈线运动等规定，根据比赛级别场外设 3～5 个裁判员，对每个动作，按照十分制打分。参赛者要着盛装：头戴圆筒礼帽、身穿白衬衫，围白色领巾，外套深色燕尾服，戴白色手套，着白色马裤（女子浅棕色马裤）和黑色高筒马靴并佩戴马刺。奥运会马术比赛有圣·乔治赛、中级一号赛、中级二号赛、大奖赛、特别大奖赛、自选动作测验。我国于 1988 年开展这一项目，与跳越障碍赛和三项赛一同称为全国马术锦标赛，每年举办一次。自 1997 年第八届全运会起，在马术项目中加入了盛装舞步赛。

2. 跳越障碍赛　按规定该项目比赛场地不得小于 2 500m²，内设 10～15 个障碍物，赛程在 900m 以内。路线的长度（m）为障碍物总数乘 60m。障碍物多为木制或塑料制，分垂直、伸展、水沟、组合、封闭组合、堤坎、斜坡等形式，高度一般为 140～170cm，宽度 2m 左右。比赛中骑手应按指定路线和顺序超越全部障碍物，速度要求每分钟 350～400m。比赛实行罚分制，第九届全运会采用的是 21 次改版的规则。比赛结束时罚分越高成绩越差。该比赛对骑手要求很高，着装、行礼、比赛路线、方向等都有明确规定。更具特点的是每次比赛路线都不一样，而且赛前保密，赛前一天发路线图，开赛前 30min 允许骑手察看路线，但不能牵马入场。比赛过程中响铃指挥骑手开始、终止，选手要绝对服从，否则将取消资格。现代五项运动中包括场地障碍赛、击剑、游泳、射击（体操）、越野跑。

3. 三项赛（三日赛）　也称为综合全能马术比赛，分等级，都是每位选手单独进行。比赛前一天，兽医师要认真检查参赛的马匹，让马在硬路上走，看马四肢有无问题，是否愿意快跑，是否合格参赛，只有通过检查的马才能参赛。三日赛的目的是全面测验马的能力和骑手技巧。三日赛的难度核心是考验马的耐力，其次要测验骑手的驾驭能力，马的基本步法和马对人无声指令的服从等。

（1）第一日：盛装舞步。第一天为调教比赛或称马场马术赛，场地和规则与盛装舞步相似，目的在于测验马的调教程度和选手驾驭马的能力。场内 3 名裁判根据骑手的骑坐和对扶助的运用，以及节奏是否流畅，动作是否准确等来打分。

在三日赛盛装舞步评分中，印象相当重要。人的精神面貌、服饰、马鞍具和马被毛光洁度，乃至马鬃尾的修饰艺术都是裁判打分的依据。

（2）第二日：速度和耐力。这是三日赛测验的核心，也是最关键的一天。

整天的比赛分为 4 段。

A 段：在道路或路道上骑 4～6km，要求以每分钟 240m 速度行进。快骑不加分，但是假如超过规定时间的话，则每超 1s 扣减 1 分点。

B 段：长度在 3.5～4km，要求每分钟行进 690m 跨越 12 道障碍。障碍高度不超过 1.4m，宽度不超过 4m。参加三日赛的人马对这类障碍已经练习得很熟练，通常能一跃而过。但是对于骑手来说，一定要注意保存马的体力，以确保后面的越野路段。

C 段：仍然在道路或跑道上进行，距离为 12～16km。有经验的骑手会利用这段快步和慢缩短步时间来调整马的体能并策划下一步行动。

D 段：5～8km 的越野地段上道路起伏不平，人工设置的 20～32 道障碍用非常坚实的材料制成。每对人马的综合素质都会受到严峻考验。在第二日里，各段路途上如果出现落马、拒跳、超时等问题都要被扣罚分。现今第二日的越野赛已做了改变，只保留 D 段，距离 3 500m，设 30 道固定障碍物，三个项目也可以在一天内比完。这项比赛的名称也改为三项赛，而不再称三日赛了。

（3）第三日：超越障碍。最后一天的障碍场地路线长 750～900m。要求每分钟行进 400m，超越 10～12 道障碍。障碍高度不超过 1.2m，对马来说，这些小障碍原本不算什么，但很难说骑手会不会出错，而最主要的是，前两日的比赛对马造成的身体疲劳影响很大。因此，要毫不松懈地做好各项准备工作，认真努力闯过最后一关。

三日赛是奥运会马术项目中难度最大的项目之一。成绩的评定，以三项比赛的积分高低确定。

（二）驾车赛

驾车赛是一项古老的马术运动比赛，1970 年成为 FEI 的比赛项目。驭手驾驭单马、双马、四匹马进行，比赛分三个阶段：亮相、马拉松和障碍驾驭。

1. 双轮轻驾车赛 以马驾挽二轮轻车（图 10-1），驭手轻装驾车在平坦的跑道上，让马用快步或对侧步竞速。若马变成跑步即为犯规。该项比赛也有商业性的。世界上已为此培育出专门化速步马品种。

2. 四轮马车赛 乘华丽的马车旅行，这在许多欧洲国家早已流行。而驾四轮马车的比赛是本世纪才有的马术运动项目，并制订了专门的竞赛规则。四匹马驾挽四轮马车，举行连续 4 天的比赛：第一天向裁判组展示马匹和马车全套佩驾风格；第二天在练马场上表演驯马和驾车技术；第三天越野测验，距离 36km，通过窄路、陡坡、小河、急转等共 25 道障碍，以评定马匹的能力和耐力；第四天检查越野测验后马匹状况。驾车赛是正式国际比赛项目，近年来在欧美颇受欢迎。

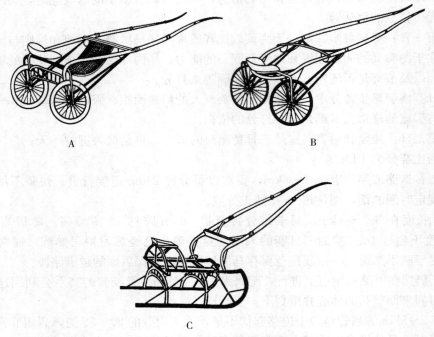

图 10-1　各类轻架车示意图

A. 训练用轻驾车　B. 比赛用轻驾车　C. 比赛用爬犁（雪橇）

（三）马球赛

据考证，马球（polo）起源于我国西藏，始于汉代，盛于唐朝。现代马球运动始于 19 世纪中叶、鸦片战争后传入我国。其基本规则是：场地 300m×160m，两端线中间各设一个 8m 宽的球门。每队 4 人，场地中央设有开球区，判断员在开球区向两队中间掷球，球一落地比赛开始。队员手持 L 形拐捧（图 10-2），骑在马上向对方球门击球，每进一球得 1 分。

图 10-2　草原上的马球赛示意图

进球后再重新回到开球区开球。全场比赛共四局，每局 8min。每局之间休息 3min，两局后交换场地，每局换一次马，最后以得分多者为胜。该项目已被列入奥运会项目，我国内蒙古马术队中设有马球队。

此外，组建于 1993 年的西安唐佳马球队，曾参加过西安古文化艺术节，全国第四届城市运动会，45 周年国庆，北京月坛体育馆"晚宴剧场"等大型体育场馆和演出活动。该队以中国唐体诗词中"宛转索香骑，飘飘佛画球"的亮丽风采，为展示世界古典的马上高尔夫运动，让世界古典的服饰、良马、美女云集于马球运动的竞技，创新出一朵中国马术运动的奇葩。

至今，世界奥委会大厅代表中国体育运动的图片"唐化女马球图"也在挖掘并发扬这项先进的民族文化传统。

（四）马上体操赛

马上体操赛中，马用慢跑步沿着最小直径 15m 的圆周奔跑，运动员在马背上做各种体操动作，是将马术与艺术体操完美结合的一项运动。这项运动最早出现在德国，后在欧洲和北美洲普及开展，目前德国、美国、法国、奥地利、英国和瑞士等国家的马上体操水平较高。1983 年成为 FEI 的比赛项目。

（五）民族民间马术和马上技巧

各民族具有浓厚民间色彩的马术运动，如叼羊、姑娘追、飞马拾银、飞马射箭、斗马等，为各民族广大群众所喜爱。这些项目很多都是生产中常用到的技巧，与各民族的风俗习惯是分不开的。

其中有一些难度大的动作派生出马上技巧表演项目。运动员在马上跳上跳下，并做叠罗汉、倒立等各种复杂动作。要求骑手极为灵敏、勇敢和刻苦耐劳。很多动作非常惊险，观赏性很强。现在内蒙古军区体校（内蒙古体工一大队）和 2008 年成立的伊金霍洛旗成吉思汗陵双骏马术俱乐部都属于马上技巧表演队。

（六）西部骑术赛

因为是国际马联主管的一个比赛项目，对比赛内容有特殊要求。这个比赛项目展现马匹在有限的场地里的运动能力，参赛者要做 8 种动作（慢步入场、立定、急速后肢旋转、向后转、转圆圈、不动、空中换腿、直线全速急停），包括小而慢的和大而快的转圈，空中变换领先步，原地 360°的旋转，以及由兴奋、激动转为停止。是松缰表演的（缰绳柔软下垂）。所有的参赛者都必须穿着合适的西部服装：长袖彩色衬衫、牛仔靴、牛仔帽或者安全头盔。通常被称为"西部的盛装舞步"。

西部骑术是一种高水平的比赛项目，需要有高级的骑乘能力。主要只以骑座、腿与声音的指令来融洽骑手与马之间的协调一致，规则与盛装舞步截然不同。现在国际比赛已遍布世界，从 2001 年的 3 次发展到 2006 年的 41 次。美国、加拿大、意大利、法国、瑞士、捷克、以色列和巴西都举办。这项比赛在 1949 年被夸特马协会认可为一项运动。1968—2000 年由 NRHA（西部骑术协会）主管，2000 年成为 FEI 的比赛项目。6 岁以上的马才能参赛。

（七）表演马术和军事马术

表演马术一般是指借助于某些器械在马上做一些技巧性动作，而不以比赛为目的。常见项目有：马上体操造型、马上器械表演、马上技巧表演、驯马表演等。随着和平年代的到来，骑兵的一些马术动作因为逐渐失去实用价值，而转变为表演内容，如斩劈、乘马射击等。

（八）旅游马术

骑马或乘马车旅游，连续一至十余天，行程数百里，这种回归大自然的积极休息方式，即旅游马术。现代化生活节奏快，竞争激烈，忙碌紧张，上下班赶时间来去匆匆，生活单调，情绪烦躁，渴望返璞归真，回归大自然之情油然而生。骑马或乘马车到旅游区的绿洲，视野开阔，青草如茵，绿树映红花，气氛清新，骏马奔驰。在这动静结合的自然美景中，享受自由，潇洒，放松，乐趣无穷。

（九）文化休闲娱乐马术

公园出租马匹供骑乘或办马术俱乐部，即娱乐马术。同时，生产马文化品，如乘马服装、乘马用具、人用装饰器物都列入此类。因为文化表达是多种多样的，不论桌上摆设和墙上挂的、服饰上佩带的装饰品，日常生活用小器物，都可体现出一个"马"。爱马是一种高尚行为，是文明的表现。人不是把马看成牲畜，而是看成朋友，这是一种美的享受。

（十）医疗马术

人类日益感觉运动不足，从而影响健康，甚至患病。而医疗体育能恢复受损的技能，骑马医疗是对人类机体产生生理和心理作用的唯一运动。可以治疗某些疾病或残疾者。可以采取有节制的体育锻炼。骑马医疗使用于各种年龄的人，可以用于重病初愈才复原的人。骑马医疗的例证，首先是骨骼病：各种起因的手、脚全部或局部麻痹症，运动协调性破坏，肌肉痉挛性缩短或萎缩，脊柱歪曲，肥胖症。在外科上可用于不幸事故后恢复走动能力。在内科病可用于血液循环器官的补偿性疾病、代谢破坏、支气管喘息和肺气肿、植物神经紊乱——肠蠕动缓慢、溃疡性结肠炎、某些分泌腺功能破坏、早衰等。在神经学和精神病方面适应证有：巩膜散光、各种忧郁症、神经痛、低能、嗜酒狂和嗜麻痹药者。

（十一）绕桶赛

美国西部牛仔绕桶赛起源于美国西部乡村，是牛仔们农闲时的一种游戏，后因其趣味性和竞争性，参与的人越来越多，逐渐地，这种游戏发展成为一种赛事。绕桶赛不仅锻炼了马匹的灵活性，而且也提高了骑手的骑乘水平。现在美国绕桶赛很普及，赛事不断，规则已系统严格，赛事也已常态化，著名的有 NBHA 绕桶锦标赛、美国大奖赛、超级绕桶表演赛和青少年组绕桶锦标赛等，目前在美国绕桶锦标赛标准场地最快成绩记录为 12 秒 65。夸特马在这项比赛中表现尤为出色。

近十年，绕桶赛因不需要很大的场地，且不分男女老幼，不限制马匹的品种，器材仅为三个汽油桶，所以在我国各地广泛地开展起来，有一定骑术基础的马术爱好者都积极参加，这项运动在北京尤为盛行。中国马术协会不仅举办了全国性的绕桶培训班，还制订了绕桶赛竞赛规则。2012 年 9 月 20 日在鄂尔多斯市伊金霍洛旗，由中国马术协会等单位主办的首届中国马术大赛中就有绕桶赛，当时内蒙古卫视还对比赛进行了现场直播。中国马术协会和西乌旗人民政府于 2013 年 7 月 16～17 日在锡林郭勒盟西乌旗赛马场举办了 IBHF 中国区会员绕桶马术排位赛，这都标志着绕桶赛已经确确实实来到了我们身边。

二、以马的体能为主的项目

以体现马的体能为主。大多数比赛（如平地赛马、跨栏赛马、障碍赛马和轻驾车赛）都以速力快取胜，耐力赛不以速力为主。

（一）平地赛马

马在宽敞的、无障碍物的平地跑道上竞速赛跑（图10-3），以先跑过规定距离者获胜。赛程距离多种，最初以英里计，有1/4英里、1/2英里、1.5、2、3英里等（折合成米数大约为400m、800m、1 600m、2 400m、3 200m、4 800m）。后来改为以米计：一般为1 000m、2 000m、3 000m……依赛马场场地具体情况而定，例如广州赛马场就有900m、1 800m等赛项。

图10-3 现代赛马场及现代赛马示意图

世界上有四大国际赛马节，即墨尔本大赛、肯塔基德比大赛、利物浦大赛和凯旋门大赛。墨尔本赛马是世界上最知名、历史最悠久的国际赛马，每年11月的第一个星期二，在墨尔本的弗莱明顿赛马场举行墨尔本大赛，届时当地市民穿着传统的服装，前去赛马场狂欢一天、观众达10万人，全球观看电视直播的马迷超过3.5亿人，这一天是墨尔本的公共假日，全澳大利亚的马迷亲临现场观阵，或观看电视转播，致使该国各方面工作停顿。1861年开始，至今已经成功举办了145届之多。肯塔基德比大赛1864年首次在纽约举行，是美国最负盛名的赛马比赛。利物浦大赛是赛马运动的发祥地，水平高、范围广，当日万人空巷，场面蔚为壮观。凯旋门大赛，每年10月的第一个周日在龙尚赛马场举行，届时入场券一票难求，民众只好收看电视转播，大街小巷中便应运而生了许多电视高悬的"赛马酒吧"。

由现任阿联酋副总统、阿联酋总理和迪拜酋长穆罕默德·本·拉希德·阿卢·马克图姆1996年创办的迪拜赛马世界杯是世界上最昂贵的比赛，一举超越F1和环球帆船比赛，因为仅仅一天的赛程，组织者就要向获胜者颁发出2 000多万美元的奖金，而且高昂花费的同时，组织者并没有使用更多的商业技巧赢取现实利益上的经济回报。开始整个比赛奖金达到近800万美元。此后奖金也随着比赛水平的提高不断上涨。2009年，这项赛事已是第14届，奖金总额已经攀升到2 125万美元。据估计，加上电视观众，全球约有10亿人会看到这个地球上最昂贵的赛事。参加迪拜赛马世界杯的赛马身价不能低于80万美元。另外，有资格选派马匹参赛的都是阿拉伯国家王室、酋长及欧洲各国王室和贵族。然而，因为这项比赛所需的费用实在太高，这些王室成员也不是每年都来参赛。一般来说，每位参赛者会参加7项比赛中的2项，这样算来，参赛者至少要先花将近200万美元购买两匹赛马。算上空运马匹和驯马师、营养师等方面的开销，每匹马至少还要再花10万美元，因此也不是所有的阿拉伯王室每年都参加比赛，最财大气粗的要算迪拜王室的成员，他们专门修建了一个豪华的饲养场，里面养着 10 多匹身价达 100 万美元左右的赛马，每年都参加全部 7 个项目的比赛。由穆罕默德·本·拉希德·阿卢·马克图姆创办的赛马育种企业 Darley 已经在全球五大洲有了分公司，大力扶持世界各地的赛马育种者，于 2011 年赠予中国两匹冠军纯血马苏萨和嘉里。嘉里一岁时由穆罕默德以 970 万美元的价钱在 Keeneland 拍卖会中拍得。其中苏萨赠予内蒙古马业协会，这位冠军赛马居住在北京，每年配种季节内蒙古马业协会会把母马运到北京与其配种。

（二）跨栏赛马

在平地赛马跑道上进行，每千米设 3 个 80～100cm 高、倾斜的鹿岩或篱笆型障碍物。马在奔跑中要越过这些障碍物，但以速力取胜。赛程 2 000～3 000m，参赛马不得小于 3 岁。

（三）障碍赛马

在环形或 8 字形赛马跑道上进行，距离 4 000～6 000m。4 000m 者设 90～120cm 高的各种障碍物 12 道。6 000m 者途中设 100～300cm 高的障碍物及 400cm 宽的壕沟，由成年、善于跳越各种障碍物的马匹参加。障碍物复杂而困难，有生命危险。障碍赛马是体现马匹速力、耐力和弹跳力的最困难的比赛项目。世界上举办这种比赛的固定地方有捷克的巴尔杜比茨和英国的利物浦，后者举办的是世界上级别最高、最困难的。

（四）耐力赛

耐力赛是最困难的马术项目之一。它需要细心和长时间坚持训练马匹。有两种类型：速度耐力和长途耐力型。有 50km、100km 和更长距离的比赛，途中可以变换步法。1982 年成为国际马联（FEI）的一个比赛项目，而且是 FEI 里发展最快的一项，从 1982 年的 4 次增加到 2005 年的 353 次，平均每年增加 18 次。FEI 的比赛规定：一天最短的赛程，在 40～160km，因比赛的类型而定。长于一天的最短距离是：1 号赛规定距离 40～70km；2 号赛是80～119km；3 号赛为 120km 或更多；4 号赛通常是 160km，获胜者要骑行 10～12h。比赛时，骑手必须骑着马通过起始线和终点线。这项比赛强调马匹到达终点时，应当处于正常生理水平，而不是要首先到达终点。比赛前，每匹马必须接受全面检查，经批准后才能参赛。比赛中至少 40km 为一个阶段，到该阶段末必须停下来，强制进行兽医检查。

（五）轻驾车快步赛

乃速步挽轻驾车以快步进行的速力赛。只允许用快步，途中如果马匹变为跑步则为犯规，一次比赛只允许犯规 3 次，否则取消比赛成绩。赛程以 1 600m 为基本单位，有 1 600m、3 200m、4 800m 等赛程。

第三节 运动用马的培育

我国马术运动的开展，必先有合格之马，否则无济于事。我国马术运动的普及和提高，必须立足于本国马的基础上，我国已育成自古号称"天马"的伊犁马和内蒙古自治区呼伦贝尔市产的三河马，都是堪与外种相比的优秀轻型马种。没有数量就没有质量，我国马匹数量居世界首位，应该必有世界最优良的马匹品种和个体。我国适于马术运动用的品种有伊犁马、三河马、浩门马、藏马和安宁果下马等优秀品种。

三河马：中华人民共和国成立以前，津、沪、大连赛场上有名的海拉尔马，即是今日三河马的前身。兼用体型，素质与伊犁马不相上下。体格比伊犁马高大，以短距离速力著称。在 1959 年第一届全运会上创造了 1 000 米距离 1 分 9 秒的全国纪录（有品种验收资料报道为 1 分 7 秒 4）。第六届运动会上，三河马作为西藏队主力马，荣获超越障碍赛团体第三名。20 世纪 90 年代初，中国商业赛马兴起，三河马与伊犁马并驾齐驱成为赛马场斗士，使国内其他马匹品种相形见绌。

伊犁马：继承了自古闻名中亚的"西极天马"的高贵血统，近代又吸收了某些国外品种血液，遂形成今日的伊犁马。新中国成立以来，伊犁马是闻名海内外的运动用马、优良马球马和赛跑马，以中长距离快速为特点。改革开放以来，历年的全国马术锦标赛会上，平地赛马项目中，绝大多数场合是伊犁马获胜。伊犁马弹跳力较好，能胜任初级水平的超越障碍赛。可贵地是，新中国成立以来全国培育挽马的热潮中，伊犁马曾一度向偏重方向选育，但因血统与自然生态条件综合作用，欲重不达，仍保持乘挽兼用体型，保存了这一宝贵的品种资源。

藏马：据研究，马球运动起源有三说，其中之一为源于中国的西藏地区。遗憾的是近代，藏马仅限于在产地供民族马术活动使用，至今未被发掘用于竞技马术。

国外著名马球马多数体格不大，例如阿根廷马球矮马（pony），可见藏马符合要求，可谓中国马球马品种，有待今后大力宣传、提倡、推广，为祖国开发这一运动用马优秀品种。

浩门马：其悠久历史和名贵血统，有东汉墓出土文物"马踏飞燕"为证。该品种最有价值的宝贵品质就在于，它由闻名遐迩的祖先所继承来的"胎里走"特性。这种与生俱来的"对侧快步性能"适于草原山区长途跋涉代步，是舒适的乘用交通工具。我国草原盛会那达幕都有赛走马的传统。我国如开展赛走马及轻驾车赛，则应加强对浩门马侧步能力的选育，进一步提高速力，以便与美国标准匹敌。

安宁果下马（神珍马）：这一历史悠久的祖国和世界稀特马种资源堪称"国宝"。可在果树下穿行，此马体高 3 汉尺（1 汉尺＝23cm），俗称"果下马"。自古已是皇室爱玩珍品，供宫中游乐骑乘。其运步稳健的特性不但适于妇女儿童骑乘，而且因其体高不足 1m，乘之安全稳妥，颇为理想，是大人与小孩最理想的娱乐和疗病用马。

国外运动用马品种很多，发达国家都有自己育成的品种，其中最具世界意义者为纯血种。该种马不但有重要的种用价值，而且有极大的实用价值，世界许多地方商业赛马都使用纯血马，凡属竞速性的马术项目均以纯血马最好。

20 世纪 50 年代我国由苏联引进轻型品种，在中国纯繁的后代，都曾被用于马术运动。第一届全运会时，17 个省市自治区马术队中，曾用它们做赛跑马、障碍马等用途。1982 年中国加入国际马术联合会，随即开展国际通行的竞技马术项目，国内各马术队再次使用苏联品种的马。20 世纪 80 年代尚能搜寻到苏高血、奥尔洛夫、卡巴金和顿河马作为主力，再辅以三河马、伊犁马，使中国竞技马术得以起步。

1986 年以来，我国各地马术机构先后从港澳赛马场获赠淘汰赛马（纯血种）数百匹。其中一部分改作竞技马术用，在国内马术赛场上取得一定成绩。

一、运动用马的选择

（一）品种

任何轻型品种马都可作马术运动之用，关键在于个体本身是否适用。在适用的品种中挑选适用的个体，是简便有效的做法。

（二）类型

骑乘型和兼用型均可，乘挽或挽乘兼用咸宜，甚至个别挽型个体也可用。这主要由举行何种竞赛而定。

（三）体格

体高 100cm 直至 170cm 以上的马都可用。不必追求高大，尤其商业经营性者，更是如此。

（四）体质外形

供乘用运动项目者，按骑乘马要求选择。供轻挽用者按兼用马标准择优选用。

（五）年龄

2～18 岁，视个体早熟程度及发育状况而定。发育充分、接近成熟者即可使用。到能力开始下降时，即结束使用。

（六）性别

骟马最适。公马可用，借其精力和体力创造好成绩。但公马多因雄性干扰违抗人意，且管理不便。少用母马，虽许多母马能力非凡，但从长远计，终非上策。

（七）毛色

原则上不限，任何毛色都出骏马。每一品种具代表性毛色中好马多。罕见毛色中也常有良骥。

二、运动用马的繁育

我国老一辈养马专家们对运动用马育种论断如下："我国自古从无专用的轻乘马品种，以致今天很难寻得优秀的骑乘赛跑马。购用外国马参加国际比赛，他们绝不会把最优秀的马卖给我们，我们买到劣马能有何用？故必须用自己培育的良种马，方能为国争光，与我国之声誉地位相称。"

近年来我国各马术队从国外购进运动用马和淘汰赛马，只应作为权宜之计。为长远考虑，还必须培育自己的运动用马。在此方向上，我国现已具备良好基础的马品种有伊犁马、三河马、浩门马和西藏马。这些品种都应认真进行繁育改良，严格选择，进一步完善，以适应未来的需要。其具体措施如下。

（一）提纯复壮

近年因种种原因，马匹育种工作陷于停顿甚至倒退，著名的三河马、伊犁马退化严重，质量明显下降。优良母马失散、公马品质低劣，饲养管理粗放，系统有计划的选育工作完全废止。只重繁殖不问品质，甚至三河马混入蒙古马血液，而伊犁马哈萨克马混淆难分，这都无法满足当前和今后马术运动和交通运输事业发展的需要。育种工作首要任务应当是，恢复系统严密的育种工作，将品种提纯复壮，恢复到原有的及更高的质量水平。

（二）专门化选育

为满足马术运动和使役需要，三河马和伊犁马应向三个专门化方向分化选育：为轻驾车赛选育速步马型品系、为四轮马车赛和交通运输用选育轻挽型、为骑乘赛跑选育骑乘型的三河马和伊犁马。而浩门马则分化为两个方向：强化对侧步能力选育速步马型品种和交通运输用轻挽型品系。这些品种已具备了各专门化品质的遗传基础，进行严密、高技艺水平的选育工作，将能在本品中分化出不同类型，使品种进化，适应社会发展的需要。

（三）导入外血

尽管三河马、伊犁马等品种已是堪称与外种相比的优秀轻型马种，具备许多优良性状，但速力仍与世界名种差距很大。为了改良提高，可以在繁育中再行导入外血。在保留本品种优良特性的前提下，改进速力品质。为提高快步速力和对侧步能力，可导入美国标准马和奥尔洛夫马血液；为提高跑步速力导入纯血种血液。本品种含外血的程度应严格限于 25％ 以下，对作育种用的杂种马应严格选择，注意保持本品种固有类型、体质和生物学特性。

我国运动用马要在极其多样复杂的地理、气候和经济条件下生活和工作。因此，适应性强，耐粗饲，耐劳苦，抗病强是运动用马的第一品质，然后才是能力，这是育种的首要原则。只有群牧马业方式才能造就这些优良特性。因此，中国的运动用马只有在北方牧工最好的草原牧地上才能培育出来。为了进行这一创举，应在上级有关部门的支持下，由国家下达重点科研课题，组织马业界后起之秀，集中攻关。我国青年一代育马者需要具有超前意识，现在就着手研究筹划，立竿见影，为将来中国马术运动及竞技（赛马）用马的繁育供应打下基础。

三、马的学习和记忆

行为可以分为两大类：一类是反射行为；一类是后效行为。反射行为完全是自动的，是对某一刺激引起定型化的反映，如哺乳行为、母性行为、性行为等都是动物不经学习，亦不需要经验，天生就会，因此亦称本能。后效行为是一种与反射行为无关的刺激所引起的行为。例如，经常采精的公马见到采精员的白色工作服，这种视觉刺激代替了母马外激素对公马的嗅觉刺激，引起同样效果的勃起反射行为。这种后效行为的驱力是公马的性欲，酬赏是公马的性满足，刺激物是白色工作服。可见，后效行为必须有几个条件才能巩固建立：①要有它本身的驱力才能建立，如食欲、性欲、活动的欲望；②必须有酬赏（包括惩处）；③必须不断强化、重复，使传入中枢神经的通路和反射行为建立稳固的联系。建立后效行为的全过程是学习，也就是调教过程。马学习的快慢、行为的准确程度和调教关系极大。调教技术决定于能否正确运用以下的原则。

（1）正确运用马的驱力，诱导马的感受器把后效行为联系起来，使学习项目和后效行为之间有时间上、空间上的连续性。例如，强制牵动一侧缰绳的头位平衡感和口角的压觉感，使马建立卧倒行为。当马卧倒时（可能最初是强制性的），立即给予食物酬赏。注意做到头的平衡感和口角的压觉感刺激，可以明显感受的程度，卧倒行为和酬赏在时间上紧密相连。

（2）必须运用反复性，使马建立稳定的中枢神经通路。诱导中枢有正确的正合过程（特别是复杂的动作），通过不断强化使马中枢神经有稳固的信息储存，即记忆。马的记忆虽不如 6 岁以上的儿童，但比其他家畜要好得多。

（3）运用正确调教技术让马产生准确而迅速的后效行为。调教过程中要减少其他动因刺激，不使中枢产生记忆的遮盖或封锁。

马的记忆和学习素质很好。马除视觉外，有多种锐敏的感受器，而且能够牢记所感受到的刺激。嗅觉感受一两次即可有很深的印象，经强化可建立稳定的后效行为。例如马认路、认人的记忆能力是惊人的，过路 1 次，厩舍、厩位经 1～2 次调教即可记忆。不正确的打马或伤害，可使马记仇。

早期社群经验的记忆，对行为的发展有密切关系。亲代的行为，即使在幼驹的早期阶段，亦可影响后期行为。如偷食行为、母马行为、私走行为、咽气癖等都和马的早期经验有关，马可以一生记忆。缺乏社群经验的舍饲马，就可能出现群体行为的异常。

由于马有很好的定向系统和记忆力，因而识途能力很强，即使离开数月，甚至数年，仍能返回原产地的识途能力，称返巢行为。赶运马时，要注明其产地来源，以备寻找。马也有很强的时间定向能力。马"生物钟"的准确程度亦很惊人。长期进行转圈工作的公马，可以按记忆的时间准时停止或做反转运动。定时饲喂和管理对马很有必要，马有定时的生理反射，可以减少消化道疾病。

马有很好的模仿能力，调教复杂的动作更有必要运用马的模仿能力。错误的行为，马亦能模仿，如咽气、攻击人畜等行为，应当注意隔离那些行为不良的个体。

四、马的护理与调教

（一）马的护理

1. 人马亲和 人与马建立亲密友好的感情，相互信任的关系，人理解马、配合马、支配马，是接触马匹的首要原则和目的，是进行饲养管理、护理、调教训练以及一切对马进行操作的基础。把马匹当作人类的亲密伙伴、无言战友，爱护它才能赢得它的信任，马会完全服从人的意志，忠实执行人的要求，甚至奋不顾身，发挥它自身最大潜能，为操作带来安全便利。违背此原则粗暴对待，导致马疑虑、恐惧、恐避甚至敌意攻击，将引起一系列严重后果，不仅妨碍其能力发挥，更难免引发伤亡事故。国际马术规则中有专门条款明确规定，凡粗暴对待马者，将被处以罚款，直至取消参赛资格。在我国，粗暴待马普遍发生，应禁止。

以高等骑士"宪章"为例简单介绍人马亲和关系。

（1）马是人类的朋友，我们应善待马匹，因为它与人类一样，是上帝所创造生物中的一种。

（2）我们必须明白控制不等于暴力。有规律的控制可使我们的生活变得更有效率及有建设性。教导马匹犹如教导儿童一样，要循循善诱。

（3）若想成为既有才能又富感性的骑士就必须明白控制的重要性。此控制不单是指身体更包括对意识上的规定。在骑马时要马匹有好的表现，骑士必须保持最好的平衡及控制。

（4）对马匹造成虐待不一定是故意的，这常发生于缺乏与马匹的沟通或向马匹提出一些还未意识到的要求。要知道马匹与我们一样不可能在短期内学会一切事物，但必须具有不断吸收新事物的能力。

（5）我们必须力求正面思想及追求最好的事物。我们的责任是令所骑的马匹有最佳的精神状态。当我们感到发怒、厌烦、沮丧、压抑时，我们应放松自己并停止任何训练或学习。

（6）我们不要认为自己做错而向马匹道歉是非常荒唐的事情。我们也要抱宽容的态度接受马匹犯错，因为这很可能是马匹不明白骑士的指令而出错的。

（7）对马匹的处罚应在当它对骑士及他人的构成威胁时才施行。若马匹用腿踢人或咬人应立即处罚。马匹若因为不肯作某些动作的原因可能是它害怕，不胜任或根本不明白指令而拒绝做动作时，则不应惩罚而应耐心教导。

（8）要谨记唯一可令马匹知道它做对了某些工作就是要奖赏它。轻抚马颈及细语赞颂对马匹是很有意义的。尤其在训练期间多给它一些鼓励特别见效。要知道历史上最有名的君皇、将领都是以奖赏来保持将士的优质训练的，但绝不应对马匹盲目宠爱。

（9）训练马匹必须一步一步有组织、有系统、有逻辑地进行。渐进式的训练不但可令马匹的肌肉及活动关节有良好的发展，而且给马匹多一点时间发展身体及精神上的需要。同时也建立起马匹与我们之间的依赖关系。

（10）马匹能否用高级方法训练，涉及它能否成长得越来越漂亮。骑士也会因此而越来越精神。高级骑术不单是艺术，而且也是一种哲学及文化修养的完善体现。

2. 运动　马生性好动，长时间站立不动，违反马生物学特性。运动用马即使每天训练，也需要另有活动。若全天呆立厩内，长此以往会养成各种恶癖，如咽气、点头、啃癖、磨牙、蹴癖、咬癖、扒刨等。最好有逍遥运动场供马自由活动。阳光、新鲜空气、自由活动有益马的健康和气质性格培养。轻微柔和的活动，比呆立不动更利于消除疲劳。缺乏积极活动，马会变迟钝，不能随便给予马较重工作。现代都市土地昂贵，集约养马业应向空中发展——建立层式马厩，以便节省地面，建筑逍遥运动场或机械牵引架。

3. 刷拭　是舍饲马精细护理最重要操作之一。认真仔细又耐心的刷拭可达到以下目的：体表清洁；按摩肌肉筋腱；仔细周到检查全身，及时发现伤、病情况，及早治疗，达到人马亲和。刷拭操作是养马者的基本功。马厩工作日程中有无刷拭这项操作，体现其养马是否内行；而刷拭操作是否认真仔细，则体现管理水平之高低。舍饲马必须每天刷拭一次，时间不少于 20min。骑乘前也应简单刷拭，骑后待汗干后还得刷去汗迹，全天注意保持，按需要随时刷。凡工作时间内任何时候，马体肮脏都表明护理不佳。详细内容在第六章及实习五中探讨，在这里就不再赘述。

4. 洗浴　淋浴、水洗或游泳均可。可建筑专门的淋浴设备或淋浴喷头，用水管直接冲马是笨拙方法。也可在河里游泳洗马。游泳还是一种调教手段，有专门建造游泳池供此用。在长江流域以北地区，晴朗无风天气、水温 18℃ 以上（最好 23℃ 左右）时才能洗马，洗后应刮去马体上（特别是腹下）的水，再用毛巾擦，特别注意擦四肢。在阳光下无风处晾干才能进厩。洗后在背阴下用电扇吹风易致感冒和腹泻。

洗浴与刷拭是两项不同的护理工作，洗浴不能代替刷拭。马需要每天刷拭，但不必每天洗浴。

5. 护蹄　护蹄分日常护理、定期削蹄和装蹄铁。日常护理由饲养员完成，而定期削蹄和装蹄铁则由蹄工承担，其原理、意义及操作详见第六章及实习五。削蹄不懂正常蹄形和角度，基本操作不合格，有可能人为造成蹄变形和蹄病，引致马匹报废和退役。因运动项目不同，有各种不同的特种蹄铁，障碍马蹄铁，舞步马蹄铁，三日赛马蹄铁，如赛马的防滑蹄铁和轻金属蹄铁，长途测验蹄铁等。对修蹄、装蹄也有不同要求，例如纠正对侧步倾向马、速步马运步平衡等。

6. 被毛修剪　剪毛可使马美观，易于刷拭。冬季有马衣保护时，剪毛的马出汗易干并利于体温恢复。赛跑马全年不断剪毛，有专门的毛剪和一定的方法与技术。马剪毛有多种形式：全修剪为全身被毛剪短，仅尾根部留一小三角区，适用于赛跑马；狩猎型修剪保留腿毛和鞍座部不剪，适用于竞技马；披毯型仅剪去头颈和体下的毛，留背、尻和四肢的毛；此外，还有越野型和挽鞭型等（图 10-4）。

图 10-4　马匹被毛修剪部位示意图

7. 马的保护　发达国家流行使用马衣（或称马被、披毯）保护马用。马衣有多种：夜间马衣用尼龙、黄麻、粗麻布制成，保暖用；日间马衣用混纺材料制成，比赛马或旅行时用；夏季马衣用棉布、亚麻或其他轻型材料制成，天热防蚊蝇骚扰、防尘和防日晒用；凉爽马衣用细绳或多孔毛棉织品制造，利于汗液及热量蒸发。此外还有防水马衣，可防雨淋和保持体温。寒冷地区以及运输时还有保护头部和颈部的马衣，四肢管部和尾巴都包缠绷带以防外伤。炎热地区给马戴头罩以防日晒。国内目前极少用这些物品。

8. 马的修饰　为外表美观需要修饰马，使之变得整洁、漂亮、悍威好。每天的刷拭程序中包括有梳理鬃、鬣和尾毛（图 10-5），梳通理顺，剪掉缠结的团缕及夹杂物，刷洗干净。拔掉个别过长的鬣毛。尾毛过粗过长也需削减毛量，剪齐下端。还需修剪耳壳内的毛和颌下长毛，但要留下胡须不剪。竞技马赛前将鬃、鬣毛编成辫子，扎带美观大方。有时尾毛也编结起来，距毛也需修剪或梳理。四肢白章要经常保持洁白，不允许弄脏和污黄，可用玉米粉抹擦洗净。青毛马刷拭后用湿毛巾擦全身。

图 10-5　修饰马鬃和马尾毛示意图

（二）运动用马的调教

马匹在供各种马术项目使用之前，应进行必要的驯服，接受系统的技能教练和锻炼。目的在于使马习惯接触人以及日常管理和护理操作，教马学会担负骑乘和轻挽工作或某些特殊的工作技能，服从驾驭和操作，获得专门方向或综合全面的速度、力量和耐力锻炼，从而改善生理功能，提高工作效率，充分发挥其遗传潜力，创造优异运动成绩。运动用马的系统、正规调教按一定制度，分阶段进行。首先要驯服马，称为驯致。哺乳期内进行，到断乳时完成。从断乳到预备调教（1～1.5 岁）之间进行成群调教，促进生长发育，增强体力。接着进行预备调教（基本调教），任务是训练马能驾车、能骑。速步马、轻挽马从 1 岁开始，先学会挽车，而后教马理解和服从驾驭。挽车用慢、快步行进；骑乘马从 1.5 岁开始训练马能骑，并懂得和服从骑者的正、副扶助。能背负骑者用正确的慢、快和跑步运动，预备调教将为各专门运动项目的调教打下基础。

对马进行性能调教，是在预备调教的基础上，进一步按各运动项目进行专门方向的调教，使马学会某种专门技能。速步马锻炼快步速度和耐力；赛跑马调教袭步速力及耐力；障碍马锻炼弹跳力和超越障碍的技巧。各马术项目都有各自独特的性能调教内容和方法。速步马和赛跑马 2 岁可上赛场，竞技马调教时间较长，需 3～4 年，满 6 周岁才能参加正式比赛。

调教的好处很多：①调教可以促进肌肉发达，特别是肩部、背部、尻部、四肢部锻炼可使之更为粗壮有力；②体型可以匀称，马体胸围，前胸肌肉，都可以增大，出现匀称的体型；③心脏经调教可更好发育；④马的许多行为，是调教得来的。一匹冠军快马，三分靠调教，七分靠先天遗传。可见其重要性。由于国内调教水平限制，往往引入国外有记录的马，在国内发挥不出来。

调教（图 10-6），也是对马的一次选择，真正速力出众的马，马驹时便与众不同。这种马十分灵敏，反应及时。训练中接受指令快。曾见过一匹马驹，用手指触马皮肤，以接触点为中心，皮肤出现跳动。有经验的人从马驹中便可预测未来的发展。及早重点培育，调教才能出现"名马"。

图 10-6　马匹调教示意图

赛马和现代马术的马匹调教和培训分几个阶段，分为热身（warm up），肌肉强度和速度训练（muscle strength and velocity training），耐力训练（endurance training）。赛马的调教人员的要求也非常严格，根据其相应的能力和经验也分为操马员，见习骑师，三级、二级、一级骑师五个等级。

现代马业马匹的调教和训练的手段也已经相当规范和科学，例：在马匹的训练中应用生理测试（physiological test）和生化测试（biochemical test）的数据及其分析的结果，来决定马匹的训练强度、训练时间以及训练方式。在有些国家还专门设计了标准化的训练测试（standardized exercise test，SET）来分析马匹的健康和运动状况（fitness）。科学的训练手段减少了马匹的药物依赖。赛马的最大问题是肌肉疲劳（muscle fatigue），赛马的训练和调教就是要解决赛马在比赛结束后不至于完全疲劳，以及快速的恢复。

此外，在改善马的生理功能，提高工作效率的同时，马的心理素质锻炼也不可忽视。

现代世界万物日趋新奇复杂，马的本能却对任何初次接触都持猜疑、恐惧心态。因此，逐步对马进行心理素质锻炼，不仅有益，而且大有必要。心理素质锻炼可按以下步骤进行。

（1）让马消除对人的恐惧或戒备心理。

（2）让马接触并逐渐熟悉周围环境。

（3）让马以平静的心态接受突然出现的意外事物或动物，如巨大声响、飞鸟、从耳边飞驰而过的汽车等。

（4）让马熟悉并登上运输车船，可通过悬空摇晃的木板、铁板、桥梁等。

（5）让马能够安静地待在狭小的封闭空间内，如运输仓、起啮闸箱等。

牧区和民间马匹调教，因条件所限，马驹幼龄不驯致，待 3～4 岁时进行速成调教，集驯致和预备调教为一体，短期突击进行，多使用粗暴强制压服手段使马就范，常导致形成恶癖及人、马发生伤亡事故。多数马直到出售时仍是生马，得由马术机构从头做起。今后产马区应做到凡出售的马均要经过预备调教，不出售生马。至于各马术项目的专门性能调教，例如障碍马、舞步马，则由马术机构施行。我国马匹调教工作还处于落后水平，有待于今后继续努力学习改进和提高。

思 考 题

（1）马术运动的意义何在？

（2）马术运动有哪些种类？

（3）如何选择运动用马？

（4）运动用马在饲养管理上有何特点？

（5）运动用马如何调教？应需要注意在哪些方面加强调教？

第十一章　马业经营管理

重点提示：前面各章节重点介绍了马匹生产的技术环节，本章将重点介绍马匹生产的组织措施以及马匹产品市场开拓与营销等内容。只有科学合理地组织马匹生产，以市场需求为导向制定正确的经营目标，才能有效地提高马匹生产的生产效率，使我国马业朝着正确、健康的方向稳步发展。本章内容从马业经营管理过程、马业的科学利用和管理、马匹生产经济效果评价以及马匹生产品的市场与营销四个方面介绍了马业经营管理的相关内容。在学习过程中对影响马匹生产经营管理的环境因素，经营目标制定以及马匹生产经济效果评价等内容应重点掌握。

第一节　马业经营管理过程

马匹生产经营管理是通过有效的计划、组织、调节等手段，使马匹生产和销售的各个环节有机衔接，使人、财、物等生产要素的消耗被降低到最低水平，能获得最大经济效益的综合性经营活动。从事马业的经营管理人员，必须以经营管理的基本理论为指导，运用有效的管理手段，创造条件，指导生产、消费和分配等各项活动，以实现马业的经营目标，为企业或个人获得最大的经济效益，亦更有效地促进马业生产发展。在我国目前社会主义市场经济条件下，科学有效的经营管理是生产发展的前提。今后20年，是中国经济发展的最好时期，中国马业也将再次步入辉煌，这是可以预期的。

一、马业经营管理的环境因素

马业经营管理形式上是生产管理，或者是生产本身的微观管理。其过程包括马业生产的组织，人、财、物的准备、调节和投入，责、权、利的结合等。旨在保证马匹生产流程的顺利完成和马产品能流畅地推上市场，保证生产单位马产品的成本被降低到最低水平，为养马单位或个人带来客观经济效益。为实现这一目的，必须深入分析有关影响马业生产的各种社会的、市场的以及马场内部的各种环境因素和客观条件，科学地决策马业的经营思想、经营目标与策略。决策正确与否，关系到企业的成败兴衰。

马业的经营管理是在一定条件下展开的特定的经济活动。分析各种环境因素对马业的影响，是搞好经营管理的前提。社会的发展、技术的进步、资源的开发以及消费和市场供求关系的变化，无一不直接或间接地影响到马业经营活动。换言之，组织马业的一切活动都受到社会环境多种因素的影响，总体上可以概括为外部和内部环境两大类。马业的组织管理人员必须对这种复杂的环境深入进行分析，以做出正确的决策。

（一）外部经营环境

1. 国家对发展马业的政策　国家对马业的政策对发展马业有巨大影响。在政策导向下，如马产品的价格政策和对内对外贸易规定等，对马的生产及其经销都有强烈的制约性。如果不能充分理解并遵照国家有关政策执行，就难以做出正确的经营决策，进而危及马业生产发展的前景。近20年以来，国家马业政策出现变化，全国立刻受到"下马风"影响。这是一个很好的例证。

2. 市场对马产品的需求 社会上任何产品能否生产发展与市场需求有着密切关系。时至今日，马用于动力的优势已被机械所代替。当前全社会认识到马业生产应由单一役用转向肉、乳、药等多种用途的产品马业及发展赛马业的长期战略目标。在社会主义市场经济政策导向下，逐步调整马业经营管理结构，探索适应当地条件的马业之路，使各地马业均能获得生机，具备竞争能力，促进马及产品营销，全国马业才能有蓬勃发展之望。

3. 社会环境 社会环境主要是指社会中形成的一种特定的习惯和观念，如教育水平、风俗习惯、宗教信仰等。这类因素很复杂，但却直接影响人们对马产品的需求。例如人们对马肉、马乳的需求有很大差异，牧区少数民族群众很喜爱，农区人却有不吃的习惯，一般人不知道马肉营养价值大大高于牛、羊、猪肉，而知晓这一奥秘的人视马肉为梦寐以求的高级营养品。

马业的外部环境还包括政治环境、经济环境、技术环境等，都对马业的经营活动起到制约的作用，它们均是不可控因素。为了适应外部环境的变化，使马业符合社会需要，就必须对各种环境因素进行深刻研究和分析，预测发展变化的趋势，以及对马业的影响程度，最终对马业的经营方针、策略、生产规模以及马产品的结构等作出科学决策和选择。

（二）内部经营环境

马匹生产的内部经营环境一般是指直接影响或制约生产发展的各种内部条件，也是马业经营活动的客观物质基础。这主要有以下几方面。

1. 经营资源 马匹生产的经营资源主要包括人力资源、物力资源、财力资源和自然资源等，无一不对马业起到制约。人力资源是马业得以进行的最重要的资源，有精明强干的经营管理人员和良好素质的工作人员，是马匹生产得以开展和发展的基本条件。物力资源是马业开展的物质保证，包括适宜的马匹、机械、设备、圈舍、人工饲草、饲料基地以及其他附属设备等，都直接影响生产的顺利进行。财力资源是指生产开展所应有的资金及其来源。自然资源是指生产经营活动必须建立在一定自然资源的基础上，诸如牧场、适宜气候和水源等，是保证马业顺利进行必不可少的。

2. 经营手段 经营手段主要指从事生产的经营管理人员所应具备的组织能力、技术水平及其对经营资源的利用方式和方法等。先进的经营手段是促进生产经营活动顺利展开、生产优质低耗马产品以及取得重大经济效益的先决条件。

马业的外部环境和内部环境是从事生产经营管理中必须认真分析研究的主要内容，借以明确在生产经营中的利弊、存在的主要问题，对确定经营思想、经营目标、经营策略等极为重要。

二、马业的经营思想和目标

（一）马业的经营思想

马业的经营思想指在生产中处理各种经营问题的基本指导思想，是开展生产经营活动的行为准则，它贯穿于马业的全过程，对生产的发展起着重要作用。

进入20世纪70～80年代，随着我国改革开放农业机械化的推进速度加快，交通运输网络的迅猛发展，使马匹从农业和运输主要动力退居为辅助动力。到20世纪90年代马匹逐渐转向体育竞技休闲娱乐方面发展，所以有必要扭转其马业的经营思想。20世纪马业的经营思想应具有以下观点。

1. 长远观点 马业是一项周期较长、周转较慢的生产，其经营管理必须从国家的发展、社会需要出发，树立长远观点，不能只顾眼前，以一时得失论成败，否则会给生产造成不应有的损失。20世纪70年代中期，受"下马风"影响，国内主要产马区马价不断下跌。一些人为眼前利益得失所困扰，看不到马业的转机，盲目"下马""压马"，而时至国内马匹生产迈出低谷、走上产品马业之路时，那种短期观点者已深为被动。因此，马业的经营思想必须是当前利益与长远利益相结合，近期目标与长远目标相结合。今后一段时期我国马业的方向是以役用为主，役、肉、乳、药、体育、娱乐综合发展，走产品马业之路，各养马场应始终坚持这一主导思想，组织和安排马业。

2. 市场观点 市场是联系生产和消费的纽带，马产品必须经过市场才能真正实现其商品价值和使用价值，并进而促进马匹生产本身的顺利进展。因此，马业必须以市场为导向，树立市场观点，认真分析研究市场供求关系的变化，生产与市场对路的马产品，才能牢固掌握马匹生产的主动权，在市场竞争中，稳操胜券。

3. 效益观点 我国目前从事马业的单位或个人，在经济上是相对独立的，在从事马业经营活动中必须讲求经济效益，所谓独立核算，自负盈亏。因此，应尽可能降低生产单位马产品的物质与劳动消耗及劳动占用量。在从事马匹生产过程中对供、产、销各环节的衔接，人、才、物等资源要素的占用与消耗，以及投入产出比应进行仔细的分析，力求开源节流，增收节支，以提高马业的经济效益。生产中还应体现我国社会制度的优越性，将经济效益与社会效益以及生态效益统一起来，在保证社会效益与生态效益的基础上，提高经济效益，实现经济有效性和社会有益性的统一。

4. 创新观点 马匹生产发展与创新有密切关系。创新意味着根据经济环境的变化和科技进步，根据市场的供求需要，提供市场紧缺对路的新的马产品，以开拓占领市场。改革开放以来，随着我国社会主义市场经济的发展、贸易业的日益繁荣，人民群众对文化生活的追求档次愈高，愈加丰富多彩。所以，在当今社会需求瞬息万变、科学技术发展日新月异的时代，那种"马业役用"、因循守旧、安于现状的观点，没有出路。只有善于在市场上发现新的需求，采用新的生产技术，引进或培育新的马匹品种，在经营管理上勇于改革，敢于创新，主动适应环境变化，深挖内部潜力，才能使马业获得活力，不断发展，在市场竞争中立于不败之地。

（二）马业经营目标

马业经营目标指在一定时期中生产经营活动所应达到的指标，是在经营思想指导下，经认真分析各种经营环境因素，坚持科学、合理、可行的原则制定的。在社会主义条件下，马业的经营目标不是单一的，具有多元性。每一经营目标反映生产活动的一个侧面，只有多元目标才能综合体现马业经营活动的全貌和总效果。马业经营目标包括以下几方面。

1. 发展目标 它是根据马业的经营环境和经营思想所制定的近期或长远欲实现的目标。制定发展目标必须首先全面评价各种生产要素及条件是否具备，其次要认真研究是否合理地开发利用各种自然、经济及技术条件或优势。在发展目标中应明确规定在未来一定时期中，马业的经营规模和经营水平的具体指标，诸如马匹饲养量，销售量，马匹品种类型和品种标准，以及欲投入的人力、物力和财力的规模等。为使总体目标得以落实，可将总体指标分解成几个阶段性指标，构成发展目标体系，并相应提出落实各阶段指标的行政、组织与技术措施，使马业的经营活动按计划，分步骤，循序渐进，不断取得成效。

2. 市场目标 发展商品生产，不断开拓市场，是马业获得经济效益的必由之路。可以认为马业的一切经营活动，都是围绕如何落实或实现市场目标展开的。因此在生产经营中，应以所具备的经营资源为基础。根据马业的经营目标，确定马产品的销售量，产品的市场占有率，以及扩大市场范围的具体目标。同时还应根据市场的发展趋势，提出开辟新市场的计划。

3. 效益目标 在社会主义市场经济条件下，马业必须讲求有效经营，尽一切努力降低生产经营的各种消耗和成本，以提高经济效益。这也是生产得以生存和发展的保证。因此，在经营目标中必须明确规定降低成本，增加盈利的具体目标，诸如生产的产值指标——总产值，综合投入指标——总成本，经济效益指标——劳动生产率、资金利润率、成本利润率、产值利润率以及投资回收期等，便于较全面地反映和比较马业经营的综合经济效益，或经营盈利的情况。

以上各项指标的确定是较为复杂的工作。为了使各项经济指标具有可行性、合理性，必须以国家的根本利益为前提，处理好局部与整体、眼前利益与长远利益的关系，必须从马业单位的各种主客观实际条件出发，扬长避短，趋利防弊，参考历年生产经营情况，使各项经营目标建立在科学分析的基础上，对生产经营活动产生一定的反馈，保证生产向着既定的方向和指标迈进，带来可观的经济效益。

第二节 马业的科学利用和管理

一、马业要素及合理组合

(一) 马匹生产要素

马匹生产要素指在马产品的生产中所必需的各种资源因素的总和，主要包括自然资源、物质资源和人力资源，如牧场、牧工、饲料、马匹、马圈、畜牧机械及资金等。分述如下。

1. 牧场 牧场合理利用与建设，对发展马业至关重要。在我国北方主要养马区，群牧养马就是利用天然草场常年大群放牧的一种主要养马方式。该方式由于规模大、投资少、成本低、经济效益高，从古至今，在养马业中始终居于重要位置。

我国天然牧场资源极为丰富，全国计有 43 亿亩（1 亩＝666.7m²）草原，相当于耕地面积的 3 倍，约占国土总面积的 30%，为发展马业提供了有利条件。但由于长期以来不能合理开发、利用和建设，载畜量过高，致使许多草原沙化、碱化、退化，生产能力低。加强草原保护、建设、合理利用，对发展马业有积极意义。为此应采取的如下措施。

(1) 适度放牧，掌握合适的载畜量，防止重牧、乱牧。

(2) 使用围栏，划区轮牧，保护优良牧草生长。

(3) 禁止盲目垦荒，防止草原植被破坏。

(4) 采取有效措施，消灭草原鼠害。

(5) 实行草原承包责任制，固定草场使用权、管理权和建设权。

此外，通过兴修水利、播种优良牧草、草地施肥等多种措施，加强草原建设、改良，为发展马匹生产提供重要条件。

2. 人力 在发展马匹生产中，人不仅是生产要素，而且是生产的主体，更是生产力中最活跃、最起决定性作用的因素。生产组织者的管理才干、决策能力和直接参加生产的牧工技术素质，都是左右马业成败的关键因素。当前我国主要养马地区马业单位的生产力水平低、经济效益差，其原因除了其他因素之外，与人员文化水平、技术素质低，管理知识缺乏有一定关系。实践经验表明，生产的高速发展，起决定性作用的不在于劳动力数量和劳动时间的增加，而是取决于生产者的科技水平。为了提高劳动生产率，要求从事马业的人员应学习有关马匹饲养管理、遗传育种、疫病防治以及生产经营管理的专业理论知识与技能，以适应现代马业的需要。

3. 物力 指在马业中所必需的各种物资和设备的总称，主要包括饲草、饲料、种公马、繁殖母马、马圈、马棚、马厩、饮水槽池以及其他动力、燃料、运输车辆等，不一而举，都是生产活动中不可缺少的。对于其中的每一种，应具备多少数量，如何组织，应制订周密的计划，做出妥善安排，以保证生产任务顺利地进行和完成。

4. 财力 指用于马业经营活动的各项资金，包括固定资金和流动资金两部分。资金是生产物质和设备的货币表现，也是反映劳动消耗的价值形态。资金不能直接参与生产过程，只有转化为生产资料时才成为生产要素，但它是马业经营活动得以开展的必备条件。

（二）马业要素的合理组合

在马业中，涉及的牧场、人力、物力、资金等诸种生产要素都是必需的，缺少任何一种，都不可能形成现实的生产力。这些要素的存在，仅表现了进行马匹生产的基本条件，要使它们转变为马产品，还必须通过行之有效的组织与管理，合理组合，才能起到应有的作用。

生产要素的组合是根据一定的经济目的和技术要求，把各种生产要素按比例、科学合理地组成统一、协调、具有一定生产能力的生产实体。马业的各种产品，从本质上说，都是各种生产要素经组合后转化而成的。因为按照系统论的观点，生产要素的组合，并不是各要素的简单相加，而是诸要素通过相互联系、相互作用，形成组织化、有序化和集成化的产物。不同生产要素通过有序组织，已发生了质的改变，形成了新的生产力，进而可使生产要素转化为需要的马产品。

二、生产要素相互合理组合的原则和方法

（一）组合原则

在马匹生产过程中，由于投入的生产要素及其数量或质量不同，必须按不同的比例，以不同的方式进行组合，最终生产出不同的马产品，并获得不同的经营效益。有许多马匹生产单位，具有相同的生产要素，却有悬殊的经营效果。这里生产要素能否合理组合是重要原因之一。目前在市场经济情况下，马匹生产的经营目标，应当在现实可能的条件下，寻求各种生产要素的最佳组合，以求少的投入，取得多的产品。

（二）组合方法

生产要素都具有质和量的规定性，为了开展生产，对必需的各种生产要素需规定其应有的数量和质量。在组合时必然表现质与量的不同结合所可能导致的不同组合结果。为此，实践中综合运用定性分析与定量分析的方法，相辅相成，以求找出既有科学依据、又切实可行的最优组合方案。定性分析的方法，着重研究各种生产要素间组合的适应性、协调性与可行

性。定量分析的方法，重点在于确定各要素间的数量比例关系，以及对其经济效果的评价。为使各种生产要素的定量组合能实现最优化，目前广泛应用线性规划法。

第三节　马业经济效果评价

马匹生产经济效果是指马匹生产在经济上达到一定指标的程度，亦即在生产中劳动成果与劳动消耗之间的比较。用公式表示：

经济效果＝［劳动成果（使用价值或价值）］／（劳动消耗量＋劳动占用量）

马匹生产经济效果由于受到资源的、市场的、社会的各种因素的影响，预定的经济指标并非能完全实现，将所实现的程度与为此付出的劳动消耗联系起来，进行数量上的比较，即可确定生产中一定的投入与产出间的关系，为进行马匹生产经营管理提供基本数据或依据，便于更合理地组织马匹生产经营。

一、经济效果评价指标

对马匹生产经济效果的评价，目前国内还没有统一的单项指标来进行直接准确地衡量。此外，客观而论，为使马匹生产的经济效果能从宏观到微观、绝对到相对、静态到动态等方面，全面得到衡量，需要设置和运用一系列指标，构成经济效果评价体系。该体系的主要指标如下。

（一）劳动生产率指标

劳动生产率指标指单位时间内所生产的马产品数量，或指生产单位马产品所需要的时间。衡量生产率有下列三种方式。

（1）平均每个劳动力一年中生产的马产品数量，即利用"人年"作时间单位计算劳动生产率。其值取决于平均每个劳动力全年内参加劳动的天数和平均每个工作日所生产的马产品数量。

（2）平均每个工作日所生产的马产品数量，即利用"人工日""人工时"作为时间单位，其可消除劳动力利用率的影响，准确反映劳动生产率水平。

（3）平均每个劳动力一年中所创造马产品的总产值或总收入，该指标能综合性地反映生产不同马产品时的劳动生产率，并相互进行比较。但该指标受市场价格影响较大，若按一定时期的不变价为基础进行计算才较为合理。

（二）资金利润率指标

资金利润率是通过生产中资金占用与实现利润之间的对比关系，反映马业生产的经营效率或盈利水平，生产经营效益好，盈利多，说明管理人员在合理使用资金、降低生产成本、提高马产品产量以及增加收入等诸多方面的工作是卓有成效的。资金利润率计算公式如下：

资金利润率＝马产品销售利润总额/资金占用总额

上式中资金总额应包括固定资金平均总值和流动资金平均余额两部分。由上式可见，利润率是一相对值，更便于比较在生产规模、生产条件、投入资金等条件不同的马业生产厂家，或同一马场不同时期马业生产的盈利状况。

（三）成本产出率指标

成本产出率从资金消耗方面反映经济效果。由于马产品的生产成本包括活劳动和物化劳动消耗，所以成本产出率通过全部产品与全部劳动消耗的比例关系，反映出马业生产中每单位成本的经济效果或单位马产品的生产成本：

成本产出率＝马产品产量（或产值）/马产品生产总成本

单位马产品成本＝马产品生产成本/马产品产量（或产值）

上述公式中，前者表示每百元成本提供的马产品量或产值，后者表示每生产单位马产品或创造每元产值所花费的成本。

（四）流动资金周转速度

在一马业生产单位或马场一定时期中，用于马匹生产的流动资金周转回收次数越多，表明资金的使用效率越高。因此，流动资金周围速度也是衡量生产经营效益的重要指标。流动资金周转速度用一定时期（通常为一年）内资金的周转次数或周转一次所需要的天数这两个指标表示，计算公式如下：

流动资金周转次数＝全年马产品销售及其他收入总额/全年流动资金平均占用额

流动资金周转一次所需要的天数＝360/一年内周转次数

（五）牧场生产率指标

目前在我国北方主要马业区，群牧马业仍是主要生产方式。牧场生产率指标是综合性衡量马业生产现代化水平的重要指标。该指标是指单位面积牧场所生产的一定数量马产品的能力。由于马产品的实物量，尚不能对养马生产的经济效益全面评价，还应采用单位面积牧场的产值、净产值、纯收入等价值指标，以便更准确评价马匹生产效益。

单位面积牧场马产品量＝马产品总量/牧场总面积

单位面积牧场产值＝马产品总产值/牧场总面积

单位面积牧场净产值＝（马产品总产值－总成本）/牧场总面积

单位面积牧场纯收入＝总纯收入/牧场总面积

在以上系列指标中，最具综合性的评价指标是劳动生产率指标和资金利润率指标，其他指标可作为辅助或参考指标，以便较全面地分析评价马匹生产经济效益。

二、经济效果评价程序和方法

（一）马匹生产经济效果评价程序

准确评价马匹生产经济效果，应根据生产的经营思想和经营目标，确定所需评价的主要项目，收集、整理和分析各种相关数据与资料，以得出最后结论。

1. 确定评价目标　发展马业生产往往面临许多技术和经济问题，对此首先应根据国内社会经济的发展水平与趋势，根据眼前与未来市场对马产品的供求需要，重点评价生产的发展目标、市场目标和效益目标的可行性。应坚持实事求是、科学严谨的原则，对发展生产所涉及的各种社会、自然、经济条件及各项重大的生产技术措施进行科学分析，对组织和开展马业生产所必需的各种主客观条件是否具备进行可行性论证，以便对拟定的生产经营目标的科学性有客观评价。

2. 全面收集资料　认真收集各项资料是评价马业生产经济效果的前提。资料收集应有明确的目的性，应注意资料的准确性、完整性和适时性。

为保证所收集各种资料的准确性、科学性和代表性，在资料收集中应采取普查和抽查相结合的方法，应制定适当的表格以便于汇总和分析。必要时，应组织一定的力量，进行技术性试验，使所得资料更精确完整。这样做，一方面有助于模拟生产过程，深入了解某些影响马匹生产经济效果的主要因素，另一方面有利于在掌握资料的基础上，增强进行马匹生产经营决策的信心。

3. 资料的整理、分析与综合评价 整理分析有关马匹生产的各种资料，使之系统化、条理化，才能最终科学评价马业生产的经济效果。在各种资料汇总前，应认真审核资料是否可靠，计算方法和计算结果有无差错，对可疑资料与缺漏数据，应进行核实与补充。然后根据待评价项目的特点，对原始资料进行归类分组，以助于寻找资料的内涵或规律。

对马业生产经济效果的科学评价，应包括社会评价、经济评价、技术评价和综合评价等方面，概括笼统的评价不利于马匹生产的经营决策。

社会评价是广义的技术可行性和经济可行性研究，是从宏观社会效益、经济效益和生态效益的角度，从整体和长期的经营目标上，估价马匹生产方案的实施，将给社会带来的利益和影响。

经济评价即经济可行性分析，是以经济效益为核心，对马匹生产所做的计算和分析。通过具体评价指标的设置和计算，评价马匹生产拟采用的各种技术方案和技术措施的经济合理性，以及方案实施中所需具备的社会经济条件。

技术评价强调马匹生产方案的实施对技术措施要求的程度，或马场是否具备在一定水平或规模上进行马匹生产的技术力量，所拟各种技术措施是否实际可行。原则上技术评价的目的在于选择先进、适用、风险小、经济潜力大、科学可行的技术措施，以保证生产经营目标的实现。

综合评价是在以上三项评价的基础上，对马匹生产的经济效果进行全面综合的评定。结合生产经营目标、生产的经营对策，对不同的方案权衡利弊，比较选优，进而确定最佳方案，以求马匹生产获取最大经济效果。为了慎重，并体现方案对生产的指导性，应坚持先试点，以点带面亦可检查方案的可行性、合理性和示范作用，并根据生产条件的变化、技术进步、社会的发展对实施方案进行必要的修正，使其更趋完善。

（二）马匹生产经济效果评价方法

经济效果的评价方法，分常规分析法和现代分析法两类。前者是运用初等数学和统计方法进行运算与分析，其简单易行，便于掌握和运用，适用于较单纯的生产经济问题分析；后者则较多运用高等数学和计算机技术进行经济效果的分析，可以提示多种经济变量之间的相互关系及变化规律，适于分析评价较复杂的生产经济问题。

对马业生产经济效果的常规分析方法，主要有比较分析法、试算分析法、投入产出分析法。简略介绍如下。

1. 比较分析法 是将收集的有关马业生产技术经济资料分析整理后，根据资料的可比性原则，直接与各种经济效果评价指标进行对比。该方法对同一马业生产单位而言，可用于不同生产方案、不同技术措施之间进行比较，借以确定各自的优劣，是马匹生产经济效果评价的基本方法。例如肉马育肥，采用舍饲育肥、放牧育肥及放牧加补饲的不同方法，各种方案间可进行比较分析，以了解不同的经济效果。应用比较分析法的前提是资料的可比性，只有当不同生产方案的生产成果、劳动消耗、劳动占用及价格指标有相同含义，各种自然和社会条件都相同，或所依据的资料出自同种统计计算方法时，方可相互比较，否则必须进行校正或折算后，方可对比。

比较分析法在应用中，由于评价对象不同，又可分为平行比较法和动态比较法。前者是将各方案中所有反映不同经济效果的指标系列并列对比，以决优劣。多依据同一时期的资料，从静态角度比较。它往往不能反映在不同时期马业生产经济效果的变化趋势和规律。后者是着重分析马匹生产技术方案在不同时期的经济效果，便于揭示马业生产随时间的发展而出现的变化及其规律。

2. 试算分析法　试算分析法又称方案设计法，也是常用于分析马匹生产经济效果的方法。该法将马匹生产方案的技术经济效果进行试算，并与基础方案（或标准方案）进行对比分析，以决优劣。试算分析法与比较分析法的区别在于：比较分析法用于总结经验的事后对比，而试算分析法则用于事前的预测分析。采用试算分析法亦可将新的技术方案与原有方案相比较。例如，拟采用新的马群结构方案，可将新方案可能达到的经济效果与原有马群结构下的经济效果进行试算分析，以判断新结构下经济效果的大小。

试算分析法的步骤如下。

（1）明确试算目的和范围，确定试算项目和指标。

（2）根据一定的资料和实际情况，确定马匹生产的标准方案，作为试算分析与比较的基础。

（3）为试算工作展开收集有关马匹生产的技术、经济、自然社会、历史资料。

（4）对有关技术经济参数进行验证与分析。

（5）对欲拟行的马匹生产设计方案与标准方案中的各项经济效果评价指标进行对比，最终作出评价。

3. 投入产出分析法　投入产出分析基于进行马匹生产必须投入一定的活劳动和生产资料，相应产出一定量的马产品。两者表现为一定的数量关系。不同的投入方案，就可以出现不同的产出结果，即不同的经济效果。据此，根据对不同生产方案的投入产出分析，以判断方案的优劣。

第四节　马匹及产品的市场与营销

在社会主义市场经济条件下，马产品必须作为商品进入市场，才能真正实现它的价值。市场是发展马匹生产的经济杠杆。研究市场环境，掌握市场需求，生产出市场对路的马产品，对促进马匹生产发展和提高养马经济效益，有重要意义。

一、产品的市场环境与经营风险

（一）市场环境

中共十八大提出全面建成小康社会的目标，为马业的转轨提供了市场机遇。市场对马产品的需求，早已摆脱单一役用的局限，转向役、肉、乳、皮革、医药、娱乐、体育、竞赛及其他多种用途。在这种形势下，研究市场环境的变迁，掌握影响市场消费的基本因素，确定在新的市场环境中进行马产品的经营方针和策略，对马匹生产单位无疑是十分重要的。当前影响马产品市场环境的因素可分为两大类，即客观因素和主观因素。

1. 客观因素方面　首先有政治因素，如政府对马业生产的导向，对马品种资源的利用与保护，对马业生产征收的税务和马匹外销的规定等；其次有社会因素，如某地区的人口及地理分布、教育程度、文化素质及民族和宗教等；还有经济因素，指某一地区经济发展速度，人民生活水平和个人的可支配收入（消费支出或储蓄）。

2. 主观因素方面 指养马单位在生产的马匹品种、数量、等级上以及在马产品定价、市场营销渠道和推销手段等方面都有一定的主动权，能对消费者产生直接影响。养马场只有充分发挥主观因素的作用，采取内部挖潜，降低成本等手段，就可以很快适应新的市场环境，消除或防止马产品市场滞销风险，获得可观收益。

（二）经营风险

由于我国的社会主义市场经济正处于初级阶段，市场的经营机制尚不健全，加之市场需求的不断变化和市场竞争的不可避免，养马单位在组织马匹生产与经营中必然存在一定程度的经营风险。包括马匹生产过程的风险和马产品在流通中的风险（市场风险）两大类。

1. 生产过程的风险 主要指由于疫病传染、自然灾害和其他意外事件所造成的重大生产损失。这类风险可以采取相应的科学技术措施或行政措施进行预防或降低到最低限度。

2. 市场风险 情况较为复杂，主要与消费需求有关，涉及市场环境、市场价格、消费变化、市场竞争及马匹生产单位本身的生产优势和生产条件。为了减少和防止这类风险，从事马业厂家必须深入进行市场调查，掌握市场动向，适应市场变化的要求，调整生产结构，生产满足市场需求的马产品，及时缓解产销矛盾，化险为夷，这样才能牢牢掌握主动权，获得马匹生产的经济效益，促进生产发展。

二、马匹产品市场营销策略

影响马产品市场营销的原因是多方面的。首先是马产品的质量，诸如马匹品种、生产性能、体况及卫生检疫；其次是马产品的价格、市场环境以及市场的地域性和民族性等。为了使马产品能顺利销售，必须认真研究经营策略，研究产品如何有效地进入市场、扩大销售量并获得良好经济效益。市场经销策略包括以下内容。

（一）马产品市场经营的调查研究

前已述及，市场是马匹生产发展的经济杠杆，为了开拓市场，发展生产，必须深入调查研究市场动态，掌握市场信息，组织安排生产。

1. 市场调查的内容 随着目前国内经济的发展，调查内容越来越广泛。主要包括目前与未来的资料信息。大致有以下几个方面。

（1）市场需求：市场对马产品的需求受多方面因素的影响。除调查了解国内与国际、省内与省外、本地与外地、现在与未来市场对马产品的需求情况外，还应调查可能影响市场变化的因素，如公众生活水平的提高，社会生产力发展，社会消费的投向，乃至对马产品需求的数量、质量、品种、等级、价格等，都是马匹生产经营决策的基本依据。

（2）生产状况：调查内容主要包括其他从事马匹生产的单位或个人，在生产中具有的资源、生产规模、技术水平、供应与运输能力等，以便于展开市场竞争。

（3）市场行情：指各类马产品的市场上市量、储有量及竞争情况，诸如有关马产品上市的种类、数量、成本、价格、利润、资金周转和畅销、滞销情况。

2. 市场调查的基本要求

（1）准确性：在市场调查中，必须坚持实事求是，科学严谨，以便确切反映和了解市场动态，为经营决策提供可靠依据。

（2）针对性：调查应有的放矢，从需要出发，结合本场具体情况，以求能解决本场的具体问题。

（3）系统性：对调查得来的各种情报资料，应加以分类、整理、力求系统化，保证资料的完整性。

（4）及时性：市场动态瞬息万变，调查必须及时迅速，以便抓住机遇，促进产品销售。

（5）计划性：调查应有计划，分清主次，突出重点，提高效率和情报资料的使用价值。

市场调查是比较复杂细致，极为重要的工作，对马匹生产的经营决策、市场营销都有很大意义。与盲目生产出现的马产品过剩、不足或滞销所造成的经济损失相比，其重要性更为突出。

（二）马产品的市场营销策略

基本要求为：品质好，价格低，卫生可靠和市场对路。首先要求某种马产品有良好的生产性能或使用性能，例如对一匹活马，外貌、体质达到本类型品种标准，生产力理想，力量大、速度快、持久力强等；如一匹赛马在毛色、体型、体质、膘情、气质上都应有极好的表现，使消费者能产生强烈的购买欲和吸引力。

1. 价格低　上市马产品价格合理，物美价廉，符合国家有关规定和消费者期望的价格值，这样必然能有销路，能有竞争力。从事马业生产的单位应该深挖内部潜力，运用价值规律组织生产，为企业带来活力。

2. 卫生可靠　马产品上市前要经过严格卫生检疫，符合卫生部门检疫标准，否则上市产品是违法的。

3. 市场对路　上市产品应当是市场欢迎、紧缺、供不应求的产品，必然畅销无阻。平时按市场预测结果安排生产。

三、马产品市场经营促销策略

促销是马匹生产单位为开拓市场、赢得顾客而展开的商务竞争活动，包括向社会提供马产品的信息和游说，引起和促使人们进行购买。促销可采取以下形式。

（一）广告宣传

宣传是通过一定的传播媒介，有计划地向社会介绍马产品的种类、特色、品质、价格及供应数量等，它是为社会服务的。目的在于树立单位形象，开拓市场，促进产品销售。广告在促销中作用很好。富有真实性、艺术性的广告宣传，可使消费者获得有关马产品的信息，引起购买欲望。通过广告的知识性、科学性和感染力，能引导消费者购买产品。

广告宣传形式极多，如登报纸、杂志、广播、电视、广告牌、说明书、展销会、评比会、展览会、赛马会、现场会和拍卖会等。不论何种形式，都必须实事求是，注重真实性，对消费者高度负责。

（二）商标

随着社会主义市场经济的发展，为马产品设置商标，将成为必然的事。商标是文字图案相结合的产品说明。国外畜产品公司都注重商标。它不仅能树立公司形象，促进产品销售，而且便于申请法律保护，维护公司合法权利，保护公司的产品市场。

（三）产品命名

产品的命名通常有一个过程，必须经过一定时期的销售，在市场上形成一定的影响，树立一定的形象后，才可正式命名，命名具有广告和商标的意义。马产品的命名同样也是如此。首先要表达出产品的某些性能、作用和特征。

（四）促销员

目前在商品经济领域，促销员的作用已越来越为人们所重视。一位促销员就是一个活广告，一个信息存储器。选用懂专业、善经商的业务员进行马产品促销活动，不仅可以迅速地宣传介绍马匹生产单位产品的特点、性能，并广泛争取顾客，引起消费者极大的兴趣，还可广泛收集市场信息，了解消费者对马产品品质、性能的评价、意见，反馈给马产品生产厂家，根据消费者需要和市场动向，组织安排马匹生产，主动调整生产结构和布局，在市场经销中获得主动。

马产品的经销策略是一门科学，是对产品生产、市场销售甚至资金筹措和投入的全面构思，在这种构思中的基本依据是科学的市场预测。通过市场调查，对马产品销售资料及有关因素的研究分析，估计某种马产品在未来一定时间内可能的市场需求量及其变化趋势，对马业生产单位有效组织生产经营和市场销售都是至关重要的。

思考题

（1）马匹生产经营管理的内外环境各包含哪些内容？

（2）马匹生产的经营思想应具有哪些观点？

（3）马匹生产的经营目标包含几个方面？各述其含义。

（4）什么是马匹生产要素？分述具体内容。

（5）马匹生产要素合理组合的原则有几点？

（6）如何运用线性规划的方法进行马匹生产要素的合理组合？

（7）马匹生产经济效果的评价指标有哪些？分述各自的内容。

（8）试述影响马产品营销市场的客观因素和主观因素。

（9）马产品进行市场经营的调查内容有哪些？

第十二章　马场管理学

> **重点提示：**本章将重点介绍马场管理方面的基本内容。只有认真了解了马场中的必需事宜，才能经营好、管理好一个现代化的马场，才能从中获得最大的收益，使我国马业朝着正确、健康的方向稳步发展。本章内容从马场的设立、马场的生产管理、马场的经营管理等方面介绍了马场日常经营管理的相关内容。在学习过程中对马场的类型、建筑，日常具体的管理工作以及马场的盈利模式、经营方式和经营策略等内容应重点掌握。

马场管理学是马业科学一个重要的组成部分，也是现代马业发展的一个重要特点。通过有效的管理，才能把科学技术发挥出来，才能促进科学技术进步，才能使马业持续健康地发展。

第一节　马场的设立

由于马场的功能和规模不同，马场的设计、建筑、布局和管理也有很大的不同。只有选择适用发展方向、结构合理、管理科学的马场才能达到预想的效果。

一、马场类型

根据饲养马匹的用途、规模、环境和条件的不同，马场可分为散养马场、规模马场、专业马场、马术俱乐部等多种形式。由于在广大农牧区以户为单位的养马户较多，但不具备"场"的性质，又不是专业户，马也不是主业，其经营管理不在本章论述范畴。

（一）散养马场

散养马场是指传统养马地区，特别是牧区或农牧交错带上一定规模的马场或养马专业户。这些马场基本上是以自繁自育为主。马场空间较大，没有或少有固定建筑。北方牧区、一般具备水井、饮水设施和简易圈舍，近年也有建造马厩的趋势。

散养马场管理相对粗放，散放形式较多，有些地区是半舍饲，季节性放牧，在水草丰满季节放牧或轮牧，冬春季晚间有时进行补饲。

散养马场是传统养马业的主要体现，也是牧区比较现实的牧马方式。但是，由于马匹饲养空间及饲料资源的限制，加上饲养管理技术相对低下，马场的生产效益也非常低。因此，在过去很长时间里，马场主要任务是解决生产动力问题和军队装备问题。现在虽然马的传统功能极大减少，但有些马主饲养马匹完全是一种对马的浓厚情感和民族文化的热爱，特别是北方少数民族地区。

（二）规模马场

规模马场的特点是，马匹数量较多，马场设施比较齐全配套，管理机构和管理制度完善，一般都有某某马场称号。有些是国有马场沿袭或转制而来；有些是由散养马场发展而来。中国目前的规模马场主要还是以繁育和出售马匹为主要经营目标，大多数的马场对马匹不进行技术驯教。

（三）专业马场

专业马场是以繁育现代马业所需要马匹为主要生产目标的马场。专业马场的特点是"专业"，不但指繁育技术方面，更主要的是以驯教马匹为主要工作内容，即把马匹进行"技术加工"而成为体育文化产品出售或展现。有些国家马术队、省马术队或名企所属的马术队一般都是专业马场。

（四）马术俱乐部

马术俱乐部是以提供乘马娱乐功能为主要目标的马场。其主要特点是建设在城郊、旅游区等地，有些俱乐部不但以繁育马匹为目的，驯教马匹也成为其工作的重要内容。俱乐部经营目标是以提供各种娱乐服务、组织和参加赛事等为重点。马术俱乐部是社会进步的体现，是传统马业向现代马业发展的生力军。

有些马场兼有一种或多种马场类型特点，如有些马术俱乐部一般兼有专业马场的特点。

二、马场的场址选择和基本布局

马场选址要根据马场不同的用途来进行，同时也要考虑当时当地的环境条件和政策条件。在当今土地资源日益紧张的情况下，选出理想的场址是比较困难的，可选的余地较小，但可根据场址的情况通过整合、设计来完善。新建场一般要有充分建场的必要条件，选址要向阳、背风，地势相对平坦，水质好，排水方便，周边环境相对安静，无污染，交通方便。考虑马匹防疫安全，一般选址要与其他马场之间有隔离带或缓冲带。

选址是一个非常重要的问题，场主或投资者一定要多方听取意见，特别是专家的意见，然后再进行决策。

（一）占地面积

根据饲养规模和发展目标来确定场址的占地面积。不同性质的马场和不同环境条件许可，其中的项目内容变化很大，有的不是必需项目。

不同性质的马场，占地面积和占地标准有大的不同，也有很强的专业性，有些外观可以看到，有些与其他项目关联，需要进行专家咨询或设计，切忌简单盲目决断。下面介绍常见运动场地占地面积。

1. 舞步运动场地 比赛场地 60m×20m，应平坦、水平，以沙地为主。场内设有计分器和 0.3m 高的围栏。在赛场四周规定的位置上放置了 A 等字母形式的标记，以指示参赛选手在比赛中行进的位置和动作转换。

2. 马球比赛场地 分为两种：一种是四周没有护板的场地，大小为 274m×183m（300码×200码）。另一种是四周有护板的场地，大小为 274m×146m（300码×160码）。地面可以是土地、草地或沙地。场地两底线正中各设一个球门，球门的两门柱间距为 7m（8码）。门柱至少高 13m（10英尺），并且要用轻质材料制成。在被撞击时不易使人和马受伤。场地两侧各有三条罚球线，分别依次距球门底线 27m（30码），37m（40码）和 55m（60码），另外还有一条中线。地四周还环绕着一片宽度超过 9m（10码）的隔离带，只允许裁判或参赛队员进入，或者是换球杆、换马或需要其他协助时要求专人进入。比赛用球的直径为 76～89mm（3～3.5英寸），质量为 120～135g（4.25～4.75盎司），一般为白色，柳木制成。比赛用球杆一般杆长 1.2～1.4m（48～54英寸），通常由白蜡杆、竹子或枫木制成。

3. 马上体操的场地　分室内和室外两种。比赛场地大小至少为 20m×25m。地面应柔软而有弹性。室内场地空间高度至少 5m。世界锦标赛的场地要求观众席离打圈者所站圆心至少 13m 远。裁判席离打圈者所站圆心 13～15m 远为佳。

4. 其他马术运动项目场地面积　其他马术运动，如绕桶、西部骑术等场地面积，有的可参考国际马术联合会（FEI）规则要求，有的则要参考或依照运动行业协会规定或要求。在此不一一列举。

（二）分区布局

马场的布局分为饲养区、运动区、放牧区和办公区。各区要相对地独立。一般情况下，办公区设置在出入方便、上风向、环境条件较好的地方。运动区放在办公区和饲养区之间。有些草坪、景观、表演台、室内马场也放在此位置。很多俱乐部的会所也与室内马场结合在一起设计。马场的布局各式各样，有很大的文化成分在内，如雕塑、园林、建筑风格等。

由于场地的面积或形状的限制，所以不要简单照搬其他马场的设计模式，必须与本身的环境条件、地理气候、马场性质等结合起来设计。

三、马场建筑

（一）马场建筑的原则

1. 适用的原则　方便训练调教，出入安全，日常工作简便有序等因素。

2. 马匹福利原则　主要考虑马匹的健康和愉快，有利于发挥马匹潜能和运动性能的表现。

3. 安全的原则　一般有防疫安全，与周边同属动物有一定隔离空间，病马和外来马也要有一定的隔离位置；人马安全方面，涉及的主要有地面防滑、防震问题，墙体、路边、建筑物剐蹭，视线视角问题，指示警示标记问题，防火防盗问题，特别是当马匹遇到特殊情况时能够顺利疏散；其他方面的安全问题。

4. 文化、艺术性原则　现代马业是一个文化性非常强的产业，需要注入文化艺术内涵，与满足人们运动娱乐消遣的功能相配合。

5. 标准化原则　马场建设有很多是历史形成并为世界公认，也有很多是不同的马业组织规定或规范的，在建筑时要充分考虑。

（二）马厩

马厩是马场建设的主体（图 12-1），建筑设计与材料南北方差异很大。在中国内地，北方要注意防寒保暖，南方则要注意通风隔热问题。

从建筑形式上，南方适宜单列式，北方则适宜双列式。双列式还有利于马匹之间的交流与沟通，减少马匹的寂寞，保温效果也稍微好一些。

欧美马厩形式很多，但最常见的是双层、双坡和双列式，近年来我国也有采用以上形式。它们的特点是，下层为马厩，上层（吊篷

图 12-1　马厩示意图

以上）为储草室，有时也可用于马工宿舍。马厩数量也不一样，一般不易较多。

马厩建设不是一个简单的尺寸问题，有很多的环境卫生技术问题，同时与马的品种、马的育种目标、环境条件都有很大的关系。建筑规模较大的马场，一定要通过专家建议或设计，或正规的资质单位进行设计。

（三）会所建筑

会所相当于传统规模马场的场部，而俱乐部的会所功能则要多些，建筑也相当考究，风格不一。规模可大可小，主要视社会活动大小及多少、会员多少来定。一般的会所建筑包括如下部分。

1. 接待厅 是会所的门厅，但有休息、洽谈和展示的功能，有时也是会议室。

2. 咖啡厅 有时与餐厅结合起来，主要是满足会员或客人休息聊天所用。

3. 办公室 根据职员多少和马场经营需要设置。办公室一般具备马场的所有档案资料和现代办公设备。

4. 休息室 与会客厅结合用于接待客人所用。

5. 客房 主要用于会员、客人或旅客周末休息或公务所用。

（四）室内马场

现代马场建设的发展趋势是建立室内马场，特别是专业马场，室内马场是非常必要的。室内马场建筑风格、造价和面积也非常大。一般是以舞步训练场为最小面积来建设，视马场的性质和要求来定，最好周边或三边要有走廊或看台。室内马场要求通道好，与马厩距离近，多功能性，屋顶采光。

四、马场建设可行性分析

新建马场从开始酝酿到正式运转使用，一般要有如下阶段和内容。根据规模大小、条件许可，以及承办人的经验和经历不同，下述内容也各有所侧重或精简。

（一）项目立项阶段

项目建议书是由项目承办人或投资人对项目提出的一个轮廓设想，主要从宏观上来考虑项目投资的可行性。项目建议书的主要内容包括项目投资的必要性和依据，投资规模和建设场址的初步想法，现有可用的资源因素条件以及预测的收益情况等。

（二）项目筹划准备

项目建议书批准或董事会通过后，项目准备进行项目可行性研究。其方式有两种：一种是委托给有能力的专门咨询设计单位，双方签订合同由专门咨询设计单位承包可行性研究任务；另一种是由项目单位组织有关专家参加的项目可行性研究工作小组进行此项工作。

（三）项目可行性研究阶段

1. 收集资料 收集有关项目的各种资料，如此类项目建设的有关方针政策，所需引进马的品种、生理特点、生产性能、对环境条件的需求条件等，项目地区的历史、文化、风俗习惯，自然资源条件，社会经济状况，国内外市场情况，有关项目技术经济指标和信息，项目直接参加者和受益者心态及对项目的要求，项目开展的周围环境条件等。

2. 分析研究 对项目建设涉及的技术方案、产品方案、组织管理、社会条件、市场条件、实施进度、资金测算、财务效益、经济效益、社会生态效益等各方面的问题进行可行性论证；同时还应设计几套可供选择的方案，进行比较分析，筛选出最优的可行性方案，形成可行性研究的结论性意见。

3. 编写可行性研究报告 对于投资规模不大的马场，投资者或经营者自己可根据项目可行性研究的内容编制可行性研究报告，必要时也可以聘用有关人员参与研究。对于比较大的马场，则要交给承担可行性研究任务的单位或专家组来完成可行性研究报告。根据报告再进一步进行项目评估，最后确定项目实施与否。

（四）项目实施阶段

项目一旦最后确定，要进行相应的实施阶段。这阶段主要过程是由内容和程序编制实施方案、办理相应开工手续、招标项目施工单位、组织监管人员及相应的资金条件等。

（五）项目验收及运行

项目施工完工后要进行验收。验收一段时间里要特别注意，有很多的土方需要进行修整、调试和完善。人马也要有一个适应阶段。

马场正式运营时要对马场注册登记。马场要在当地政府部门进行注册，同时也要在当地的行业管理部门进行注册登记，如马业协会、品种协会、动物防疫部门。取得相应的资质和执照，了解相应的政策法律和行业标准。

第二节 马场的生产管理

马场生产管理因地处环境不同而有很大的不同，有些是特有的内容，有些是共性内容。散养马场与专业马场或规模马场有很大的不同，请注意参考和选择，同时也要借鉴同地区环境的其他马场的管理经验和听取专家的意见。这里只介绍以国外专业马场或马术俱乐部为基本的管理，供读者参考。

一、马场例行工作

（一）每日工作

1. 乘马场 乘马场是以驯教赛马为目标或以骑乘为主要目的的马场，其日常工作内容和时间见表 12-1。

表 12-1 乘马场日常工作内容和时间

时间	工作内容
6:00	早饲。一般由领班负责
7:00	马工先到达马场。清厩，疏松垫料，刷拭马匹，上水和干草，第一批马备鞍
7:45	第一批马操练
9:15	操练结束回到马厩，卸鞍，刷拭，清蹄，穿马衣，平整垫床，上料
9:30	马工早餐
10:00	马工返回马厩，准备第二批马操练
10:45	第二批操练
12:00	第二批操练结束，从事如上工作，上料
12:30	一半马工第三批乘马出操，部分马工处理伤病或跛行的马匹，其余的马工清理第三次操练的粪便并准备饲料
13:15	第三批操练结束回厩，履行如上事务，上料
13:30	马工午餐

（续）

时间	工作内容
16:00	马工返回马厩，牵出马匹并梳理
17:00	练马师检查马匹
17:15	检查马衣、干草和水
17:45	上料
18:00	结束下午工作
21:00	晚间检查，第四次上料

2. 马术马场　马术马场一般指专业马场，从事马术专业及旅游服务为主要营业目标的马场。马术马场日常工作内容和时间见表12-2。

表 12-2　马术马场日常工作内容和时间

时间	工作内容
7:00	马工到达马场，上料
7:15	清厩，打扫院落，备马衣
8:00	马工早餐
8:45	马工返回马厩，选择第一批马匹准备训练
9:00	第一批马匹开始训练
10:15	第一批马匹训练后返厩，卸鞍，刷拭或冲洗
10:30	第二批马匹准备训练
10:40	第二批马进行训练
11:45	第二批马匹训练返回马厩，卸鞍和穿马衣
12:00	训练其他马匹
13:00	清理马匹，上料。马工午餐
14:00	马工返回马厩，打理马匹、辫梳、清洁马具、兽医治疗和其他杂务，检查马匹健康状况查找可疑之处
16:30	按照时间清厩，上水。上草，更换马衣，清扫院落
17:00	饲喂
17:30	马工下班
21:00	晚间工作，包括第四次上料

（二）每周工作

马场每周工作见表12-3。

表 12-3　马场每周工作内容和时间

时间	工作内容
星期一	清洗窗户和清除蜘蛛网。处理周末出现的任何问题。检查场地、食槽和围栏，修理遛马机，检修车辆。平整训练场边缘
星期二	清理排水沟和排水管。检查急救和防火设备。检查灯泡。检查固定设备
星期三	清理马具房。清理多余的马具。清洗梳理工具。清洗马笼头。修理绑腿和马衣。刷马衣
星期四	清理料仓、干草和垫草，检看库存饲料。准备饲料，写出所有料单。擦洗盛水和料的容器。疏松室内训练场地
星期五	清扫卫生间。清洗其他附属设备，如办公室、教室、商品部等。检查马蹄和蹄铁，如有必要请蹄师观察。检查马房日记，记录驱虫、免疫和治疗情况。检查周末值班人员安排

（三）每季工作

1. 马匹工作　看牙，驱虫；破伤风疫苗注射，流感疫苗注射；剪毛，辫梳，增强体况和适应粗饲；训练，参加赛事，散放马，每月修蹄；马匹配种、接驹、断乳、整群和出售等的准备。

2. 马厩工作　疏通水道和房屋防水；电路检查、管道检修、马厩维护、喷涂和勾缝、门保养、维护和校直；春天清扫和消毒、防鼠、障碍杆及备存；马厩清扫；防火设备检查。

3. 设施　围栏、路和行道的检修维护；林地、草架、跑道、比赛场或训练场检修维护、警示牌检修更换、水槽检修、围栏和壕沟清理；排水系统疏通；门和门口检修、运输工具、汽车检查等。

4. 草地　划区轮牧；干旱天耙地，适时翻地，搂除杂草，必要时轻耙草地。土壤分析、施肥、割草和化学灭草等。

5. 管理活动　资料登记整理分析、财务管理、营业收入及分配、税后工资发放和编制预算等。

（四）全年工作

上站配种及繁殖登记，举办或参加赛事，举办或参加马匹拍卖。

二、马场制度与计划管理

（一）规章制度建立

规模马场或专业马场，必须建立硬性的规章制度，以便作为生产管理的依据。规章制度主要包括生产管理制度、计划工作制度、市场营销制度、安全管理制度等。

1. 生产管理制度

（1）饲养管理制度：不同性质的马场有不同饲养管理制度，分为分群饲养（放牧）制度和科学饲喂制度两个方面。按各类马匹不同生长阶段、不同用途、使用强度及健康状况对营养的不同要求，科学配制日粮，选择科学的饲喂方法，使马匹每天得到合理的营养水平。

（2）良种繁育制度：根据期望目标来确立马匹繁殖计划，建立良种繁育体系，健全良种繁育谱系档案和登记制度，定期检查和评选良种；良种繁育制度要最大限度地依照品种协会或行业协会的要求和规则去做。

（3）卫生防疫制度：卫生防疫制度必须深入贯彻"防重于治，防治结合"的方针，建立一整套综合性预防措施和制度。主要包括：建立疫病情报制度，实行专业防治与群防群治相结合；坚持马匹的检疫制度，防止疫病流行，定期进行环境清扫、消毒和卫生检疫工作。

2. 技术管理制度　包括驯教技术规程、繁殖登记技术、鉴定测试技术、兽医诊疗技术、设备使用和维修、技术资料管理等各项工作的制度。

3. 计划管理制度　规定各级、各单位在计划工作中的职责范围、计划工作的程序和方法、计划执行情况的检查与考核、原始记录和统计以及各种计划的制订等内容。其中制订出合理的计划是重点（参见计划管理部分内容）。

4. 其他管理制度　如市场营销制度、人力资源管理制度、物资供应管理制度、财务管理制度等。

小型马场或马术俱乐部，制度可以大大简化，但基本内容都有，也要非常重视，应建立规范管理的风格。

5. 制度实施　要结合经济责任制，即责、权、利相结合原则。同时还要注意加强马场文化教养，培养马工敬业精神；注重马工培训工作，提高马工的技术业务素质，使他们能够掌握执行规章制度所必需的技术、知识和能力，正确地按制度要求办事；检查考核与奖罚相结合，不断地改进和完善。对于那些已不能起到推动马场管理工作和提高经济效益的内容和条款，要及时地予以修订，始终保持马场规章制度的先进性是马场经营管理者一个重要原则。

（二）马场计划管理

一般来说，按编制计划的期限划分，主要有三种形式：长期计划、年度计划和阶段计划。它们各有不同的作用，但又相互联系、相互补充，共同构成马场的计划体系。

1. 长期计划 长期计划又称长期规划或远景规划，是对马场若干年内的生产经营发展方向和重要经济指标的安排。如马场规模和发展速度计划、品种改良计划、土地（草原）利用规划、基本建设投资规划、马工使用规划等。长期计划通常为期 5 年、10 年或 10 年以上，一些知名马场的长期计划都做到 20 年。

2. 年度计划 年度计划指按一个日历年度编制的计划。所有马场都要根据马场的长期计划，结合当年的实际情况，制订本年度的计划。年度计划的主要内容包括：①土地（草原）及其他生产资料的利用计划。②马匹生产计划。③饲料生产和供应计划。④基本建设计划。⑤劳动力使用计划。⑥产品销售计划。⑦财务计划。⑧新产品开发计划。

马场年度计划要点如下。

（1）土地（草原）及其他生产资料的利用计划：如建立生态保护制度、农业工程措施及生物措施运用、农牧业技术措施、经济措施等。

（2）生产计划：其内容有马场配种分娩计划、马匹周转计划、畜禽疫病防治计划、饲料生产和供应计划等。

（3）饲料生产和供应计划：饲料供应计划包括购入饲料计划和自供饲料计划。自供饲料计划就是根据本马场土地和草原资源情况而安排的饲料生产计划，自供饲料计划与饲料需要计划的差额部分，即是外购饲料供应计划。

（4）其他年度计划：如基本建设计划、劳动力使用计划、产品销售计划、财务计划、新产品开发计划等。

3. 阶段计划 阶段计划指马场在年度计划内一定阶段的工作计划。阶段计划的主要内容包括：本阶段的起止时期、工作项目、工作量、作业方法、质量要求；完成任务拟配备的劳动力、机具和其他物资等。如马场配种工作计划。规定在配种季节中的起止时间、情期受胎率、总受胎率等。阶段计划在较大的马场中，一般由基层管理者制定和实施。编制这种计划应注意上下阶段的衔接，中心要突出，安排应全面，措施应具体。

三、马场人力资源管理

（一）岗位分析与设计

有条件的马场应实行定岗位定人员，根据马场实际工作的需要，有计划地按定员编制马场各类岗位人员，防止人浮于事和劳力过剩。现代马场技术是核心，因此必须充分考虑技术岗位的比例。技术岗位主要有兽医、练马师、教练、骑师及资深马工等。以娱乐为主要目的的马场，还考虑有一定马学知识的营销人员。

（二）劳动力的招收与录用

根据马场的定员编制和需要。对本马场所需工作人员进行招聘和录用。在招聘之前要做好准备工作，如招聘的条件、招聘的人数、招聘的范围、招聘的程序等。

当雇用马工时，先要了解马工的品质。马工必须了解马的相关知识和如何照料马匹，并根据他的条件选择相应的职位，如见习工、学徒工、正式工，并赋予相应的职责。马工从事马房管理的时间反映其经验和工作能力。优秀的马工脾气温和，自信并有责任感，敬业和富有献身精神，以马和马场为荣。好的马工有"自信、果断、友善"特点。这样马和马场均会有好的发展。

（三）马工的合理使用与培养

一般情况下，最初的工作是饲喂马匹，这通常由资深马工或马主来指导。首先让马工核对按上一次所食入的日粮喂饲。然后向主管报告食入情况和马匹状态。在早饲之前，清理粪便和打扫院落是每天的例行公事，每个马工有责任保证按时照料马匹。学徒工或新手行动迟缓，需要花很长的时间去处理马房杂务，如清理粪便等，但这同时也是积累经验如何提高的过程。早餐一般在马厩事务处理完以后进行。早餐后就是训练开始。在有些马场更喜欢在早餐前骑乘马匹，则要在清厩时或清厩之前备好马鞍。这就意味着为了有足够的时间马工需要起得更早。

有科学合理的用人之道，马工才会发挥最好的工作表现，马场才会取得良好的效果。马场用人的原则有如下几个方面。

1. 用人所长　每一个马工都有自己的优点和缺点，员工使用的基本原则就是用人所长，避其所短。著名的科学管理学家泰罗认为，管理者要为每一个工作岗位挑选"第一流的工人"。他认为，人具有不同的才能和天赋，只要工作对一个人适合而他又愿意去干，他就能成为第一流的员工。

2. 关心和使用相结合　马工是特殊的资源，他除了物质方面的需求之外，还有其他方面的需求，如支持和尊重的需要、自我实现的需要等。这些需要如果得到满足，会大大提高马工的劳动热情，促进劳动生产率的提高。因此，马场管理者不应把马工当成会说话的机器，还要关心他们，帮助解决他们的实际困难，最大限度地满足他们的需要，激发他们的劳动热情和首创精神，从而促进马场的发展。

3. 组织优化　每一个马工都是在一定的组织中工作，尽管组织大小不一，工作内容不同，他们都是为了实现一定目标的集体。而目标的实现必须依靠集体的力量，集体力量的大小取决于组织内部马工工作默契配合的程度。一般高级马工选择下一级马工，如练马师选择骑师，教练选择骑手，主要是最大限度地增加合力，提高工作效率。

4. 适当流动　马工岗位相对的稳定是对的，岗位变动频繁肯定不利于经营管理。但是，马工不流动，马场也缺乏活力。马工的适当流动有利于丰富马工的知识和技能，提高马工的综合素质，有利于马工寻找更合适的工作岗位，也有利于组织发现和培养人才，可根据马工不同的生理阶段来安排马工适合的岗位。

5. 技术培训　员工培训有利于实现马场的经营目标，有利于增强马场的凝聚力和向心力。培训也是马场文化建设的重要内容，能增加马工对马场的信任和忠诚，会进一步提高他们的劳动热情和创新精神。培训是把马场的经营目标和个人的发展目标最有效结合起来的一种方式，不少著名的马场都非常重视马工的培训，并依此来获得巨大的成功。

（四）劳动定员与定额

定员是根据马场岗位分析及劳动定额来完成的。编制定员的原则要遵循因事设岗的原则，用人为贤的原则，相对稳定原则和因才适用的原则。

劳动定额是产品生产过程中劳动消耗的一种数量界限，通常指一个中等劳动力在一定生产设备和技术组织的条件下，积极劳动一天或一个工作班次，按规定的质量要求所完成的工作量。实践证明，劳动定额是管理企业，组织生产的主要科学方法。

传统规模马场特别是以群牧为主要经营模式的，劳动定额为种马 2 匹/人、繁殖母马 20 匹/人。西方专业马场或马术俱乐部劳动定额 2 匹/人，一般每人不超过 3 匹。

（五）合理报酬与员工福利原则

马场应积极地按照国家的有关政策为马工提供合理的报酬，办理有关保险事宜。马场和马工都要履行相应的义务，并以此来促进马场的发展和保障马工的权益。

四、马匹登记

马匹登记是马匹血统来源的证明，也是马匹育种、交易和管理的依据。因此，登记是马场技术管理的最基本、最重要的工作之一，是马场管理水平、管理理念、发展前景的重要反映。

登记类别包括幼驹登记、命名登记、种用登记和繁殖登记。幼驹登记是血统登记的根本依据。命名登记是为了管理方便而进行的规范命名的登记，在我国马种中还没有规则要求，这是今后登记面临的问题。种用登记是对合格的种马进行繁殖资格的登记，在马业发达国家，没有种用登记不允许参加品种繁殖，其后代不能被品种协会或行业协会所认可。繁殖登记主要记录种公马或种母马每年继而历年繁殖成绩的记载。

（一）幼驹登记

1. 登记内容　幼驹登记是马场登记最重要的登记之一。登记的主要内容有种公马名、种母马名、产驹的确切时间、幼驹的毛色、幼驹的性别、育马者即产驹时母马马主的姓名、出生的国家。由于国际纯血马管理会规定纯血马的繁育必须是自然交配形式，因此登记时必须有马主或其合法代理人签发幼驹不是人工授精、胚胎移植、克隆等技术操作的结果。

2. 登记时间　纯血马幼驹登记一般分为三次完成。幼驹出生时进行简单描述，在 0.5 周岁时进行初次登记，在 1 周岁时对马匹进行审验确认。核准信息无误后，由权威部门颁发纯血马护照。

3. 登记人员　不同的马种登记要求也不一样，一般由品种登记会专员进行。有些马的品种需要有资质的畜牧兽医技术人员按照品种协会的规则进行登记。

4. 幼驹登记图　幼驹登记时要进行外貌描述，主要标识出马的旋毛、别征的位置及形状。同时还有对应的文字叙述，文字表述要与图识所示相一致。纯血马幼驹登记还需要进行英文对照表述。

5. 幼驹登记申请表　幼驹登记申请表不同的品种模式也不一样。但主要信息是基本相同的，包括种公马名、种母马名、产驹的确切时间、幼驹的毛色、幼驹的性别、育马者即产驹时母马马主的姓名、出生的国家等，有些品种协会或行业协会有特别规定的内容，登记申请表要向品种登记协会或相应的组织递交并取得合法的品种资质。

（二）命名登记

马名登记如同人名登记，也要有相应的规定。马名登记主要为了防止重名登记，另外也进行规范化管理。各个马种登记要求也不一样。如纯血马登记命名规定，由马主提出马名，并由中国马业协会纯血马登记委员会（China Stud Book，CSB）确认。

中国境内出生的幼驹满周岁后可申请命名。

申请马匹命名时，马主需向中国马业协会纯血马登记管理委员会提交命名登记申请表，正确书写拟用马名，并依据纯血马登记规定第三十八条支付费用。

中文命名最多为 6 个连续书写的汉字，英文命名最长为 18 个拼写字母（包括空格在内）。

国外出生的马匹命名，原则上由出生国有关机构提供。马匹进口前将马名译成中文，最多为 8 个汉字（包括空格在内）。未命名马匹进口前命名需事先取得出生国有关机构的认可。

马名词尾需加括号"（）"，将该马出生国籍的缩写填写在括号内。

（三）种用登记

如果马主在幼驹育成后，根据其血统、体型结构、运动性能等育种价值较好，想作种用，也要取得相应的资质或备案，即种用登记。一般情况下，种用登记后所生产的后代才有登记资格。

种用登记以种用登记表为基本信息。如纯血马种用登记是马匹取得合法繁殖资格的依据。内容包括马匹基本信息，如出生年月、毛色、血统等；马主信息等。有时种马登记在幼驹出生前后进行，这时要附上产驹信息，如与配公马、产驹时间、配种证明等。

有时不同的品种协会或组织对种马登记有一定的限制或条件，如纯血马种用登记资格如下。

1. 已进行了幼驹登记的马匹（国外繁育的马已在出生国纯血马登记机构登记）　即已取得了品种资质的马匹才有种用登记的资格。

2. 满 3 周岁以上的马匹　这时马主才能根据相关成绩、表型结构来确定是否有种用价值。有的马匹参加了运动生涯后，仍有种用价值或者种用价值更大更明显。种用时马要进行种用登记。

（四）繁殖登记

主要有母马繁殖报告书、配种证书、繁殖统计表等。

母马繁殖报告书是基本的登记依据。其内容格式主要包括母马的基本信息、与配公马信息、交配次数与时间、产驹情况及时间等。

有些马种登记有一定的要求，包括时间要求。如纯血马登记要求，种公马马主应在当年 9 月 30 日前上报种公马所有配种记录，种母马马主应在当年 7 月 31 日之前（南半球怀胎的在当年 12 月 31 日之前）提交种母马所有繁育记录。

种公马登记内容与种马母马登记相同，但种公马马主或配种员要给予配母马马主交付配种证明书，证明是本公马所交配，其中有配种时间、配种方式。配种证书是母马登记的主要依据。

把个体的繁殖记录汇总就形成的马场总的繁殖情况。

登记资料是马术场技术资料，特别是育种和身份的依据，要有专人保管。有些资料是行业协会或相关组织需要的，要按照要求上报。有些资料上报后需要行业协会或相关组织确认或批准的，要有文字或相当的证明材料，如马匹护照或品种证书，要注意保存管理。

马匹登记管理要利用电脑来进行，或用电脑来存储。如果是公开发布的消息，还要利用网站或相关连接进行公开信息，这对马场的经营管理是非常有帮助的，如马匹拍卖、配种、产品销售及赛事活动等。

第三节　马场的经营管理

一、马场盈利模式

马场是一个马场经营单位，以获得一定的利益为目标。不同的马场有不同的盈利模式。

(一) 散养马场的盈利模式

散养马场的主要盈利模式是繁育马匹出售所得的收益，马匹出售时有时是育成驹，一般在2岁左右时；有时是马匹使用多年后淘汰出售所得的收入。有些散养马场没有直接的收益，而是通过其他产业或马匹的其他用途来体现的，如马匹运输、农用及其他方式。在牧区，牧民养马很大程度出于对马的传统感情和马文化的热爱，并不过多考虑收益。

(二) 规模马场的盈利模式

规模马场的盈利模式，也是以繁育和出售马匹为主要的盈利渠道。由于规模马场马匹收益较小，马场是以综合收入为主要的经济来源，如配种、农业、副业或其他收入项目。规模马场的经济结构、管理方式、运行机制应处在转变或完善阶段。

(三) 专业马场的盈利模式

专业马场是培育专业用马的马场。虽然马匹的专业用途不同，但基本盈利模式一样，收入来源有两方面：一是繁育和培育符合专业要求的马匹；二是对达到体型结构和具有潜能的马匹进行驯致以达到更高的运动水平所获得的收益。专业马场也可根据条件获得其他的收入。

(四) 马术俱乐部的盈利模式

马术俱乐部的盈利模式由于俱乐部的性质和条件不同而不同。

以会员消费为主的经营模式，主要以会费收入为主。

以接待骑乘爱好者为主的俱乐部，其盈利模式是以优质安全的骑乘服务收费为主要的盈利模式。

以参加赛事或代表国家地区马术专业队身份的俱乐部，其盈利模式是以专项拨款和其他收入的盈利模式。

以培训学员或乘马爱好者为主要目的的盈利模式，是以收取教学、教练费为主要盈利模式。

以旅游为主的马术俱乐部的盈利模式，是以接待游客骑乘为主要的盈利模式。

马术俱乐部是一个专业性非常强的实体，专业、安全、文化是其主旋律。有的马术俱乐部还进行其他的收入，如寄养收入、赞助收入、广告收入、参加赛事收入等。

二、经营方式及经营策略

(一) 目标市场选择

马场要根据自身的优势和建厂方针，在经营目标的总前提下，在市场细分的基础上，选择适当的目标市场，实行目标营销。

原则上讲，所有影响消费者对马产品需求差异的因素都可以作为市场细分的变量，概括起来主要有四大类：地理细分变量、人口统计细分变量、心理细分变量、行为细分变量。

1. 地理细分变量　按地理地域来细分市场，如按国家、省、市、县、南方、北方、城市、农村等。由于消费者所处的地理位置不同，受自然气候、传统文化、经济发展水平等因素的影响，形成不同的消费习惯和偏好，对马产品消费会有差异。如草原地区牧民养马有喝马奶的习俗，有些少数民族还有吃马肉的习惯。经济发展较快的地区，乘马娱乐有较大的潜势。城市和农村对马产品的需求也呈现许多差别。按地理地域细分市场，有利于马场根据不同地域的市场特征来策划营销活动。

2. 人口统计细分变量　按年龄、性别、婚姻、职业、收入、受教育程度、宗教、民族、国籍等来细分市场。消费者的年龄、性别不同，对马产品的消费需求也不相同，特别是体育休闲娱乐，不适宜老人。而青壮年则有乘马爱好，是潜在的市场。因此，马术教育的提高发展也应从青少年入手。职业和受教育程度不同，马产品消费也有较大差别。消费者的收入更是直接关系到马产品消费量的大小，随着消费者收入水平的变化，对马产品的需求量也会改变。

3. 心理细分变量　消费者心理因素很复杂，在细分市场时所依据的心理细分变量主要是指：人的价值观、生活方式、社会阶层及个性。这些心理因素都对马产品的需求量及需求结构有重大影响，马场在制定营销策略时必须加以充分考虑。如成功人士对马的爱好增加，一是马能给他身心帮助，这远比其他运动或活动更加有利其事业发展；二是与马接触，还会增加文化性，于不同的成功人士有很大互补作用。

4. 行为细分变量　按消费者的购买行为细分市场，包括购买时机、消费状况、购买频率、对品牌的忠诚程度、对产品质量的要求等。购买时机，如乘马活动一般在周末，而传统马产品则在秋冬季节。消费状况，是指消费者是否有过消费记录，马场可以有针对性地采取不同的推销方式。购买频率，是指把某种马产品按大量使用者、小量使用者以及购买频率的大小来细分市场。对品牌的忠诚程度，是指即消费者对马场忠诚程度，对马术运动或休闲活动专一程度。马场通过对这些消费者分析，可以发现营销中存在的问题，便于及时采取相应的措施。

上述市场细分变量，马场可根据自身的情况选择采用，也可以把几个细分变量组合在一起细分市场。马场在进入某个细分市场之前，还必须考虑本马场与竞争对手相比是否有竞争优势，包括马场的技术水平、资源条件、市场占有率等。如果缺乏必要的竞争力，就应放弃这个细分市场。

（二）产品营销组合策略

马场营销活动受多种因素影响，这些因素总体上可以分为两大类：一类是马场无法控制的外部环境因素；另一类是马场可以控制的内部因素。美国营销学家 E·J·麦卡锡把马场可控制的营销因素归纳为 4 个方面，即产品（product）、价格（price）、地点（place）和促销（promotion），简称"4P"。所谓营销组合策略，也就是产品策略、定价策略、分销渠道策略和促销策略的优化组合，它体现着现代市场营销观念中的整体营销思想。

1. 产品策略　产品策略：是马场营销组合策略的核心。马场只有把能够真正满足顾客需要的产品和服务提供给顾客，才能赢得顾客，提高马场的形象和收益。产品组合策略，就是根据马场的目标，对马产品组合的广度、深度和相关性进行决策。马产品组合的广度是指生产经营的马产品大类的多少，多则宽，少则窄。马产品组合的深度是指一个马场生产经营的一种产品线中含有多少产品项目。

产品线延伸策略：指改变马场原来所生产经营的马产品档次的范围，将产品线加长。如繁殖、育马、驯教、参加赛事、增加产品类型、拍卖及服务等。

产品差异化策略：产品差异化是指马场为了突出本马场的产品与竞争者的产品有不同的特点，通过采用不同的设计、包装，或在包装内附上新奇的标志，以示与竞争者的区别。通过这种策略加深消费者对本马场产品的印象，提高其产品的竞争力。

2. 定价策略 产品价格对马场整个经营活动具有重要的影响作用，它直接影响着产品需求量的大小，影响着马场产品在市场上的竞争力和马场的盈利水平。因此，为了更好地实现马场目标，可根据产品和市场情况，采用多种灵活的定价策略。

折扣定价策略：是指卖方在正常价格的基础上，给予买主一定的价格优惠，以鼓励买主购买更多本马场的产品。

心理定价策略：是指根据顾客在购买商品时接受价格的心理状态来制定价格的策略。如采用声望定价策略，是利用顾客对某些产品、某些马场的信任心理而适当抬高价格的定价策略。如招徕定价策略，是利用人们求廉的购买心理，选择几种产品较低价格销售，以吸引顾客购物，顺便以正常价格推销马场的其他商品，达到扩大马场总销售额和总利润的目的。这是零售商常采用的一种策略。

3. 促销策略 促销是指马场通过人员和非人员的推销方式，向广大客户介绍商品，促使客户对商品产生好感和购买兴趣，继而进行购买的活动。马产品和饲料产品的促销活动主要有人员推销、广告、公共关系和营业推广4种形式。

（1）人员推销是马场派推销员直接与顾客接触，向顾客介绍和宣传商品，激发顾客购买欲望和购买行为的促销方式。其优点是针对性强，便于双向沟通，有利于建立长期稳定的供销关系。但人员推销的费用支出较高。

采用这种策略，要求推销人员必须具备很高素质，包括思想素质、能力素质、业务知识等。因此，要采用科学的方法对推销员进行选拔和培训，以保证实现马场的促销目标。

（2）广告是通过一切传播媒体，向公众介绍马场的产品，并引导公众购买的公开宣传活动，是非人员推销的主要形式。

为了更有效地发挥广告的促销作用，马场在设计和制作广告时，应慎重考虑马场的市场发展战略、产品的生命周期、广告媒体的相对价值、广告目标等项因素。综合考虑上述各种因素的变化和影响，确定广告的内容，选择适宜的广告形式。广告要富有真实性、针对性、创造性和艺术性。

（3）公共关系马场开展公共关系活动是为了塑造马场的良好形象。马场的公关活动涉及面较广，包括顾客、中间商、政府部门、新闻媒介等。马场只有通过公关赢得公众对马场的理解、信任和支持，创造良好的社会关系环境，才能使本马场的产品得以畅销。

马场常用的公共关系活动方式有：通过新闻媒介传播马场信息，如记者招待会、新闻通讯、马场介绍等；参与各种社会福利活动和公益活动，如赞助、捐赠等；举办各种专题活动，如庆祝活动、知识竞赛、联谊会等；加强与马场外部组织的联系；刊登公共关系广告。

（4）营业推广是在短期内为刺激需求，扩大销售而采取的各种鼓励购买的措施。针对不同的促销对象常用的营业推广策略有3种。

对推销人员的推广多采用销货提成、超额销售奖励等措施，鼓励销售人员积极推销产品。

对中间商的推广主要是把产品销售委托给其他方代理，借助第三方的营销资源，实现双赢的目的。

对最终用户和消费者推广主要是培养顾客对本马场产品的偏好，提高顾客现场购买兴趣。提高马场长久客户的比例。

思 考 题

（1）马场类型有哪些？

（2）马场每日的例行工作内容有哪些？

（3）幼驹登记的内容有哪些？

（4）马场的盈利模式有哪几种？

实 习 指 导

重点提示：为更好地让学生掌握《马业科学》课程教学计划所规定的内容，共安排了9个实习课，即①马匹接近和测尺称重；②马体部位识别和鉴定；③马匹毛色识别和年龄鉴定；④马品种的识别；⑤马匹刷拭与护蹄；⑥马具、马车和挽力测验；⑦马的主要疾病防治；⑧母马泌乳力测定；⑨马匹屠宰方法、胴体评定与产肉性能测定。并在每个实习附作业，从而提高学生的动手能力和培养独立思维能力。

实习一　马匹接近和测尺称重

（一）目的要求

练习正确接近马体的方法，为日常管理工作中，防止事故，保障人马安全，打好基础。掌握马匹体尺测量和称重的方法，为判定马体结构，划分类型，了解马的用途和能力，观察马的个体发育情况和体质坚实程度，以及为检查饲养管理情况等提供依据。配合感官鉴定，进行体尺测量和称重，就所得数据进行整理分析，以得出正确结果。

（二）材料和用具

马若干匹、水勒、笼头等。

测量工具：测杖、卡尺、卷尺、角度计等。称体重最好用地秤。各种用具在使用以前，要进行校正，以保证其准确度。准备好记录用的表格。

（三）内容

1. 马匹接近　马神经系统比较发达，对外界刺激很敏感，若调教及管理不当，操纵不得法，在接近时易对人造成伤害事故，养成马匹逃窜的恶癖。因此，必须懂得接近马匹的方法，并注意马的表情与心理状态的关系。

（1）接近或牵引马匹时要谨慎，要胆大而警惕，经常注意马的表情和动作。主要观察耳、眼、口、鼻、躯干和四肢的行为表现。马全身的动作表现，常以联合行为出现。

两耳前竖，频频转动，表示注意和惊恐；两耳向后倒，尾夹于两股之间，后躯出现方向性的转动，表示疑惧不安。接近时，应先以轻缓的声音给马以招呼，然后再慢慢接近，抚拍其颈肩部加以安慰，待马安静，然后再接近。

竖耳鸣鼻，怒目狞视，有时鼻翼扇动，全身紧张，尾根紧收，是马恐惧的表现，且有向人、畜攻击之意。接近时应特别小心镇静，消除其恐惧心理，加紧控制缰绳，防止逃脱。并停止前进，以减低其兴奋性，待马安静后再接近。

（2）接近马匹时，不应突然向前，应先向饲养员问明马的习性，有无恶癖，熟悉哪些口令，然后发出温和的声音或呼马名、马号，慢慢地接近。因马多站立睡眠，突然接近，或从后面接近，会引起反抗，发生事故。不要触碰马的敏感部位及危险性较大的部位：如耳、眼、腹下、肷部、阴囊、肛门、四肢下部等。可轻轻拍打颈部，抚摸肩部、背部及鼻梁表示爱护和安慰，以免引起马不安和蹶踢。接近的位置，由马体左前侧方接近（俗称里手），不要从正前方或后面去接近。

2. 体尺测量的方法 体尺测量时，马应在平坦地面伫立保定，保持正肢势。一般必须测定四项，体高、体长、胸围、管围。测量时做到部位准确。动作敏捷，读数可靠；同时要注意自身安全。

体高：鬐甲顶点到地面的垂直距离。

体长：肩端至臀端的斜直线距离。

胸围：鬐甲后方，通过肩胛骨后缘，垂直向下，绕体躯一周的周长。

管围：左前管上 1/3 的地方，管部最细处的水平周长。除以上四项体尺外，必要时，还可以测量以下各项。

头长：项顶至鼻端连线间距离。

头宽：两眼眶外侧突出点间距离。

尻宽：两腰角外侧间水平距离。

尻长：腰角前缘至臀端之间的距离。

胸宽：两肩端外侧间的宽度。

胸深：鬐甲最高点至胸下缘直线距离。

胸廓宽：肩胛骨后、肋骨弓起最高点，左右两侧间的距离。

背高：背部最低处至地面的垂直距离。

尻高：尻部最高点至地面的垂直距离。

颈长：由耳根起至肩胛前缘的颈础中点的距离。

肩长：肩端至肩胛骨上缘的距离。

肢长：肘端最高点至地面垂直距离。

此外，还有马体的前、中、后三躯长、肩斜度、尻斜度、系蹄斜度、肩端角度、飞节角度等。

3. 称重和估重的方法 用地秤称马是最准确的方法，称重在早晨饮水喂料之前进行。马四蹄均应站地秤上。在没有地秤情况下，可以根据体尺来估计体重，得出概数。马体重估计公式多种。现介绍马体重的计算公式如下：

适于小型马的体重（kg）＝［胸围（cm）×5.3］－505

适于大型马的体重（kg）＝［胸围（cm）×6.4］－689.6

4. 指数计算 由于绝对体尺不能完全说明马体类型和体格，因此还必须计算体尺指数。

（1）体长指数：体躯长度与体高的比。

体长率 ＝（体长／体高）×100％

此项指数可以说明马的类型及胚胎期发育情况，所以又称体型指数。

（2）胸围指数：胸围与体高之比。

胸围率 ＝（胸围／体高）×100％

此项指数说明了体躯相对发育情况又称体幅指数。

（3）管围指数：管围与体高之比。

管围率 ＝（管围／体高）×100％

此项指数说明马匹骨骼发育的情况，又称骨量指数。

（4）肢长指数：前肢长与体高比。

$$肢长率 ＝ （前肢长 / 体高）×100\%$$

肢长和马的体型及速力有关，故亦称速力指数。

（5）头长指数：头长与体高比。

$$头长率 ＝ （头长 / 体高）×100\%$$

此项指数说明头与体躯发育的对比程度。

（6）胸廓指数：胸宽与胸深之比。

$$胸廓指数 ＝ （胸宽 / 胸深）×100\%$$

此项指数说明胸部的容积及发育情况。

（7）体躯指数：胸围与体长之比。

$$体躯指数 ＝ （胸围 / 体长）×100\%$$

此项指数说明体躯粗度的相对发育程度。

（8）体重指数：体重与体高之比。

$$体重率 ＝ （体重 / 体高）×100\%$$

此项指数说明马体格结实程度。

（四）作业

（1）观察记载马匹行为活动的各种表情，并注意合理地接近马匹。

（2）每人亲自测尺称重几匹马，计算体尺指数，并根据划分马匹经济类型的指数范围对所测马匹进行分析归类；比较实际称重与估测体重之间的差异。

实习二　马体部位识别和鉴定

（一）目的要求

（1）熟练掌握马体部位名称、界限及其骨骼基础，为马匹外貌学习奠定基础。

（2）鉴别部位的优劣，为马匹鉴定打下基础。

（二）材料

挂图、照片、模型及马若干匹。

（三）内容

1. 马匹部位识别　马体由头颈、躯干、四肢3大部分组成。

（1）头颈部：

头部：包括大脑、额、耳、眼、眼盂、鼻梁、鼻端、鼻翼、口及上下唇等。

头础：头和颈相连接的部位，称为头础。

项：以枕骨嵴和第一颈椎为基础，两耳近后方。

腭凹：左右两下颌骨之间的凹陷部。

颈：以7个颈椎为基础，头础与颈础之间的部位。

颈沟：颈下缘两侧由上向下的浅沟。

颈础：颈和躯干的连接处称颈础。

（2）躯干部：

鬐甲：以2～12胸椎棘突为基础，连同两侧的肩胛软骨、韧带、肌肉结合成的体表部分。

背：以最后 7～8 个胸椎和肋骨上 1/3 为基础，前接鬐甲、后为腰部的体表部位。

腰：以腰椎为基础，以最后一根肋骨到腰角前缘之间的部位。

尻部：以髋骨和荐骨为基础。前面以两腰角前缘的连线为界，侧面从腰角到臀端连线，后面从两臀端连线以上的体表部分。

尾：以尾椎为基础，分为尾根、尾干、尾毛 3 部分。

前胸：两肩端连线以下，躯干前面，两前肢之间的平坦部位。

胸廓：以胸椎、肋骨和胸骨为基础。前面从肩端到后面最后一根肋骨，胸部由背部至下面胸状骨和两侧肋骨所包括的体躯部位。

腹部：位于胸廓后缘到骨盆的前缘。前面以横隔膜为界和胸腔分开，下面及侧壁由腹肌和肌腱构成。

肷窝：又称"腰窝"，肋后，腰侧，腰角前下方的凹陷处。

腰角：以髋关节外粗隆为基础的体表突起部分。

臀端：以坐骨结节为基础的体表部分。

臀部：在臀端以下，肛门、会阴两侧，下至胫部上 1/3 的表面部分。

带径：肘端后一掌的胸下部分，亦即肚带通过的部位。

前肷：又称腋部，即前肢与体躯接触的部位。

后肷：又称鼠蹊，是股内侧与腹壁之间的部位。

会阴：公马是由肛门至阴囊区域；母马则从肛门到阴门之间的地方。

另外，还有肛门、阴囊、阴筒、阴门、乳房等部位。

（3）四肢部：

肩胛部：以肩胛骨为基础，位于 1～8 肋骨侧上方，鬐甲斜下方，胸廓两侧的隆起部分。

肩端：以肩关节为基础，与肱骨上端所形成的隆起部分。

上膊：以肱骨为基础，位于肩端后下方和肘部前上方部分。

肘：以尺骨头为基础，向后方突出的部分。

前膊：以尺骨、桡骨为基础，位于肘与腕之间的部分。

附蝉：前肢在前膊内侧，腕部上方；后肢在后管上面，飞节下方，附着的干固角质物，俗称夜眼。

前膝：以腕骨为基础，即腕关节。

前管：以管骨为基础，腕关节以下到球节之间部分。

股部：以股骨为基础，后躯侧面，由后膝到髋关节之间的部位。

后膝：以膝盖骨为基础，股骨下端向前隆起部位。

胫部：以胫骨为基础，后膝以下到飞节的部分。

飞索：以跟腱为基础，胫下部后面的索状物。

飞节：以跗骨为基础，胫与后管之间的关节。

飞端：以跟骨结节为基础，飞节部向后上方突出之最高点。

后管：以大跖骨及第二、四小跖骨为基础，由飞节到球节之间的部位。

腱：管骨后面的索状体，腱与管骨之间有明显的沟状分界。

球节：为系骨、管骨和籽骨三者所构成的球状突起，位于管的下端。

距和距毛：球节后面所长的长毛称距毛，距毛着生的内部角质物称距。

系：以第一趾骨为基础，在球节以下，蹄以上的部位。

蹄冠：蹄壁上缘一周隆起部分。

蹄：以冠骨、蹄骨为基础，包括蹄冠、蹄壁、蹄尖、蹄踵、蹄底等部分。

2. 马体部位鉴定

（1）头部：

大小：头的大小必须与躯干部部位相对称。一般应略等于颈长，长而大者多为重种，短而小者多为轻种。

头形：从侧面观察，由额部至鼻端呈直线者为直头（正头），是理想的头形；从额部至鼻端的连线弓隆者，为兔头；额部呈直线，鼻梁部弓起者，为半兔头；额部正常，鼻梁部有一凹陷，谓之凹头；另外还有楔头、羊头，均为不良头形。

方向：与地面呈 45°角倾斜者最为理想。

附着：头础应附着良好，即项部略长，界限分明，耳下广而稍凹陷。腭凹要宽广，咽喉易大。

眼：眼睛要大，两眼距离要远，大小对称，眼珠有光泽而灵活者为佳。

额：额部要宽广、平坦。

鼻：鼻梁须宽广，鼻孔要大，鼻翼需薄而灵敏。

耳：要中等大小，位置宽大而直立，转动灵活。

（2）颈部：

方向：颈与地面的夹角呈 45°者称斜颈，为理想的颈；与地面垂直者称垂直颈；与背线近于一条直线者，谓之水平颈，为不良的颈。

形状：颈上下缘均为直线，且与地面呈 45°左右的角，称正颈，是理想的颈形；颈上缘凸，颈下缘凹，头与地面近于垂直者，称鹤颈，为乘马和公马的良颈；颈上缘凹，下缘凸，头呈水平状者为鹿颈，是不良的颈形。

长度：与头长相比，大致等于头长者为中等长的颈；颈部大大超过头长者为长颈；比头短者为短颈。一般乘马的颈较长，挽马的颈短而宽厚。

附着：颈与躯干结合，上缘在鬐甲前方稍微低落，两侧以缓曲线和肩部相连，下缘在肩端连线稍上方者为良颈础。

（3）躯干：

鬐甲：乘用马要求高长，且有适当厚度的鬐甲；挽马应有比较低而宽广的鬐甲。鬐甲的高低应与尻高相比较，高于尻高甚多者为高鬐甲，反之为低鬐甲。

背部：背为短、宽、平、直，且肌肉发达者为佳。依其形状可分为直背（背线呈水平状）、凸背（背部弓起）、尖背（背部呈屋脊状）、凹背（背部凹陷）、复背（背部肌肉非常发达，背线呈一条纵沟）等。

腰部：需宽而短，腰肌发达，与背、尻结合良好。依其形状分为长腰、短腰、凸腰和凹腰等。

尻部形状：根据腰角与臀端的连线和从臀端所作水平线之间夹角的大小，可分为斜尻（夹角在 40°左右）、水平尻（夹角在 18°~19°）、正尻（夹角在 20°以上）等，挽马多斜尻，乘马多为水平尻，正尻适于任何类型的马。尻中线两侧肌肉丰满，中线呈现纵沟者为复尻，适于挽马；尻短而斜呈圆形，为圆尻，适于兼用马；中线两侧甚为倾斜，呈屋脊状为尖尻，是劣等尻形。长短与宽窄：挽马的尻要求长而宽大；乘马的尻应长宽适当；尻长等于尻宽者较为适中。

尾：在安静的状态下，尾以适当离开臀部者为佳。乘用马尾础较高，挽用马尾础较低。

胸部：

前胸：在正肢势情况下，两蹄之间的距离大于一蹄者为宽胸，适于挽马；等于一蹄者为中等胸，适于乘马和兼用马；窄胸对任何类型的马都不利。依其形状，胸的前壁与肩端成一垂面，胸肌发育良好，比较丰满者为平胸，是理想的胸形，凹胸，凸胸皆为不良胸形。

胸廓：长、深、宽的胸廓，胸腔容积大，心肺发达，对任何类型的马都是理想的。乘用马胸廓要求深长，宽度适中；挽用马胸廓要求深长，宽度充分。

腹部：腹部正常的马，腹线和胸下线成一水平线，逐渐向后呈缓弧线达于生殖器部位，两侧以适度的圆形移向歁部。不良的腹形有草腹、垂腹、卷腹。

歁部：该部要求短而充实，约容纳一掌为良。

生殖器：公马睾丸大小应适度，两侧大小一致，阴囊及阴筒皮肤要柔软；母马的阴门要紧闭。

（4）四肢：

前肢：

肩部：要求有适当的长度与倾斜度，长而斜的肩胛，对任何类型的马都为美格（长度等于体高的 2/5，斜度为 40°～60°者最适宜）。

上膊：上膊约等于肩长的 1/2，与肩夹角 115°，肌肉附着强大者为佳。

肘：要求长而强大，突出于后上方，方向端正。

前膊：长粗而肌肉发达，方向垂直者为佳。

膝：要求长、广、直而厚，轮廓明显，无弯凹及内外弧等。

管：需直而广，屈腱明显。

球节：以广、厚、干燥、方向端正者为良。

系：长度适当，约为管长的 1/3；倾斜角度在 45°～50°，和管在同一垂直线上为良系。角度过大为立系，角度过小为卧系，均不良。

蹄：大小要适中，蹄形要正确，蹄质应坚实，蹄尖与蹄踵之比约为 3：1，一般挽马的蹄较大，乘马的蹄较小。

后肢：

股部：股长斜，附着的肌肉长，伸缩力大，步幅大，利于速度，对乘用马是理想的；股短立，肌肉负担小，有利于发挥力量而持久，适于挽马和驮马。

胫部：胫部长斜，宽度适中，则附着的肌肉长而发达，步幅大，速度快，适于乘马；胫短立，附着的肌肉短宽，肌肉负担小，利于负重和持久，适于挽和驮。

后膝：应大而圆，稍向外张。

飞节：以长广厚，方向端正，结构干燥，不呈内外弧者为良。对后管、后球节、后系、后蹄的要求，基本上同于前肢。

肢势：

正肢势：

前肢：前望，由肩端引垂线，将前肢及蹄左右二等分；侧望，由肩胛骨中线 1/3 处引垂线，将球节以上各部分前后等分，垂线通过蹄踵后缘落于地面，系和蹄方向一致，且与地面略呈 45°～50°的角。

后肢：由两臀端向下引垂线，侧望该垂线触及飞端，沿管和球节后缘落于蹄踵的后方；后望这两条垂线将飞节以下各部位左右等分。系和蹄的方向一致，且与地面呈 50°～60°的夹角。

不正肢势：包括前踏肢势，后踏肢势，广踏肢势，狭踏肢势，X、O 状肢势，内向肢势，外向肢势和刀状肢势等。

（5）肌肉、筋腱、体质和气质：

肌肉：用手触摸颈部、背部、尻部、前膊及股部肌肉发育情况，要求肌肉坚实而肌界明显。

腱和韧带：观察管部腱的发育情况，以粗大明显者为好。韧带视其该项韧带的发育情况，要求强固坚实。

体质：根据马的具体表现；判定其体质类型，以干燥、结实的体质最为理想。

气质：根据马的外表，精神状态和对外界事物反应的敏锐程度，来判断马的气质表现。

（6）失格和损征：

失格：严重影响马体结构协调性和生产性能的缺点，谓之失格。可以补偿的为关系失格，如头过大、颈过细、背过长等。不能补偿的失格为完全失格，如单睾、隐睾、喘鸣症、鸡跛、失明等。

损征：马体在形态上的局部损伤或在功能上所引起的障碍，谓之损征。如管骨瘤、趾骨瘤、飞节软肿、球节软肿、膝软肿、外伤痕、变形蹄等。

（四）作业

（1）绘制马体部位名称图。

（2）简述马体的正肢势。

实习三　马匹毛色识别和年龄鉴定

（一）目的要求

（1）毛色和别征是识别马匹的重要依据。毛色识别，在品种观察、种马鉴定和生产实践中，均有其实际意义。通过实习，让学生初步掌握毛色和别征的识别。

（2）马的年龄和生产力、繁殖力有着密切的关系，年龄鉴定是养马不可缺少的基本知识。通过实习，让学生初步掌握马匹年龄鉴定的方法。

（二）材料

毛色别征彩图片一套，各年龄段马匹牙齿模型一套，马若干匹。

（三）内容

1. 毛色和别征识别

（1）马的毛色：

①骝毛：全身被毛为红色、黄色或褐色，长毛和四肢下部为黑色，称为骝毛。某些个体口眼周围及腹部毛色较淡，四肢下部不全是黑色，也属于骝毛。

红骝：全身被毛为红色，长毛及四肢下部为黑色，亦称枣骝毛。

黑骝：全身被毛为黑色或接近黑色，口眼周围及腹部、鼠蹊部为茶褐色或灰白色。

黄骝：全身被毛为黄色，不具备海骝、兔褐之特征者。

褐骝：全身被毛为褐色，长毛及四肢下部为黑色。

②栗毛：全身被毛和长毛均为较红的栗壳色，有些个体的长毛比被毛略浓或略淡，皆为栗毛。按被毛色的不同可分为以下几种。

红栗：全身被毛呈浅红色或紫红色，长毛略浓或淡。

黄栗：被毛和长毛皆为淡黄色。

金栗：被毛金黄，日光下呈现黄金的光泽者。

朽栗：被毛暗而无光，如枯朽木材色，长毛较浓。

③黑毛：全身被毛及长毛均为黑色，但有浓淡程度的不同，无黑骝毛的特征为黑毛。可区分为以下几种。

纯黑：被毛和长毛浓黑而有光泽者。

淡黑：被毛和长毛冬季呈灰黑，夏季呈淡黑。

锈黑：全身被毛和长毛呈黑色，但毛尖呈红褐色。

④青毛：全身被毛和长毛黑白毛混杂。幼年时黑毛较多，白毛很少，随着年龄的增长，白毛增加，最后完全变为白色，但皮肤、蹄及眼的周围全为黑色。依黑白毛的多少，分为下列几种。

铁青：全身被毛黑毛甚多而白毛甚少者为铁青。

红青：被毛为青毛色，而毛尖略带有红色者为红青。

菊花青：在青毛马的肩部、肋部、尻部有暗色斑状花纹者。

斑点青：青毛马年龄到十二三岁时，在颜面、颈、尻等处，散生许多深色的斑点，谓之斑点青。

白青：被毛黑毛甚少，白毛甚多，甚至全部为白色，但皮肤仍为黑色者为白青。

⑤兔褐：全身被毛为红、黄、灰等色，长毛表面和被毛同色，中部为黑色，四肢下部近于黑色。背部有骡线，四肢有斑马纹（或称虎斑，是前膝和飞节部的暗色花纹），肩部有鹰膀（肩胛部的暗色条纹）特征者称兔褐毛。由于被毛的颜色不同，可分为以下几种。

灰兔褐：全身被毛为土褐色，和野兔毛色相似。

黄兔褐：全身被毛呈黄色。

红兔褐：全身被毛大致为红色。

青兔褐：全身被毛为青毛色。

⑥海骝：全身被毛为草黄色或深黄色，长毛表面与被毛相似，内部为黑色，四肢下部亦为黑色，头部略带黑色。背部有骡线，但不是必要有之特征。

⑦鼠灰：全身被毛为鼠灰色，头部为深灰色，长毛和四肢下部近黑色，多数个体有背线，但无鹰膀和斑马纹，俗称"耗子皮毛"。它与兔褐不同之点，主要是被毛的毛色不同。

⑧银鬃：全身被毛为栗色，鬃尾鬣长毛为灰白色，四肢下部较躯干亦淡，而与栗毛有别者，谓之银鬃。

⑨银河：全身被毛为乳白色或淡栗色，长毛及四肢下部为白色或接近白色，称为银河。某些个体皮肤为粉色，眼的虹彩和蹄部都缺乏色素，可特称为白银河（俗称玉石眼）。

⑩花尾栗：全身被毛为朽栗色，头部色泽更暗，口眼周围，腹下及鼠蹊部色泽较淡，鬃、鬣、尾长毛黑白毛混生，呈灰白色者，称为花尾栗。

⑪沙毛：在有色被毛中，混生有白毛，但混生的白毛很少，不影响原有的毛色，可依其原有毛色定名。如以栗毛为基础者，可称为沙栗；以骝毛为基础者，称为沙骝。

⑫花毛：在有色毛的基础上，全身各处生有连续性大小不等的白斑，白斑甚至超过基础毛色，均称为花毛。

⑬斑毛：被毛在白毛色的基础上，全身散生有带色的斑块，称为斑毛。

（2）别征：除毛色外，白章、暗章、异毛瘢痕和旋毛等均属别。它们是分辨马匹的辅助标志。

①白章：凡暗色毛马在头部及四肢下端的局部白斑均称为白章。

头部白章根据额、鼻、唇等部位所生白毛的多少和形状分为下列各种：

额刺毛：额部散生性白毛，而且范围很小，亦称飞白。如果白毛散生的范围比较大，称为额霜。

星：为额部的白斑。白斑特大的称白额，形小的称小星。星向下延长称流星，依据形状有长流星、短流星、广流星、断流星等。

白鼻：自鼻梁至上唇的长白斑。如果仅鼻端有白斑称鼻端白，白斑特别大的称白脸，俗称"大白脸"或"孝脸"。

唇白：指上唇或下唇的小部分白斑。如果上下唇全白称粉口。

四肢白章：主要指四肢下部各部位白斑。依白斑的大小和部位而分为营白、系白、系半白、系凹白、距毛白、蹄冠白等。管白又分为1/3管白、2/3管白或全白。四肢管部均为白色者称为深踏雪俗称"雪里站"，四系均白者称为浅踏雪。四肢白章的记载除上述特征外，尚需写明白章的部位在前、后、左、右哪一侧，如左（右）后系白，左（右）前管白等。

②暗章：指躯干和四肢的暗色条纹。如背部的骡线，肩部的鹰膀，腹下、膝与飞节部的虎斑或斑马纹等，均属暗章。驴、骡均具有全部或部分暗章，是马属动物共有的原始特征。

③旋毛：可作为识别马匹的辅助标志。记载时，应注意其部位、形状和数目。常见者如额旋、鼻旋、颈旋、胸下旋、胘旋等。

④瘢痕：是指马体局部因外界某种原因而遗留下来的异毛或痕迹，可作为后天性特征，加以简明记载。如烙印、鞍伤和异疵毛等。

2. 年龄鉴定

1～2周：乳门齿长出。

6个月：乳隅齿长出。

1岁：乳切齿长齐，乳门齿黑窝消失。

2岁：乳隅齿黑窝消失。

3岁：永久门齿长齐（一对牙）。

4岁：永久中间齿长齐（4个牙）。

5岁：永久隅齿长齐（牙齐口），公马的犬齿长出。

6岁：下颌门齿黑窝消失。

7岁：下颌中间齿黑窝消失，上隅齿出现燕尾。

8岁：下颌隅齿黑窝消失，中间齿出现齿星。

9 岁：上颌门齿黑窝消失。

10 岁：上颌中间齿黑窝消失。

11 岁：上颌隅齿黑窝消失。

12 岁：下颌门齿齿坎痕呈点状，磨面近圆形。

13 岁：下颌门齿齿坎痕消失，中间齿齿坎痕呈点状。

14 岁：下颌中间齿齿坎痕消失。

15 岁：下颌隅齿齿坎痕消失，下门齿齿面呈三角形。

16 岁：下颌门齿齿坎痕消失，下中间齿磨面呈三角形。

17 岁：上颌中间齿齿坎痕消失，下隅齿磨面呈三角形。

18 岁：上颌隅齿齿坎痕消失。

（四）作业

（1）试述各种毛色的特征。

（2）3～18 岁年龄段，年龄鉴定的主要依据是什么？

实习四　马品种的识别

（一）目的要求

通过观察品种活体、照片、模型和幻灯片等，熟悉国内外主要马匹品种的产地、类型及外貌特征等，认识马品种。

（二）材料

（1）标有各主要马种产地和分布的中国和世界地形图。

（2）放大的品种照片、挂图或模型。

（3）当地能见到的品种个体若干匹。

（4）幻灯机和马品种幻灯片。

（5）国内外主要马匹品种的简要文字介绍。

（三）内容

（1）到校办牧场或附近马场、配种站实地观察某些纯种马匹个体的体质、外貌、特点和品种特征。

（2）观看各品种马的模型、照片或幻灯片，参照教科书和有关材料，认识这些品种马的类型和特征。

（3）观看地形图，了解各主要品种的产地、分布区域及大概的自然环境条件等。

（四）作业

写出对实习中所观察过的马品种的识别（包括它的产地、类型、品种特征和体质、外貌上的优缺点等）。

实习五　马匹刷拭与护蹄

（一）目的要求

加强学生对刷拭与护蹄意义的认识，掌握马体刷拭和护蹄操作规程与技能。

(二) 材料

(1) 马体刷拭用材料：实习用马、草刷或草把、鬃刷和棕刷、木梳、铁刨、洗涤桶、擦布、蹄钩。

(2) 护蹄用材料：蹄钩、洗涤桶、装蹄箱、削蹄及装蹄工具、保定绳、修蹄台、二柱栏等。

(三) 内容

1. 刷拭方法

(1) 注意事项：

①马体刷拭要依序进行。

②操作熟练，轻重适宜，周到细致。

③注意安全，防范踢咬，杜绝意外事故。

(2) 刷拭操作：先用草把或草刷粗略扫去马身上的草屑、泥垢、粪污和脱换的被毛。动作应快捷、有力、确实，按照先左后右，由前向后，从上到下依序而行。

草把刷后再用鬃刷按顺序细刷马体。通常应一手持刷，另一手持铁刨，先从左侧头部开始，顺序刷拭左侧颈、躯干、前肢和后肢。刷毕左侧，再刷右侧。对背、肋部应作划弧刷拭，腰部要轻刷，不宜用力过重，尻、股部应自下而上，由后向前，背和腰部、颜面部应顺毛轻刷。对不易刷到的部位，如下胸、腋间，颌凹处应仔细刷到，不可忽略。刷拭中一般应先逆毛、后顺毛，手臂伸长，重去轻回，每刷三四次，用铁刨随时刮去鬃刷上的灰尘和脱毛。操作应避免毛刷冲撞马体。

马体全身刷完后，可用干净湿布擦净耳、眼、口、鼻等无毛部位，并用另一块湿布按先逆后顺将马全身擦拭一遍，再用毛刷顺毛梳理 1 次。对鬃、鬣、尾等长毛可用木梳仔细梳理，定期用肥皂水洗涤和修剪。

在日常管理马匹中，对役马应每天刷拭 1～2 次，休闲马每天 1 次，种公马每天 2 次。每次刷拭需 0.5h，重役马刷拭时间应延长。

2. 护蹄方法

(1) 护蹄要求：

①马厩地面平坦、干湿适度。

②随时清除粪便，加垫新土，不使马蹄在粪尿污染中浸泡。

③每天清理蹄底，清洁蹄壁，定期修正蹄形。

(2) 护蹄方法：

①日常操作：每日马体刷拭之后，用蹄钩除去蹄底污泥或石子、黏土等物，再用水洗净蹄壁和蹄底。

②修蹄：马蹄角质部每月可生长 8～10mm，幼驹更快。不加修蹄易引起蹄形不正，造成肢势不正，甚至完全不能使役，因此马蹄必须定期修削。在农区役马每 1～1.5 个月削蹄 1 次，幼驹应根据蹄角质的生长程度和蹄形情况而定，一般每月削蹄 1 次。削蹄除去蹄底和蹄叉部的枯角质、蹄壁及负面的延长部分，并修整蹄形。削蹄前，先让马站立在平坦坚硬地面，观察马的肢势、蹄形，确定要削的部位。正肢势的蹄壁，应保持与地面的合适角度，即前蹄 45°～50°，后蹄 50°～55°。为此削蹄前可先用蹄钳剪去蹄的延长部分，再用蹄刀削去枯角质到蹄负面露出白线为度，蹄底蹄叉露出新角质便可；把蹄叉中沟、侧沟削成明显的沟，

蹄支需要保留完整，最后铲平蹄底，修剪完毕。

因蹄形不同，削蹄方法要略有差别。对常见的高蹄和狭蹄，应少削或保护蹄底、蹄叉及蹄支，而多削负面；低蹄应保护蹄踵部分，而适当削切蹄尖部负面；外向蹄及内狭蹄，应保护蹄底及蹄叉的内半部；内向蹄及外狭蹄，应保护蹄底及蹄叉的外半部。修好的蹄，负面应较蹄底略高出 0.5cm 左右，蹄叉部可与蹄负面同高或略高。

③装蹄：装蹄俗称挂掌，是防止蹄过度磨损的有效措施。通常每隔 1~1.5 个月应装蹄1 次。最好是结合修蹄的同时换掉旧蹄铁。其技术性很强，应由专门人员从事。装蹄前首先要认真修蹄。使马蹄具备正蹄形。装蹄要求蹄铁面和蹄负面紧密吻合。蹄铁后部的铁缘，可较蹄负面稍多出少许，铁尾较蹄支角稍向后方延 0.25~0.5cm，不仅牢固耐用，亦能更好防止角质磨损。

（四）作业

（1）马体刷拭和护蹄意义何在？

（2）简述马体刷拭的方法。

（3）如何修蹄？对不正蹄形的切削要领是什么？

实习六　马具、马车和挽力测验

（一）目的要求

马嚼、马蹬和马鞍三大件是几千年间人类智能的产物，可谓乘马的三大发明。马具根据用途包括驮用、挽用和乘用 3 大类。本实习目的是熟悉各种马具及马车性能和使用方法，掌握套车与赶车技术、挽力测验方法。

（二）材料

驮用、挽用、乘用马具和马车。

（三）内容

1. 驮用马具　按其构造，包括以下几种。

（1）鞍架：是具有四脚的木架，形似坐凳，宽度略大于鞍座。两侧有横档，货物可以捆在鞍架上方及两侧。

（2）驮鞍：由左右两块鞍板构成拱形，上方以两块横的拱木固定。在拱木之间，构成鞍座，恰好能旋转鞍架。鞍下常垫以毛毡或棉絮等物制备的软鞍垫，以保护马背，免受磨伤。

（3）鞧：由鞧盖、鞧耳及后坐皮等组成。上盖呈三角形。置于尻的上方，借两侧鞧耳与坐皮相连，可提起坐皮于合适位置。坐皮是宽 6~7cm 的皮带，位于臀股后方，两端分别固定在鞍的左右后脚，拉住驮鞍的左右前脚，防鞍位后移。

（4）攀胸：为一根适当长宽的皮带，绕过前胸，两端分别固定在鞍的左右前脚，防鞍位后移。

2. 挽用马具　种类较多，驾辕马挽具最为重要，说明如下。

（1）挽鞍：在左右两块鞍板上，固定铁制的前后两个鞍桥，在鞍桥中间装有一块铁板拱，以撑"搭腰"。鞍板下面垫以皮制"鞍磨"，其下了衬以"软鞍垫"，以防出现鞍伤。挽鞍前连颈部的枷板，后接尻上的鞧盖，可防前后移动。

（2）搭腰：亦称辕绊，为宽 8~9cm，长约 60cm 的皮带，用以支持辕轩重量，其上方搭在鞍的前后桥之间，两侧下端有大铁环，用皮制的搭腰抓子套在辕杆前端。

（3）套包和枷板：套包即颈圈，里面填以草或棕皮柔软物质，外包以帆布或皮革。套包前颈左右两侧有两个圆木棒制"枷板"，是挽力的支点。在枷板中间各穿两个孔，用以联结挽索，枷板的上下两端用绳栓结，但下端为活结，套马或卸马时便于取下枷板。

（4）套索：套索的前端联结在枷板上。辕马套索的后端挂在辕杆上；稍马套索的后端固定在车轴上。

（5）肚带：肚带是一条比搭腰较窄的软皮带，两端做成皮圈扣在辕杆前端。防止马车上坡时车辕向上仰起，和搭腰一同保持车辕上下稳定。

（6）坐皮：是一条宽厚皮带，两端联结在搭腰抓子上，必须通过马臀部，由鞧盖和鞧梁保持水平。坐皮在马车下坡时，让马坐坡，用以制止车体下滑；地平时借它让马使车后退。

3. 乘用马具　主要包括马勒、乘鞍。

（1）马勒：结构主要包括顶革、额革、颊革、咽革、衔环和缰，用以操纵马匹。

（2）乘鞍：结构主要包括前桥、后桥、鞍身、鞍翼、肚带、镫、镫革等。

4. 马车　我国马车分为二轮车与四轮车两类，最普遍的为二轮车，仅在东北与新疆有四轮车。二轮马车主要是木轮大车，由于结构笨重、工作效率低、速度慢等诸多因素，现在木轮车越来越少，被胶轮大车代替。

胶轮车装备滚珠轴承和胶轮胎，结构坚固，运转灵活，阻力小，工作效率高。胶轮车装有刹车器，利于下坡时防止车顺坡滑下，能有效控制车体。一般大车重约450kg，装载后由1～4匹马挽拽。车身槽状通常装在二轮之间的辕木上或板状铺在两轮的上方，无车栏。一般可载重1t以上，大型的胶轮车甚至可载重3～5t，用挽马多匹合拽。

5. 挽力测验　挽力是马的重要生产力。挽力测验用挽力计进行。

（1）材料：挽力计（液压式或表盘弹簧式）（图实-1），体温表，秒表，马车或农具，测验用马，各项表格。

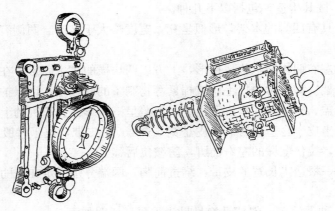

图实-1　马匹挽力计示意图

（2）方法：将挽力计安装在农具或马车与马匹套索之间，使马的挽力通过挽力计以测定之。

①马匹耕作能力评定：即测定马匹在规定时间（1h或更长时间）内所耕地的面积和耕

作质量。本测定可结合测定马匹持久力。即在测耕地前，先测马每分钟脉搏、呼吸次数和体温，耕地后再行测定以上生理指标及各指标恢复到耕地前水平所需时间，并结合观察马耕作中是否出汗、疲劳或极度疲劳等情况，作为持久力评定依据。

②按速力评定挽拽能力（XKM 载重测定）：即测定挽拽一定重量的大车行走一定距离所耗用的时间和挽拽后恢复正常呼吸、脉搏与体温所需要的时间，借以评定其挽拽能力。

③标准挽力的测定：标准挽力是指马在正常饲养管理和休息及健康状况良好时，日常使役所能负担的挽力。该挽力进行日常工作，在正常的前进速度下，不会表现疲劳。标准挽力的测定不仅对马匹品质性能给出了一般的说明，也为使役强度建立了标准。标准挽力一般约为马体重的 12%～15%，对不同体重的马，标准挽力有不同的计算公式。为了方便，将不同体重马匹标准挽力换算（表实-1）。

表实-1　马匹标准挽力换算

马匹体重（kg）	300	400	500	600	700
标准挽力占体重百分比（%）	15	14	13.4	13	12.7
标准挽力（kg）	45	56	67	78	89

④最大挽力的测定：最大挽力指马匹在挽拽车辆或农具时，所表现的最大挽拽能力。换言之，由于载重或阻力的不断增加，马匹已无力继续挽拽行进时所记录的挽力。最大挽力约为标准挽力的 3 倍以上，为马体重的 45%以上，甚至个别可达 90%左右。

⑤最高载重量的测定：在无挽力计，无法测定最大挽力时，让马拉一定载重大车行进，每隔 5～6m 加重一次，直至马拉不动为止，此时的载重加车重，即为该马的最高载重量。挽力可根据下列公式推算，即：

$$挽力 = 挽重（车重与载重）\times 阻力系数$$

或

$$挽力 = 耕深 \times 耕宽 \times 土壤阻力系数$$

在不同条件下，阻力系数因道路类型、坚实程度、耕地的土质、耕层深度、宽度，以及车辆和农具种类而异，事先需行查询和测定。

（四）作业

（1）说明驮用、挽用、乘用马具的名称、构造及使用方法，写出实习报告。

（2）说明胶轮大车的构造与特点。如何套车卸车？

（3）进行实际挽力、标准挽力和最大挽力的测定或计算。

实习七　马的主要疾病防治

（一）目的要求

通过患病马匹和病理标本鉴别，掌握马的常见疾病的诊断和防治方法。

（二）实习材料

患病马匹若干，挂图，病理标本，模型，录像带等。

（三）内容

马体的疾病总体上分为传染病、寄生虫病、内科病、外科病几大类。

1. 传染病 常见马的传染病有马传染性贫血、鼻疽、日本乙型脑炎、破伤风、马流行性感冒。

2. 寄生虫病 马的寄生虫病包括马裸头绦虫病、马副蛔虫病、马蛲虫病（马尖尾线虫病）、马圆线虫病、马副丝虫病（血汗症）、胃蝇蛆病。

3. 内科病 胃肠炎、肠阻塞、肠痉挛、肠膨气、肠变位、马肌红蛋白尿。

4. 外科病 牙齿异常、骨关节病、风湿病、屈腱炎、球节扭伤、飞节内肿、马蹄叶炎、蹄叉腐烂。

（四）实习方法

识别马的疾病时，首先在实验室内观察彩色照片、挂图和病理标本或切片或录像带等，然后仔细观察患病马匹，根据其所表现的各种症状，结合第七章所讲内容做出诊断，并提出合适的治疗方法。

（五）作业

（1）根据病理标本，判断其所患何病，一一作出说明。

病理标本一

病理标本二

病理标本三

（2）在实习场，对患病马匹做出诊断。

实习八　母马泌乳力测定

（一）目的要求

泌乳力是衡量乳用马生产性能的主要指标，是育种工作和生产实践不可缺少的数据。通过实习使学生初步掌握泌乳力的测定方法。

（二）材料

产奶母马若干匹、挤乳用具等。

（三）内容

1. 母马的挤乳特点 母马昼夜泌乳，泌乳量相当大，但乳房的容积较小，特别是乳池很小，容纳不下过多的乳汁，只有多次挤出，才能保证正常泌乳。因此，母马挤乳的间隔时间要短，挤乳的次数要多，一般间隔时间为 2～2.5h，每天挤乳 4～5 次。白天挤乳，夜里让幼驹哺乳。另外，母马挤乳过程应有阶段性，首先用 20～25s 时间把乳池内的乳汁排空，然后停顿 20～30s 时间，等乳汁从乳导管排出，乳头饱满隆起时，再迅速将乳汁挤出，并且尽量将乳房排空，否则往往会导致排乳抑制，影响泌乳量，这段挤乳时间持续 2～3min。

2. 挤乳技术 挤乳动作要迅速，每分钟要挤 120～150 次，整个挤乳时间持续 3～4 分钟。

（1）滑榨法：这种方法是先用乳汁将乳头润湿，然后用手指夹紧乳头，由上往下滑动，把乳汁榨出。这种方法容易学，但不卫生，容易使乳头皮肤发生裂纹，使黏膜破裂，使乳头拉得过长。因此，只是对发育不良的小乳头、过细过短的乳头，才使用滑榨法。

（2）压榨法：是用拇指和食指压紧乳头基部，然后用中指、无名指和小指顺序压榨乳头，将乳汁挤出。用压榨法挤乳，能保持乳头的干燥及乳汁卫生，母马也不感到疼痛，是手工挤乳较好的方法。

（3）机械榨乳：榨乳机分两拍节和三拍节两种。三拍节榨乳机的动作可分为吸乳、压榨及休息三个节拍，是比较好的榨乳机。机械榨乳的操作程序是：先用 35℃ 的热水，在准备室清洗榨乳机，然后打开真空开关，将榨乳杯套在乳头上，把集乳器吊于马体后躯，以免脱落；调整搏动频率，每分钟搏动 45～50 次为正常；通过乳玻管观察排乳情况，当看不到乳流时，立即停止榨乳，严禁榨乳机跑空车，因为跑空车会引起母马不安，使母马泌乳规律紊乱，诱发乳腺炎等。

3. 泌乳力测定

（1）实地称量法：这种方法是让母马与幼驹彻底隔离，对幼驹实行人工哺乳，每天安排挤乳 6～7 次，在每次挤乳时对每匹母马的产奶量进行过秤和记录，统计出每匹母马的日产奶量、月产奶量及一个泌乳期的产奶量。该方法所得数据精确可靠，但比较费时费力，育种群和舍饲高产群可以采用。

（2）估产法：有些马场由于人力和其他条件的限制，可采用估产法测出大致的产奶量。

①二分之一昼夜测定法：这种方法是根据马乳分泌 24h 均衡的规律，只测定一段时间泌乳量，就可以计算出一昼夜的泌乳量。方法是白天挤乳，夜里让幼驹哺乳，挤乳时先将母马和幼驹隔开，挤净乳房中的乳汁，然后每隔 2h 挤乳 1 次，量取挤乳量，做好记录，每天挤乳 3～4 次，得出实际挤乳量，再用 N. A. 萨伊金公式推算出一昼夜产奶量。其公式为：

$$Y_C = (Y_T \times 24) / T$$

Y_C 为一昼夜产奶量；Y_T 为实际挤乳量；T 为挤乳期间母子隔离时间（h）；24 为昼夜小时数。

②间隔 10d 测定法：每 10d 测 1 次母马的日产奶量，将所得的数据用 10 乘，则为 10d 的产奶量，每月实测 3 次，即 1、10、20 号各测 1 次，就可以得到月产奶量及整个泌乳期的产奶量。

（四）作业

用估产法推算出 3～4 匹母马 5 个月的泌乳力。

实习九　马匹屠宰方法、胴体评定与产肉性能测定

（一）目的要求

掌握杀马的方法和操作步骤，马胴体膘度的评定方法，胴体分割及各部位品质观察和等级划分，学习资料的搜集与分析方法，了解不同品种、性别、年龄马的活重、胴体、净肉重、骨骼重，计算屠宰率、净肉率。

（二）实习内容和方法

1. 现场参观实习　在有屠宰场的地方，可到屠宰场进行参观实习。先请场方介绍马匹来源，屠宰前的育肥情况，各季度的屠宰数量，近年屠宰的马匹，在活重、胴体重、屠宰率和净肉率等方面的变化，请场方有关人员作屠宰示范，评定马胴体的膘度，分割表演介绍不同部位的特点（纤维粗细、色泽、脂肪分布、食用特点等）及等级划分。

2. 资料分析　在现场取得屠宰实验材料。计算屠宰率，比较不同品种、性别、年龄的产肉力。

$$屠宰率 = 胴体重（kg）/ 活重（kg）×100\%$$

胴体重即屠体放血、剥皮、去掉头、四肢腕、飞节以后部分和内脏所剩的体重。

$$净肉率 = 净肉重（kg）/ 活重（kg）×100\%$$

净肉重是指胴体剔骨后肉和脂肪的重量。国外，净肉重与胴体重之比，即胴体净肉率。

$$胴体净肉率 = 净肉重（kg）/ 胴体重（kg）×100\%$$

（三）作业

写出实习报告，交资料分析结果。

马业专业名词英中对照

A

a pair of horseshoes（horseshoe, plate, sabot） 一对蹄铁

abdomen 腹

abduction 外转动作

abnormal behavior 恶癖行为

abnormal gait 异常步法

abortion 流产

acceleration sprint 全力奔跑

acclimatizing run 调教走法

acupuncture 针疗法

acute fatigue 急性疲劳

adaptability 适应性

adduction 内转动作

affair（race, running horse, racehorse） 赛马

affiliative（amicable）behavior 亲和行为

African horse sickness 非洲马瘟

aged 年龄

air dry 自然干燥

Akhal-Teke horse 阿哈尔捷金马

also run 号外马

alter（castrate, emasculate） 去势

American Association of Equine Practitioners（AAEP） 美国马临床兽医师协会

American Endurance Riders Council（AERC） 美国马耐力赛协会

American Horse Council（AHC） 美国马审议协会

American Horse Shows Association（AHSA） 美国马术竞赛协会

analgesic 镇静剂

Andalucian horse（Pure Spanish Horse, PRE） 安达卢西亚马

antilactate 耐乳酸能力

apprentice jockey 实习骑手

approach stride 准备步法

appuyer 横步

Arab horse（Arabian） 阿拉伯马

arena 马场

artificial insemination 人工授精

artificial gait 人为步法（调教步法）

artificial vagina 假阴道

Asian Racing Conference（ARC） 亚洲赛马会

Asiatic wild horse（Mongolian wild horse） 亚洲野马

Asphyxia 窒息（假死）

ass 驴

Association of Racing Commissioners International（ARCI） 国际赛马协会

asymmetrical gait 非对称步法

at stud 种公马

athletic performance 比赛成绩

aubin 轻度跑步

auction（selling） 马拍卖会

B

baby race（juvenile race） 二岁马比赛

back 背

bad acter（actor） 恶癖马

bag 马乳房

bag spavin 飞节软肿

bald 白梁马

bar 拴马棒

Barb 巴布马（一译柏布马）

bare back 裸马

bare foot　无蹄铁

barn（stable，stall）　马舍（马圈）

barnacle（nose twitch）　鼻捻棒

barrel racing　绕桶

barren mare　空怀母马

barrier trials　试闸

bars　齿槽间隙

base of neck　颈础

base of tail　尾根

bat　鞭子

bay　骝毛

bedding　马房垫草

Belgian draft horse（Belgian heavy horse）　比利时挽马（即勃拉邦逊马）

betting ticket　马票

big-head（bran disease）　大头病

billet　马笼头环

bit　衔铁

biting　咬马

biting tooth　前齿（切齿）

black（jet black）　黑马（黑毛）

black smith　修蹄师

black point　暗章

bleeder　马鼻出血

blinkers　眼罩

blood horse（Thoroughbred）　纯血马

blood-sweat horse　汗血马

blowing　马鼻音

body brush　马刷

body condition　体况

body condition score　体况评分

body height　马体高

body length　马体长

body measurement　体尺

body temperature　马体温

body weight　马体重

bolt（break through）　躲走马

boots　护腿

bow-legged（open knees，varus）O形腿

（亦称外弧姿势，弓形腿）

box　箱型马房

Brabant　勃拉邦逊马（又译布拉邦逊马）

brand mark　烙印

branding　烙印

bray　驴鸣（叫声）

breaking　驯服

breaking tackle　调教用具

breast　前胸

breast strap　马胸带

breeding farm　育成牧场

breeding mount（dummy，phantom）　台马

breeding season　马繁殖季节

breeding station　配种站

Breton horse　布尔东马

bridle　勒（水勒）

bridle（head stall）　马笼头

bridle path　马道

brown　褐毛

buck　尥蹶子

buck-kneed　弯膝

buckskin（dun）　沙毛

Budenny　布琼尼马

bull ring（grass surface）　草地马场

bust　骑乘调教

buttock　臀

by a half of length　差半马身

by a head　差一头

by a neck　差一颈部

by a nose　差一鼻孔

C

Ca：P ration　钙磷比

calf-kneed　凹膝

calico（pinto，paint horse）　花毛（驳毛）

callosity（chestnut，night-eyes，castor，kerb，mallender）　附蝉（夜眼）

cane　竹鞭

canine teeth（canines） 犬齿

cannon 管

cannon circumference 管围

canter 慢跑步

canterbury gallop 快速跑步

cardiac muscle 心肌

carriage 马车

cart driver 车把式（赶马车者）

cart horse 拉车用马

caslick's operation 阴道（部分）缝合手术

Caspian horse 里海马

cautery 温灸

cavalry horse 骑兵马

cavalry trot 骑兵队速步

cecum［c（a）ecum］ 盲肠

center of gravity of a horse 马体重心

Certificate of Foal Registration（CFR） 马驹登录证明书

chart book 比赛成绩书

cheek 颊

cheek teeth（griffin tooth） 臼齿

chest 胸廓

chestnut 栗毛

chestnut（night-eyes） 附蝉，俗称夜眼

Chinese Equestrian Association（CEA） 中国马术协会

China Horse Industry Association（CHIA） 中国马业协会

cinch（cinchas） 腹带

cinch up 系腹带

circumference of the chest 胸围

Cleveland bay 克里福兰骝马

coat color 毛色

cold blood 冷血种

colic（gripes） 马疝痛

collar 颈圈

collected canter 收缩慢跑步

collected trot 收缩快步

collected walk 收缩慢步

colt 满四岁公马

condition race 有条件赛事

conformation 体型外貌（马格）

constitution 体质

contagious equine metritis 马传染性子宫炎

continued grazing 全天放牧

convex profile head 羊头

coronet 蹄冠

coupling 欣部（饿凹）

cow-hocked（knock-knees，knock-kneed，valgus） X形腿

crampy 拐行

crash skull 骑手帽

cream（palomono） 淡黄马

crest 鬣床（颈脊）

croup（rump） 尻

cryptorchid（Rig） 隐睾

cup 黑窝

cutting 骑马截牛

D

dam 母马

Danish warmblood 丹麦温血马

dappled gray 菊花青

dark bay 黑骝毛

dark chestnut 黑枣红马

defect（blemish） 损征

dental star 齿垦

dirt track 沙道

dismount 下马

disposition 悍威（性格）

distance race 长距离赛马

distance runner 长距离马

dog-legged driving whip（driving whip，whip，wip） 马鞭

domestic horse 家马

domestication of the horse 马的驯化

Don 顿河马

donkey（Ass） 驴

dorsal stripe（eel-stripe） 背线

double rump 复尻

dourine 马媾疫

dove tail 燕尾

draught horse 挽马、盛装舞步、盛装舞步赛

dressage 场内马术

dressage saddle 马术马鞍，舞步鞍

driver 驾车手（驭手）

driving competition 马车赛

dropping（dung） 马粪

dry coat 无汗症

dry matter（DM） 干物质

dude horse 旅游用马

dun 兔褐毛

dust-bathing（roll up，sand rolling，sand-bathing） 马沙浴

Dutch warmblood 荷兰温血马

E

ear down 耳捻保定法

elbow 肘

empty mare（non-pregnant） 空怀马

endurance 持久力

endurance race 耐力骑乘比赛

endurance racing 长途耐力赛

endurance training 耐力训练

entry 参赛马登录

entry list 参赛马登录表

equestrian 马术家

equestrian coach 马术教练

equidae 马科

equine business management 马商业管理学

equine encephalomyelitis 马脑脊髓炎

equine infectious anemia（EIA）（pernicious anemia） 马传染性贫血（马传贫）

equine influenza（EI） 马流行性感冒（马流感）

equine piroplasmosis 马巴贝斯虫病

equine science 马的科学

equine sports medicine 马运动医学

equine swimming pool 马游泳池

equine rhinpneumonitis（ER） 马鼻肺炎

equine viral arteritis（EVA） 马病毒性动脉炎

equipment 马具

equitation 马术

equus 马属

equus asinus 非洲野驴

equus caballus 马

equus hinnus 驮骡（$n=63$）

equus mulus 骡（$n=63$）

equus przewalskii 蒙古野马（普氏野马）

equus zebra 斑马（Mountain zebra，$2n=32$，Grevy's zebra，$2n=46$）

ergot 距

estrus heat 发情

exercise boy 调教骑手

exhibition of horses 马展

extended canter 伸长慢跑步

extended gait 伸张步法

extended trot 伸张速步

extended walk 伸长慢步

exterior 外貌

F

faint mark 微刺毛

Falabella 法拉贝拉矮马

false pregnancy 母马假妊娠

farcy（glandere，equine glands） 马鼻疽

farrier（horse shoer） 钉蹄师

feather（hairy heel） 距毛

feather mark 羽状旋毛

fecundity 马的繁殖力

feed storage 饲料间

FEI 国际马术联合会

fetlock 球节

filly 母驹

flank 胁

flat racing 平地赛马

flea gray 跳蚤青

flehmen 反唇（性嗅反射）

foal 产驹

foal box 分娩马房

foal heat 产后发情

foaling mare 哺乳母马

foaling record 生产记录

foot (hoot) 马蹄

forage storehouse 马料库

forearm 前膊

forehead 额

forelock 鬃

four time (lateral gait) 走马（对侧步）

four white feet 踏雪

French trotter 法国快步马

free-legged pacer 先天性对侧步

freeze-brand 冻印

Friesian 弗里斯马

frog 蹄叉

G

gag 开口器（检查牙齿用）

gait 步法

gallop 快速跑步

galvayne's groove 隔齿纵沟

gaskin 胫

gelding 骟马

general-purpose saddle 综合鞍

Gidran 奇特兰马（一译基德兰）

ginney (groom, lad, groom, guinea, hostler, swipe) 马饲养员

girl chasing 姑娘追

girth 英国指肚带（美国用 cinch）

girth circumference 马胸围

glanders 马鼻疽

goat grabbing competition 马背叼羊

gray (grey) 青毛

groin 鼠蹊部

groom 马夫

grooming 刷拭

Group I (Gr. I) 1 级赛

Group n (Gr. 2) 2 级赛

Group m (Gr. 3) 3 级赛

Group races 分级赛

grouping pen 分群栏

guttural pouch (Auditory tube diverticulum) 马喉囊

H

Hackney 哈克尼马

Haflinger 哈弗灵格马

half-bred 中间种

halfbred horse 半血马

half-pass 斜横步

halter 笼头（头络）

handicap race 让磅赛马

handicapper 评磅师

Hanoverian 汉诺威马

harness horse (light draught horse) 轻挽马

harness racing 轻驾车赛马

head marking 头部白斑

heart girth (chest girth) 胸围

heavy draught horse 重挽马

heel 蹄踵

height at withers 体高（鬐甲高）

high lope 快速跑步

hinny 觖腮（驴骡）

hip (haunch) 腰角

hippology 马业学

hippometry 马体测定法

hippotherapist 乘马疗法士

hippotherapy 乘马疗法

history of horse racing 赛马史

hock 飞节

Holstein　荷斯坦马（曾译霍士丹马）

hook　燕尾

horse　马

horse ambulance　急救运马车

horse behavior　马的行为

horse blanket（rug）　马衣

horse breeder　育马者

horse breeds　马品种

horse culture　马文化

horse farm　马场

horse feeding management　马的饲养管理

horse float（horse van）　运马车

horse harness（horse gear，tack）　马具

horse history and evolution　马的历史和进化

horse husbandry　养马学

horse man（horse woman）　马人

horse meat　马肉

horse name registration　马名登录

horse owner　马主

horsepower（HP）　马力

horse racing　赛马

horse racing industry　赛马业

horse racing law　赛马法

horse racing rules　赛马规则

horse raising　养马

horse rustler　擦汗板

horse science and industry　马业科学

horse-shoeing（farriery，plating）　装蹄

horse weighing scale　马测体重仪

horseback riding　乘马

hot blood　热血种

hunting　用马狩猎

hurdle race（steeplechasing，infield race）　障碍赛马

hybrid　杂种

hyperidrosis　多汗症

I

ideal conformation　标准体形

identification　个体识别

ileum　回肠

imperial crowner（purier）　落马

incisor　切齿

infectious adenitis（strangles）　腺疫

International Agreement on Breeding and Racing（IABR）　赛马和育成国际协定

International Conference of Equine Exercise Physiology（ICEEP）　国际马运动生理学会

International Conference of Racing Authorities（ICRA）　巴黎国际赛马会

International Conference on Equine Infectious Disease（ICEID）　国际马传染病会议

International Equestrian Federation（FEI）　国际马术联盟

International Olympic Committee（IOC）　国际奥委会

International Sports Federations（ISF）　国际赛马联盟

International Stud Book Committee（ISBC）　马国际血统书委员会

isabella（palomino）　海骝马

J

jack　公驴

jenny　母驴

jockey　骑手

jockey candidate　候补骑手

jockey's license　骑手证

judge　审判长

jumping　超越障碍赛

jumping ability　跳越障碍

K

kave（digging）　前腿挖地

kicking（striking）　踢蹴

knee（knee joint）　前膝

knee bones（carpal bone） 腕骨

L

labor（parturition） 分娩

large oval star 大流星

large star 大星

lateral lying 横卧休息

leading 牵马

lead lope（lead rein，lead shank） 抢绳

lead pony（leader，leadership） 诱导马
（先头马）

leg marking 白蹄马

length 差一马身

lengthy 体长

light breed horse 轻种马

lock mark（whirl，whorl） 旋毛

M

man eater 咬人马

man killer 恶癖马

mane（mane wool） 马鬃

manure（muck，feces） 马粪

mare 母马

marking 互识

molars 臼齿

Mongolian horse 蒙古马

Mongolian wild horse（Taki） 蒙古野马

mount（mounting） 爬跨

mule 骡

muscle 肌肉

muscle fatigue 肌肉疲劳

muscle strength and velocity training 肌肉
强度和速度训练

N

nag 乘用马

natural gaits（principal gait） 基本步法

natural service 本交

neural excitation 兴奋

nomination 配种费

number of races run 比赛次数

number of service 配种次数

number of starters 比赛头数

numnah（pad，panel，saddle blanket，sad-
dle cloth） 鞍褥

O

official order of placing 确定名次

outlaw 荒马

P

pack horse 驮马

paring the hoof（trimming the hoof，prepa-
ration） 削蹄

pasture（paddock） 放牧地

Percheron 佩尔什马

physique 马体型

pigskin 比赛用马鞍

placing 比赛顺序

plaiting（rope walking） 交叉步法

polo 马球

polo plate 马球用蹄铁

pony 矮马

post time 比赛开始时间

pulled tail 整尾毛

R

race card 参赛马名录

race condition 比赛条件

race course 赛马场

race meeting 举行赛马

race performance（racing performance）
比赛成绩

racing calendar 赛马成绩表

racing colors 骑手登录服色

racing fan 赛马爱好者

racing fixture 比赛日程

racing industry 赛马产业

racing industry　赛马产业

racing official　赛马组织者

racing plate　比赛用蹄铁

racing program　赛马节目

racing saddle　赛马用鞍

racing silks　骑手服

racing time　乘骑时间

rearing farm　育成牧场

reata　投绳

recreational riding　旅游用马

registration of breeding　血统登录

riding club　乘马俱乐部

riding equipment　马具

riding for the disabled　残疾人骑马

Riding for the Disabled Association（RDA）
　　残疾人骑马协会

riding horse　骑乘马

riding position　骑马姿势

riding stick　骑马用短鞭

runner-up　比赛成绩第二

S

saddle gall（saddle sore）　鞍伤

saddler　马具屋

saddle up（saddling）　装鞍

school horse　骑乘教育用马

sire（stud horse，stallion）　种公马

sire line　父系马

skeletal muscle　骨骼肌

smooth muscle　组肌

stallion station　种马场

standing-resting　站立休息

step（step length）　步幅

stirrup　马镫

stirrup leather　马镫皮革

Stud Book Certificate　血统登录证明书

suckling（weanling）　马驹子

sweat scraper　刮汗板

T

teaser female　试情母马

teaser stallion　试情公马

temperament　马的气质

thermocautery　烙印

three-day event　三日赛

three-gaited horse　三种步法马

Tibetan horse　藏马

tilting table　马用手术台

trail riding　野骑

trainer　调教师（练马师）

training　调教

training arena　练习场

training assistant　调教助手

training cart　调教用马车

training effects　调教效果

training plate　调教蹄铁

training track　调教场

Trakehner　特拉克纳马

transcaspian wild ass（Kulan）　库兰驴

trot　快步

trotter　快步马

turf track　草道

twitch　鼻捻子

U

unbroken horse（green horse）　生马

underline　腹线

unsoundness　失格

V

vaulting　马上体操

veterinary treatment room　兽医治疗室

vice　恶癖

visor（blinker，winkere）　遮眼带

W

walk　慢步

walking machine　遛马机

walk-trot horse　快步马

wall eye（glass eye）　玉石眼（亦称玻璃眼）

war horse　战马

warm blood　温血马

warmblood　温血种

weanling　断乳马驹、断乳

weight　负重

Welsh pony　威尔士矮马

western saddle　西部鞍

Westphalian　韦斯特法伦马

whip　马鞭

white face　白脸

white marking　白章

white muzzle　粉口

whorl（cowlick）　旋毛

wild horse　野马

winning post　比赛终点

windsucking（cribbing）　咽气癖

withers　鬐甲

wolf teeth　狼牙

wood chewing　啃槽癖

work　功

working horse　役马

World Breeding Federation for Sport Horses（WBFSH）　马术运动用马世界育种联盟

world equestrian games　世界马术大会

world thoroughbred rankings　世界纯血马评分

Wurttemburg　沃腾堡马

Y

yearling　未满一岁马驹

Z

zebra markings　斑马纹

zebroid　斑马骡（马和斑马的后代）

zeonkev　斑驴骡（斑马和驴的后代）

主 要 参 考 书 目

崔培溪 . 1981. 养马学 [M] . 北京：农业出版社 .

侯文通 . 2013. 现代马学 [M] . 北京：中国农业出版社 .

李卫平 . 2002. 现代中国爱马人手册 [M] . 北京：中国铁道出版社 .

芒来 . 2007. 蒙古族马事文化 [M] . 日本国秋葉原书社 .

芒来 . 2007. 轻型马饲养标准 [M] . 北京：中国农业大学出版社 .

芒来 . 2009. 马在中国 [M] . 香港文化出版社/中国马业出版有限公司 .

芒来 . 2013. 养马宝典 [M] . 香港文化出版社/中国马业出版有限公司 .

芒来等 . 2002. 蒙古人与马 [M] . 赤峰：内蒙古科学技术出版社 .

芒来等 . 2012. 草原天骏 [M] . 呼和浩特：内蒙古人民出版社 .

芒来等 . 2013. 内蒙古自治区蒙古族马文化 [M] . 呼和浩特：内蒙古教育出版社 .

芒来等 . 2014. 马年说马 [M] . 呼和浩特：内蒙古人民出版社 .

芒来等 . 2015. 寻马记 [M] . 呼和浩特：内蒙古人民出版社 .

芒来，乌尼尔夫 . 2012. 乌珠穆沁白马 [M] . 呼和浩特：内蒙古人民出版社 .

田家良 . 1995. 马驴骡的饲养管理 [M] . 北京：金盾出版社 .

王铁权 . 1994. 现代乘马入门 [M] . 北京：北京农业大学出版社 .

王铁权 . 1997. 现代育马 [M] . 北京：中国林业出版社 .

肖国华 . 1979. 养马学 [M] . 北京：中国农业出版社 .

谢成侠 . 1991. 中国养马史 [M] . 北京：农业出版社 .

姚新奎，韩国才 . 2008. 马生产管理学 [M] . 北京：中国农业大学出版社 .

赵天佐 . 1997. 马匹生产学 [M] . 北京：中国农业出版社 .

中国畜禽遗传资源志·马驴驼志编写组 . 2012. 中国畜禽遗传资源志·马驴驼志 [M] . 北京：中国农业出版社 .

周大康 . 1997. 养马学 [M] . 2 版 . 北京：中国农业出版社 .

日本中央競馬会競走馬総合研究所編集 . 1996. 馬の医学書 [M] . 東京：（株）チクサン出版社 .

兼子樹廣 . 2008. サラブレットの医科学宝典 [M] . 東京：（有）アイペック出版社 .

D. Phillip Sponenberg. 2009. Equine Color Genetics [M] . Hoboken：Wiley-Blackwell.

Peter Rossdale. 2003. Horse Breeding [M] . Cincinnati：F&W Publications，Inc.

R H Kerrigan，J A Rodger，J RG Morgan. 1997. Practical Horse Breeding [M] . Lochinvar：Equine Educational.

图书在版编目（CIP）数据

新概念马学/芒来主编 . —北京：中国农业出版
社，2015.8（2023.12 重印）
全国高等农林院校"十二五"规划教材
ISBN 978-7-109-20622-9

Ⅰ.①新… Ⅱ.①芒… Ⅲ.①马－饲养管理－高等学
校－教材 Ⅳ.①S821

中国版本图书馆 CIP 数据核字（2015）第 145593 号

中国农业出版社出版
（北京市朝阳区麦子店街 18 号楼）
（邮政编码 100125）
责任编辑 何 微
文字编辑 江社平

中农印务有限公司印刷 新华书店北京发行所发行
2015 年 8 月第 1 版 2023 年 12 月北京第 4 次印刷

开本：787mm×1092mm 1/16 印张：15.75
字数：372 千字
定价：38.00 元
（凡本版图书出现印刷、装订错误，请向出版社发行部调换）